AutoCAD 2018 中文版
电气设计实战手册

吴比　　姚红媛　　苏会人　编著

清华大学出版社

北京

内 容 简 介

本书系统、全面地讲解了AutoCAD 2018的基本功能及其在电气设计领域的具体应用。

全书共分为14章，第1、2章为基础入门内容，介绍电气设计基础和AutoCAD 2018的工作界面、文件管理、命令调用等入门知识和基本操作；第3～7章为绘图基础内容，介绍二维图形的绘制和编辑，以及精确绘图工具、图层、文字与表格、尺寸标注、图块与设计中心等功能；第8章为电气图例绘制内容，依次介绍各类常用电气元件的绘制方法；第9～13章为电气设计内容，介绍电气工程图、电气控制图、起重机电气图以及住宅电气图的绘制方法；第14章为设计图及施工图打印内容，介绍电气施工图打印输出的方法。

本书具有很强的针对性和实用性，结构严谨、案例丰富，既可作为大中专院校相关专业以及CAD培训机构的教材，也可作为从事电气设计人员的自学指南。

图书在版编目(CIP)数据

AutoCAD 2018中文版电气设计实战手册 / 吴比，姚红媛，苏会人编著. —北京：清华大学出版社，2019
ISBN 978-7-302-53006-0

Ⅰ. ①A…　Ⅱ. ①吴…　②姚…　③苏…　Ⅲ. ①电气设备—计算机辅助设计—AutoCAD软件—手册　Ⅳ. ①TM02-39

中国版本图书馆 CIP 数据核字（2019）第 094008 号

责任编辑：韩宜波
封面设计：杨玉兰
责任校对：李玉茹
责任印制：沈　露

出版发行：清华大学出版社
　　　网　　　址：http://www.tup.com.cn，http://www.wqbook.com
　　　地　　　址：北京清华大学学研大厦 A 座　　　　邮　　编：100084
　　　社 总 机：010-62770175　　　　　　　　　　　邮　　购：010-62786544
　　　投稿与读者服务：010-62776969，c-service@tup.tsinghua.edu.cn
　　　质 量 反 馈：010-62772015，zhiliang@tup.tsinghua.edu.cn
印 刷 者：清华大学印刷厂
装 订 者：三河市铭诚印务有限公司
经　　销：全国新华书店
开　　本：185mm×260mm　　　印　　张：25.5　　　字　　数：620 千字
版　　次：2019 年 8 月第 1 版　　印　　次：2019 年 8 月第 1 次印刷
定　　价：59.80 元

产品编号：078718-01

前 言
Preface

关于AutoCAD 2018

AutoCAD是Autodesk公司开发的计算机辅助绘图和设计软件，被广泛应用于机械、建筑、电子、航天、石油化工、土木工程、冶金、纺织、轻工业等领域。在我国，AutoCAD已成为工程设计领域应用最为广泛的计算机辅助设计软件之一。

AutoCAD 2018与以前的版本相比较，具有更完善的绘图界面和设计环境，它在性能和功能方面较低版本都有较大的增强，同时可以与低版本完全兼容。

本书内容

本书通过多个知识练习，系统讲解了AutoCAD 2018的基本操作和电气设计的技术精髓。全书内容如下。

● 第1章：主要介绍绘制电气工程图的基础知识，包括电气工程图概述、电气工程图的制图规则、电气图形符号的意义等内容，使用户对电气设计和制图有一个全面的了解和认识。

● 第2章：主要介绍AutoCAD 2018的基础知识，包括AutoCAD 2018的工作界面、绘图环境设置、图层管理和图形文件管理等内容，以及AutoCAD 2018的基础操作，例如，AutoCAD命令的使用、视图的操作等。

● 第3章：主要介绍绘制基本二维图形的方法，包括直线、构造线、圆、椭圆、多边形、矩形等。

● 第4章：主要介绍编辑二维图形的方法，包括对象的选择、图形修整、移动和拉伸、倒角和圆角、夹点编辑、图形复制等内容。

● 第5章：主要介绍为图形添加尺寸标注的方法，包括尺寸标注样式的设置、各类尺寸标注的用途及操作、尺寸标注的编辑、多重引线标注等内容。

● 第6章：主要介绍文字与表格的创建和编辑的方法。

● 第7章：主要介绍创建与编辑图块以及设计中心的用法，包括重新定义图块、提取属性数据、创建动态图块及设计中心的功能等。

● 第8章：主要介绍常用电子元器件的绘制方法，包括二次元件、互感器、弱电与消防设备以及开关与照明设备等图形。

● 第9章：以变电站电气图、直流母线电压监视装置图、低压配电系统图为例，介绍绘制电气工程图的基本知识和绘制方法。

- 第10章：介绍电气控制图的基本知识和绘制方法。
- 第11章：介绍起重机电气图的基本知识和绘制方法。
- 第12章：介绍住宅电气平面图的绘制方法。
- 第13章：介绍住宅电气系统图的绘制方法。
- 第14章：介绍图形的打印方法和技巧。

本书特色

- ➢ 零点起步、轻松入门。本书内容讲解循序渐进、通俗易懂，每个重要的知识点都有实例辅助讲解，用户可以边学边练，通过实际操作理解各种功能的应用。
- ➢ 实战演练、逐步精通。安排了行业中大量经典的实例，每个章节都有实例示范来提升用户的实战经验。用实例串起多个知识点，可以提高用户的应用水平。
- ➢ 视频教学、身临其境。附赠内容丰富、超值，不仅有实例的素材文件和结果文件，还有由专业领域的工程师录制的全程同步语音视频教学。工程师"手把手"带领您完成行业实例，让您的学习之旅轻松而愉快。
- ➢ 以一抵四、物超所值。学习一门知识，通常需要购买一本教程来入门，掌握相关知识和应用技巧；需要一本实例书来提高，把所学的知识应用到实际中；需要一本手册来参考，在学习和工作中随时查阅；还要有视频教学来辅助练习。现在，您只需花一本书的价钱，就能满足上述所有需求，绝对物超所值。

本书作者

本书由吴比、姚红媛、苏会人编著，其他参与编写的人员还有薛成森、江凡、张洁、马梅桂、戴京京、骆天、胡丹、陈运炳、申玉秀、李红艺、李红术、陈云香、陈文香、陈军云、彭斌全、林小群、刘清平、钟睦、刘里锋、朱海涛、廖博、喻文明、易盛、陈晶、张绍华、陈文轶、杨少波、杨芳、刘有良、刘珊、赵祖欣、毛琼健、江涛、张范、田燕等。

由于作者水平有限，书中错误、疏漏之处在所难免。在感谢您选择本书的同时，也希望您能够把对本书的意见和建议告诉我们。

本书提供了案例所需的素材文件和效果文件，扫一扫右侧的二维码，推送到自己的邮箱后下载获取。

编 者

目 录
C o n t e n t s

电气工程图是一类示意性图纸，主要用来表示电气系统、装置和设备各组成部分的相互关系和连接关系，用以表达其功能、用途、原理、装接和使用信息。在国家颁布的工程制图标准中，对电气工程图的制图规则做了详细的规定。

第 1 章
电气工程图基础

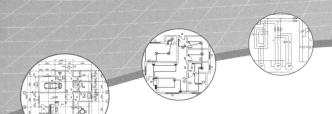

1.1.1　电气工程图概述

电气工程图（简称电气图）是沟通电气设计人员、安装人员、操作人员的工程语言。了解和掌握电气制图的基本知识，有助于快速、准确地识图。电气图的制图者必须遵守制图的规则和表示方法，读图者掌握了这些规则和表示方法，就能读懂制图者所表达的设计内容。例如，图1-1所示为CM6132车床电气原理图，从图中可以看出电气图的类型和电气图各部分电路的功能。所以不管是制图者还是读图者都应当掌握基本的电气线路知识，以便更好地绘制和识读电气工程图。

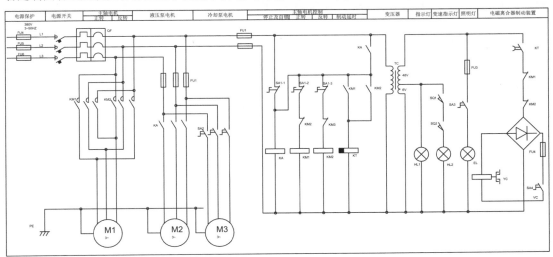

图1-1　CM6132车床电气原理图

1.1.2　电气图的特点

电气图是电气工程中各部门进行沟通、交流信息的载体。由于电气图所表达的对象不同，提供信息的类型及表达方式也不同，因此电气图通常具有以下特点。

（1）简图是电气工程图的主要表现。

简图是采用标准的图形符号和带注释的框或者简化外形表示系统或设备中各组成部分之间相互关系的一种图。

（2）元件和连接线是电气工程图描述的主要内容。

电气设备主要由电气元件和连接线组成。因此，无论是电路图、系统图，还是接线图和平面图都是以电气元件和连接线作为描述的主要内容，也正因为对电气元件和连接线有多种不同的描述方式，从而构成了电气图的多样性。

（3）图形、文字和项目代号是电气工程图的基本要素。

一个电气系统或装置通常由许多部件、组件构成，这些部件、组件或者功能模块称为项目。项目一般由简单的符号表示，这些符号就是图形符号，通常每个图形符号都有相应的文字符号，在同一张图上，为了区别相同的设备，需要有设备编号，设备编号和文字符号一起构成项目代号。

（4）电气工程图在绘制过程中主要采用功能布局法和位置布局法。

功能布局法是指在绘图时，图中各元件的位置只考虑元件之间的功能关系，而不考虑元件的实际位置的一种布局方法。电气工程图中的系统图、电路图采用的是这种方法。位置布局法是指电气工程图中的元件位置对应于元件的实际位置的一种布局方法。电气工程中的接线图、设备布置图采用的就是这种方法。

（5）电气工程图具有多样性。

不同的描述方法，如能量流、逻辑流、信息流、功能流等，形成了不同的电气工程图。系统图、电路图、框图、接线图就是描述能量流和信息流的电气工程图；逻辑图是描述逻辑流的电气工程图；功能表图、程序框图描述的是功能流。

■ 1.1.3 电气工程的分类

电气工程应用十分广泛，分类方法有很多种。电气工程图主要用来表现电气工程的构成和功能，描述各种电气设备的工作原理，提供安装接线和维护的依据。从这个角度来说，电气工程主要可以分为以下几类。

1. 电力工程

电力工程又分为发电工程、变电工程和输电工程3类。

● **发电工程**：根据电源性质的不同，发电工程主要可分为火电、水电、核电这3类。发电工程中的电气工程指的是发电厂电气设备的布置、接线、控制及其他附属项目。

● **变电工程**：升压变电站将发电站发出的电能进行升压，以减少远距离输电的电能损失；降压变电站将电网中的高电压降为各级用户能使用的低电压。

● **输电工程**：用于连接发电厂、变电站和各级电力用户的输电线路，包括内线工程和外线工程。内线工程指室内动力、照明电气线路及其他线路。外线工程指室外电源供电线路，包括架空电力线路、电缆电力线路等。

2. 电子工程

电子工程主要是指应用于家用电器、广播通信、计算机等众多领域的弱电信号设备和线路。

3. 工业电气

工业电气主要是指应用于机械、工业生产及其他控制领域的电气设备，包括机床电气、工厂电气、汽车电气和其他控制电气。

4. 建筑电气

建筑电气工程涉及工业和民用建筑领域的动力照明、电气设备、防雷接地等方面，包括各种动力设备、照明灯具、电器以及各种电气装置的保护接地、工作接地、防静电接地等内容。

1.1.4　电气图的组成

一张完整的电气图通常由以下几部分组成，但根据复杂程度的不同，图纸的类型可以增加或减少。

1. 目录和前言

指对某个电气工程的所有图纸编制目录，以便检索、查阅图纸，内容包括序号、图名、图纸编号、张数、备注等；前言包括设计说明、图例、设备材料明细表、工程经费概算等。

2. 系统图

系统图就是用符号或带注释的框来表示系统或分系统的基本组成、相互关系及其主要特征的一种简图。它通常是电气设计图系统、电气设计装置图或成套电气设计图纸中的第一张图样。系统图可分不同层次绘制，可参照绘图对象的逐级分解来划分层次。它还可作为工程技术人员参考、培训、操作和维修的基础文件，使查阅者对系统、装置、设备等有一个大概的了解，为进一步编制详细的技术文件以及绘制电路图、接线图和逻辑图等提供依据，也为进行有关计算、选择导线和电气设备等提供了重要依据。

例如，在工业电气图中用一般符号表示的电机供电系统图如图1-2所示。在建筑电气图中用一般符号表示的配电线路照明系统图如图1-3所示。

由图1-2可以看出，三相交流电由自动释放负荷开关引入，自动释放负荷开关同时为主电动机提供过载、短路、欠电压保护。从图1-3所示的配电系统图中可以了解导线型号、配电箱型号、总功率、电流量、配电的分配情况等信息。

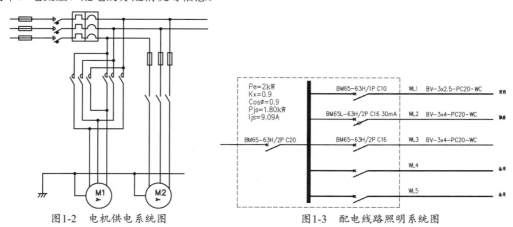

图1-2　电机供电系统图　　　　　　图1-3　配电线路照明系统图

3. 电气原理图和电路图

电气原理图是指用图形符号详细表示系统、分系统、成套设备、装置、部件等各组成元件连接关系的实际电路简图。

电路图是表示电流从电源到负载的传送情况和电气元件的工作原理，而不考虑其实际位置的一种简图。电气原理图和电路图在绘制时应注意设备和元件的表示方法。

（1）设备和元件采用符号表示。

应以适当形式标注其代号、名称、型号、规格、数量等。

（2）设备和元件的工作状态表示。

设备和元件的可动部分通常应表示在非激励或不工作的状态或位置符号的布置。

4. 接线图

表示成套装置、设备、电气元件的连接关系，用以进行安装接线、检查、试验与维修的一种简图或表格，称为接线图或接线表。接线图主要用于表示电气装置内部元件之间及其外部其他装置之间的连接关系，是便于制作、安装及维修人员接线和检查的一种简图或表格。

例如，图1-4所示的是电动机控制线路的主电路接线图，清楚地表示了各元件之间的实际位置和连接关系：电源（L1、L2、L3）由BLX-3×6的导线接至端子排X的1、2、3号，然后通过熔断器FU1～FU3接至交流接触器KM的主触点，再经过继电器的发热元件接到端子排的4、5、6号，最后用导线接入电动机的U、V、W端子。

5. 平面图

平面图是指表示电气工程项目的电气设备、装置和线路的平面布置图，建筑电气平面设备布置图如图1-5所示。

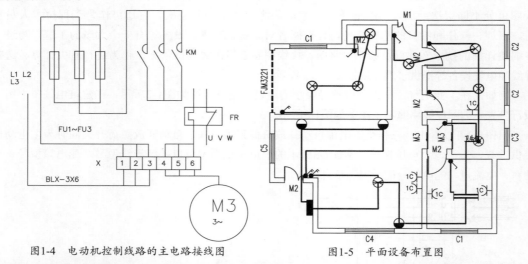

图1-4　电动机控制线路的主电路接线图　　　　图1-5　平面设备布置图

> **提　示**
>
> 为了表示电源、控制设备的安装尺寸、安装方法、控制设备箱的加工尺寸等，还必须有其他一些图，这些图与一般按正投影法绘制的机械图没有多大区别，通常可不列入电气图。

6. 逻辑图

逻辑图是用二进制逻辑单元图形符号绘制的，以实现一定逻辑功能的一种简图，可分为理论逻辑图（纯逻辑图）和工程逻辑图（详细逻辑图）两类。理论逻辑图只表示功能而不涉及实现方法，因此是一种功能图；工程逻辑图不仅表示功能，而且有具体的实现方法，因此是一种电路图。图1-6所示为逻辑电路图。

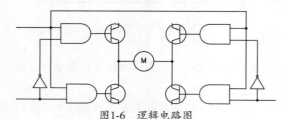

图1-6　逻辑电路图

7. 产品电气说明图和其他电气图

生产厂家往往随产品使用说明书附上电气图，供用户了解该产品的组成和工作过程及注意事项，以达到正确使用、维护和检修的目的。

上述电气图是常用的主要电气图，而对于较为复杂的成套装置或设备，为了便于制造，应该绘制局部的大样图、电路图等；但为了装置的技术保密，往往只给出装置或系统的功能图、流程图、逻辑图等。所以，电气图种类很多，但这并不意味着所有的电气设备或装置都应具备这些图纸。根据表达的对象、目的和用途不同，所需图的种类和数量也不一样，对于简单的装置，可把电路图和接线图二合一，对于复杂装置或设备应分解为几个系统，每个系统也有以上各种类型图。总之，电气图作为一种工程语言，在表达清楚的前提下，越简单越好。

1.1.5 绘制电气图的注意事项

在绘制电气工程图时应注意以下事项。

（1）电气图必须保证电气原理图中各电气设备和控制元件动作原理的实现。

（2）电气图只标明电气设备和控制元件之间相互连接的线路，而不标明电气设备和控制元件的动作原理。

（3）电气图中控制元件的位置要依据它所在的实际位置绘制。

（4）电气图中各电气设备和控制元件要按照国家标准规定的电气图形符号绘制。

（5）电气图中各电气设备和控制元件的具体型号可标在每个控制元件图形旁边，或者画表格说明。

1.2 电气工程图的制图规范

在绘制电气工程图时，需要遵循国家制图标准。本节列举了一些制图规则，帮助用户尽快熟悉制图标准。

1.2.1 图纸幅面

在电气工程图中规定了电气图纸幅面及图框尺寸，如表1-1所示。

表1-1 幅面及图框格式

幅面代号	A0	A1	A2	A3	A4
宽度b×长度d	841×1189	594×841	420×594	297×420	210×297
图框边距c	10	10	10	5	5
图框边距a	25	25	25	25	25

电气工程图纸都由边框线、图框线、标题栏和会签栏组成，如图1-7所示。

A0以及A1图框允许加长，但必须按基本幅面的长边（L）成1/4倍增加，不可随意加长。其余规格的图纸，其图幅不允许加长。工程图纸目录和修改通知单采用A4图幅，其余应尽量采用A1图幅。每项工程图幅应统一，如采用一种图幅确有困难，一个子项工程图幅不得超过两种。

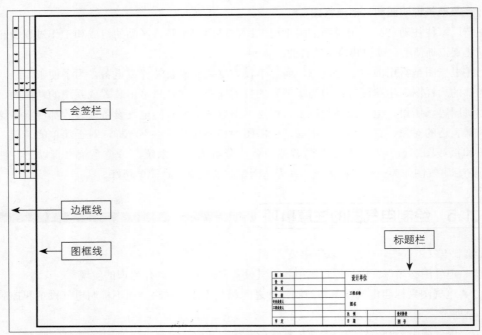

图1-7　图纸规格

1.2.2　图幅的分区

　　电气图上的内容有时是很多的，特别是对于一些幅面大且内容复杂的图，需要进行分区，以便于在读图或改图的过程中，能够迅速找到相应的部分。

　　图幅分区的方法是将图纸相互垂直的两边各自加以等分。分区的数目视图的复杂程度而定，但要求每边必须为偶数。每一分区的长度一般不小于15mm，不大于75mm。分区代号，竖边方向用大写拉丁字母从上到下编号，横边方向用阿拉伯数字从左往右编号。分区代号用字母和数字表示，字母在前，数字在后。

　　例如，图1-8所示中熔断器FU1在A5区。

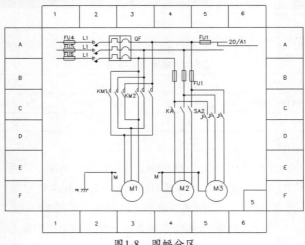

图1-8　图幅分区

1.2.3 图线和字体

电气施工图中图线的形式、宽度、箭头的要求介绍如下。

1. 图线的形式

由实线（粗实线和细实线）、虚线、点画线、双点长画线、折断线和波浪线组成。

2. 图线的宽度

有0.18mm、0.25mm、0.35mm、0.5mm、0.7mm、1.0mm、1.4mm。

3. 箭头

有开口箭头（主要用于电气能量、电气信号的传递方向）和实心箭头（主要表示力、运动或可变方向）。

4. 指引线

用于注释的对象，应为细实线，并在其末端加标记。

图面上的汉字、字母和数字是电气图的重要组成部分，因此图中的字体必须符合标准。一般汉字用仿宋体，字母、数字用正体。图面上的字体大小，应视图幅大小而定。字体的最小高度见表1-2。

表1-2　字体的最小高度

基本图纸幅面	A0	A1	A2	A3	A4
字体最小高度/mm	5	3.5	2.2	2.5	2.5

1.2.4 比例、尺寸标注和注释详图

在AutoCAD制图中，完整的设计图通常包括比例、尺寸标注、注释详图等。各部分具体的特点如下。

1. 比例

通常大部分电气图都不是按比例绘制的，但位置平面图一般按比例绘制或部分按比例绘制，其好处是在平面图上测出两点距离就可按比例值计算出两者的真实距离，从而为导线的放线、设备安装等提供便利。

电气图常用的比例有1:10、1:20、1:100、1:200、1:500等。

2. 尺寸标注

尺寸标注由尺寸线、尺寸界线、尺寸起止点、尺寸数字四要素组成。通常尺寸标注主要有以下几个规则。

（1）物件的真实大小以图样上标注的尺寸数字为主。

（2）图样上的尺寸数字，如没有明确说明，一律以mm为单位。

（3）图样中标注的尺寸，为该图样所示物件的最后完工尺寸。

（4）物件的每一尺寸，只标注一次，标注在反映该结构最清晰的图形上。

（5）一些特定的尺寸必须标注符号。例如，直径用φ、半径用R。

3. 注释详图

● **注释**：用来表达图形符号不便表达或表达不清楚的含义。一般直接在要说明的对象附近加标记，而将注释放在图中其他位置或另一页。

● **详图**：即用图形来注释，具体说就是把电气装置中的某些零部件和连接点等结构、做法及安装工艺要求放大并详细表示出来。

1.2.5　电气图布局的方法

电气图布局是用图形符号、带注释的围框或简化外形表示电气系统或设备的组成及其连接关系的一种图。电气图布局是电气图的最主要表达形式，用以表达电气系统的原理、结构等。电气布局的方法主要有以下两种。

1. 图线的布局

电气图的图线一般用于表示导线、信号通路、连接线等，要求用直线，即横平竖直，尽可能减少交叉和弯折。图线的布局通常有水平布局（如图1-9所示）、垂直布局（如图1-10所示）和交叉布局3种形式。

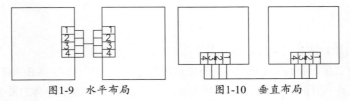

图1-9　水平布局　　　　　　图1-10　垂直布局

2. 元件的布局

元件的布局主要有功能布局法和位置布置法两种。功能布局法是指元件或其部分在图纸上的布置使得它们所表达的功能关系易于理解的布局方法。该方法常见方框图中，每个块表示一个功能。位置布置法是指元件在图上的位置反映其实际相对位置的布局方法。

1.2.6　电气识图的一般要求

识读电气图时，要弄清识读电气图的基本要求，例如，首先要掌握电气图的基本知识和国家标准，熟悉电气图中常用的图形符号、文字符号、项目代号和回路标号以及电气图的基本构成、分类、主要特点，才能识读电气图。识读电气图一般要求如下。

1. 从简单到复杂

初学者识读电气图要本着从易到难、从简单到复杂的原则识图。一般来讲，照明电路比电气控制电路简单，单项控制电路比系列控制电路简单。复杂的电路都是简单电路的组合，从识读简单的电路图开始，弄清每一电气符号的含义，明确每一电气元件的作用，理解电路的工作原理，为识读复杂电气图打下基础。弄懂每部分后，再从局部到整体识读整个电气图。

2. 掌握基本的理论知识

在实际生产的各个领域中，所有电路如输变配电、建筑电气、电气控制、照明、电子电路、逻辑电路等，都是建立在电工电子技术理论基础之上的。电路图通常有几十乃至几百个元器件，它们的连线纵横交叉，形式变化多端，初学者往往不知道该从什么地方开始，怎样才能读懂它。其实电子电路本身有很强的规律性，不管多复杂的电路，经过分析可以发现，它都是由少数几个单元电路组成的。因此，要想准确、迅速地读懂电气图，必须具备一定的电工电子技术基础知识，这样才能运用这些知识，分析电路，理解图纸所含的内容。例如，分析图1-11所示的桥式整流电路。

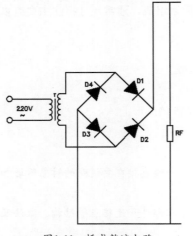

图1-11　桥式整流电路

桥式整流电路的工作原理如下：当交流电的波长为正半周时，对D1、D3加正向电压，D1、D3导通；对D2、D4加反向电压，D2、D4截止。交流电压为负半周时，对D2、D4加正向电压，D2、D4导通；对D1、D3加反向电压，D1、D3截止。如此重复下去，结果在RF上便得到全波整流电压。其波形图和全波整流波形图是一样的。从图1-11中不难看出，桥式电路中每只二极管承受的反向电压等于变压器次级电压的最大值，比全波整流电路小一半。

3. 了解图形符号和文字代表的意义

电气图所用的图形符号和文字符号以及项目代号、电器接线端子标志等是电气图的知识，相当于看书识字、识词，还要懂得一些句法、语法。图形、文字符号很多，必须熟记会用。可以根据个人所从事的工作和专业，识读各专业共用和本专业专用的电气图形符号，然后再逐步扩大。并且可通过多看、多画来加强大脑的印象和记忆。例如，图1-12所示的高压隔离器（QS）、图1-13所示的高压断路器（QF）、图1-14所示的避雷器（F）等。

图1-12　高压隔离器　　　图1-13　高压断路器　　　图1-14　避雷器

4. 掌握典型的电路图及电气图绘制特点

典型电路一般是常见、常用的基本电路。如供配电系统的电气主电路图中最常见、常用的是单母线接线，由此典型电路可导出单母线不分段、单母线分段接线，而由单母线分段再区别是隔离开关分段还是断路器分段。再如，电力拖动中的起动、制动、正反转控制电路，联锁电路，行程限位控制电路。不管多么复杂的电路，总是从典型的电路派生而来，或者是由若干典型电路组合而成的。因此，熟练掌握各种典型电路，在识图时有利于对复杂电路的理解，能较快地分清主次环节及其他部分的相互联系，抓住主要矛盾，从而能读懂较复杂的电气图。

各类电气图都有各自的绘制方法和绘制特点。掌握了电气图的主要特点及绘制电气图的一般规则，如电气图的布局、图形符号及文字符号的含义、图线的粗细、主副电路的位置、电气触头的画法、电气网络与其他专业技术图的关系等，并利用这些规律，就能提高识图效率，进而自己也能设计制图。由于电气图不像机械图、建筑图那样直观形象和比较集中，因而识图时应将各种有关的图纸联系起来，对照阅读。如通过系统图、电路图找联系；通过接线图、布置图找位置，交错识读会收到事半功倍的效果。

1.3　电气图形符号和文字符号

电路图中的元器件、装置、线路及其他安装方法等，是按简图形式绘制的。一般情况下都是借用图形符号、文字符号来表达。我们阅读电路图时，首先要了解和熟悉这些符号的形式、内容、含义，以及它们之间的相互关系。这对于掌握更多的新电路和电路图形符号是必不可少的。本节将简单了解一些常见的电气图形符号和文字符号。

1.3.1　电子工程图中常见的电路符号

在电气工程图中，各元件、设备、线路及其安装方法都是以图形符号、文字符号和项目符号的形式出现的。

常用的图形符号主要有11类。

（1）导线和连接器件。

例如：通电线路导线、连接片、插头和插座等。

（2）无源元件。

例如：电阻、电容、电感器、压电晶体等。

（3）半导体管和电子管。

例如：三极管、二极管、电子管、晶体闸流管等。

（4）电能的发生和转换。

例如：发电机、发动机、变压器、逆变器、整流器等。

（5）开关控制和保护装置。

例如：触点、压力开关、温度开关、热敏开关、光敏开关等。

（6）测量仪表、灯和信号器件。

例如：电压表、电流表、信号灯、指示灯等。

（7）电信交换和外围设备。

例如：程序转换机、交换机、接收机、发送机等。

（8）电信传输。

例如：电缆、光纤等。

（9）电力、照明和电信布置。

例如：信号接收器、线路故障指示灯等。

（10）二进制逻辑单元。

例如：与门、非门、或非门等。

（11）模拟单元符号。

例如：模拟限信号发生器、模拟卫星接收器等。

图形符号的使用规则主要有符号的选择、大小、取向、组合、端子引出线等。

1.3.2　电气设备常用图形符号的特点

电气设备符号完全区别于电气图用图形符号，具有适用于各种类型的电气设备或电气设备中的部件，使操作人员了解其用途和操作方法。此外，设备用图形符号的用途有识别、限定、说明、命令、警告和指示。标识在设备上的图形符号，应告知使用者如下信息。

（1）识别电器设备或其组成部分（如控制器或显示器）。

（2）指示功能状态（如通、断、警告）。

（3）标志连接（如端子、接头）。

（4）提供包装信息（如内容识别、装卸说明）。

（5）提供电器设备操作说明（如警告、使用限制）。

1.3.3　电气图中常用的文字符号

文字符号适用于电气技术领域中技术文件的编制，用以标明电子设备、装置和元器件的名称及电路的功能、状态和特征。根据我国公布的电气图用文字符号的国家标准（新标准编号GB 7159—87）规定，文字符号采用大写正体的拉丁字母，分为基本文字符号和辅助文字符号两类。其中基本文字符号分为单字母和双字母两种。

1. 单字母符号

单字母符号是按拉丁字母顺序将各种电子设备、装置和元器件分为23个大类，每个大类用一个专用单字母符号表示，如R表示电阻器类、C表示电容器类等。单字母符号应优先采用。

2. 双字母符号

双字母符号由一个表示种类的单字母符号与另一个字母组成，其组合形式应以单字母符号在前，另一个字母在后的次序列出。如TG表示电源变压器，T为变压器单字母符号。只有在单字母符号不能满足要求，需要将某个大类进一步划分时，才采用双字母符号，以便较详细和具体地表达电子设备、装置和元器件等。

各类常用电路文字符号如表1-3所示。

表1-3　常用电路文字符号

AAT	电源自动投入装置	HR	红灯
AC	交流电	HW	白灯
DC	直流电	HP	光字牌
FU	熔断器	KA（NZ）	电流继电器（负序零序）
G	发电机	KF	闪光继电器
K	继电器	KM	中间继电器
KD	差动继电器	KS	信号继电器
KH	热继电器	KP	极化继电器
KOF	出口中间继电器	KR	干簧继电器
KT	时间继电器	KW（NZ）	功率方向继电器（负序零序）
KV（NZ）	电压继电器（负序零序）	KA	瞬时继电器、瞬时有或无继电器、交流继电器
KI	阻抗继电器	L	线路
KM	接触器	QS	隔离开关
KV	电压继电器	TA	电流互感器
QF	断路器	YT	跳闸线圈
T	变压器	W	直流母线
YC	合闸线圈	EUI	电动势电压电流
TV	电压互感器	SR	复归按钮
SE	实验按钮	Q	电路的开关器件
f	频率	FR	热继电器
KT	延时有或无继电器	KA	交流继电器
Q	电路的开关器件	KA	瞬时接触继电器
SB	按钮开关	SA	转换开关

PJ	有功电度表	PJR	无功电度表
PF	频率表	PM	最大需量表
PPA	相位表	PPF	功率因数表
PW	有功功率表	PAR	无功电流表
PR	无功功率表	HA	声信号
HS	光信号	HL	指示灯
HY	黄色灯	HG	绿色灯
XP	插头	HB	蓝色灯
XT	端子板	XB	连接片
WB	直流母线	XS	插座
WP	电力分支线	W	电线电缆母线
WE	应急照明分支线	WIB	插接式（馈电）母线
WT	滑触线	WL	照明分支线
WCL	合闸小母线	WPM	电力干线
WLM	照明干线	WC	控制小母线
WF	闪光小母线	WS	信号小母线
WPS	预报音响小母线	WEM	应急照明干线
WELM	事故照明小母线	WFS	事故音响小母线
FF	跌落式熔断器	WV	电压小母线
C	电容器	F	避雷器
SBF	正转按钮	FTF	快速熔断器
SBS	停止按钮	FV	限压保护器件
SBT	试验按钮	CE	电力电容器
SQ	限位开关	SBR	反转按钮
SH	手动控制开关	SBE	紧急按钮
SL	液位控制开关	SQP	接近开关
SP	压力控制开关	SK	时间控制开关
ST	温度控制开关辅助开关	SM	湿度控制开关
SA	电流表切换开关	SS	速度控制开关
UR	可控硅整流器	SV	电压表切换开关
UF	变频器	U	整流器
UI	逆变器	VC	控制电路有电源的整流器
MA	异步电动机	UC	变流器
MD	直流电动机	M	电动机

续表

MC	鼠笼型电动机	MS	同步电动机
YV	电磁阀	MW	绕线转子感应电动机
YS	排烟阀	YM	电动阀
YPAYA	气动执行器	YF	防火阀
FH	发热器件（电加热）	YL	电磁锁
EV	空气调节器	YE	电动执行器
L	感应线圈电抗器	EL	照明灯（发光器件）
LA	消弧线圈	EE	电加热器加热元件
R	电阻器变阻器	LF	励磁线圈
RT	热敏电阻	LL	滤波电容器
RPS	压敏电阻	RP	电位器
RD	放电电阻	RL	光敏电阻
RF	频敏变阻器	RG	接地电阻
B	光电池热电传感器	RS	启动变阻器
BT	温度变换器	RC	限流电阻器
BT1BK	时间测量传感器	BP	压力变换器
BHBM	温度测量传感器	BV	速度变换器
BL	液位测量传感器		

1.3.4 标志用图形符号和标注用图形符号

某些电气图上，标志用图形符号和标注用图形符号也是构成电气图的重要组成部分。

1. 标志用图形符号

标志用图形符号主要包括公共信息用标志符号、公共标志用符号、交通标志用符号、包装储运用符号等。安装标高和建筑朝向符号，电气位置图均采用相对标高，一般采用室外某一平面为起始标高，如图1-15所示。电力、照明和电信布置图等图样一般按上北下南左西右东表示电气设备或构筑物的位置和朝向。但在许多情况下需用方位标记表示其朝向，如图1-16所示。

图1-15 建筑标高   图1-16 指北针

2. 标注用图形符号

标注用图形符号用于表示产品的设计、制造、测量和质量保证整个过程中所涉及的几何特征和制造工艺等，例如建筑电气中常用的尺寸标注。图1-17所示为建筑图中的尺寸和轴线标注。

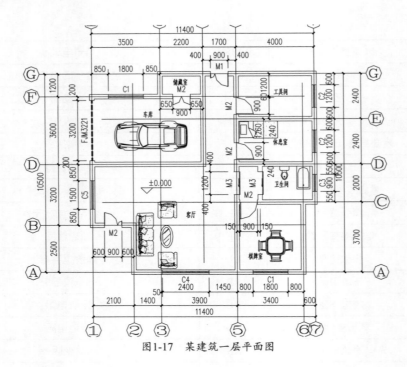

图1-17 某建筑一层平面图

1.4 电气图的表示方法

电气图由元件、线路以及标注等组成，了解电气图的表示方法，能帮助读者理解识图与制图的技巧。

1.4.1 电气线路的表示方法

实际中的电气工程是电气图上各种图形符号之间的相互连线，可能是传输能量流、信息流的导线，也可能是表示逻辑流、功能流的某种图线。一般来说，按照电路图中图线的表达相数不同，连接线可分为多线表示法、单线表示法和综合表示法（混合表示法）3种。

1. 多线表示法

在电气图中，电气设备的每根连接线各用一条图线表示的方法，称为多线表示法。一般大型的设备用的都是三相交流电，接线大多是三线，图1-18所示是电动机控制主电路，多线表示法能比较清楚地看出电路的工作原理，尤其在各相或各线不对称的场合下宜采用这种表示法。但由于多线表示法图线太多，作图麻烦，特别是对于比较复杂的设备，交叉更多，反而使图形显得繁杂，不容易看懂，不利于工程技术人员施工。因此，多线表示法一般用于表示各相或各线内容的不对称和要详细表示各相或各线的具体连接方法的场合。

2. 单线表示法

在电气图中，电气设备的两根或两根以上（三相系统中的三相交流电使用的导线是三根）连接线或导线，只用一根图线表示的方法，称为单线表示法。图1-19所示是用单线表示的电动机控制电路图。这种表示法主要适用于三相电路或各线基本对称的电路图中。单线表示法易于绘制，清晰易读，一般应用于三相或多线对称或基本对称的场合。凡是不对称的部分，例如三相三线、三相四线制供配电系统电路中的互感器、继电器接线部分，则应在图的局部画成多线的图形符号来标明，或另外用文字符号说明。

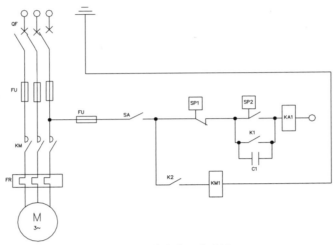

图1-18　多线表示法图例

3. 综合表示法

在一个电气图中，一部分采用单线表示法，一部分采用多线表示法，称为综合表示法（也称混合表示法），如图1-20所示。为了表示三相绕组的连接情况，该图用了多线表示法；为了说明两相热继电器也用了多线表示法；其余的断路器（QF）、熔断器（FU）、接触器（KM1）都是三相对称，采用单线表示。这种表示法既有单线表示法简洁精练的优点，又有多线表示法描述精确、充分的优点。

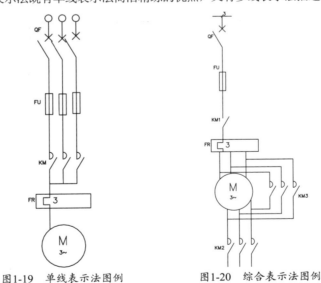

图1-19　单线表示法图例　　　　图1-20　综合表示法图例

1.4.2　电气元件的表示方法

一般情况下，电气元件、器件和设备的功能、特性、外形、结构、安装位置及其在电路中的连接，在不同电气图中有不同的表示方法。在电气图中，电气元件完整图形符号的表示方法有集中表示法、分开表示法和半集中表示法3种。

1. 集中表示法

把设备或成套装置中的一个项目各组成部分的复合图形符号在简图上绘制在一起的方法，称为集中表示法。在集中表示法中，各组成部分用机械连接线（虚线）互相连接起来，连接线必须是一条直线。图1-21所示的是转换开关控制电路，可见这种表示法只适用于简单的电路图。

2. 分开表示法

分开表示法又称展开表示法，它是把同一项目中的不同部分，有功能联系的元器件的图形符号在简图上按不同功能和不同回路分散在图上，并使用项目代号（文字符号）表示它们之间关系的表示方法，不同部分的图形符号用同一项目代号表示。分开表示法可使图中的点画线少，避免图线交叉，因而使图面更简洁清晰，而且给分析回路功能及标注回路标号也带来了方便，在实际施工、检修中也便于工程技术人员辨认。如图1-22所示为分开表示法示例。

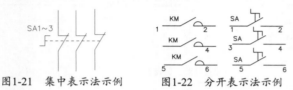

图1-21 集中表示法示例　　图1-22 分开表示法示例

3. 半集中表示法

为了使设备和装置的电路布局清晰，易于识别，把同一个项目中某些部分的图形符号（通常用于具有机械功能联系的元器件）在简图上集中表示，把某些部分的图形符号在简图中分开布置，并用机械连接符号（虚线）把它们连接起来，称为半集中表示法。在半集中表示法中，机械连接线可以弯折、分支和交叉，如图1-23所示。

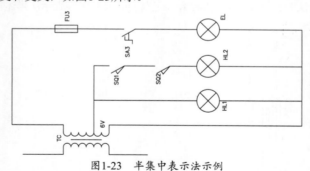

图1-23 半集中表示法示例

4. 项目代号表示方法

采用集中表示法和半集中表示法绘制的元件，其项目代号只在图形符号旁标出并与机械连接线对齐，见图1-21中的"SA1~3"。采用分开表示法绘制的元件，其项目代号应在项目的每一部分自身符号旁标注。必要时，对同一项目的同类部件（如各辅助开关、各触点）可加注序号。标注项目代号时应注意以下几点。

（1）项目代号的标注位置应尽量靠近图形符号。

（2）图线水平布局的图、项目代号应标注在符号的上方。图线垂直布局的图、项目代号应标注在符号的左方。

（3）项目代号中的端子代号应标注在端子或端子位置的旁边。

（4）对围框的项目代号应标注在其上方或右方。

1.4.3 元件端子及其表示方法

在电气工程图中，有时为了能简化和便于识读电气图，通常采用元件端子表示方法来表示元件之间的连接关系。本节将对元件端子及其表示方法进行简单的介绍。

1. 端子和图形符号

在电气元器件中，用于连接外部导线的导电元器件，称为端子。端子分为固定端子和可拆卸端子两种，固定端子用图形符号○或●表示，可拆卸端子则用∅表示。装有多个互相绝缘并通常对地绝缘的端子的板、块或条，称为端子板或端子排。端子排常用加数字编号的方框表示，如图1-24所示。

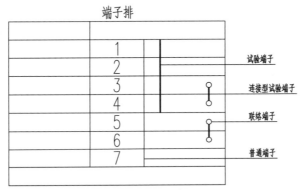

图1-24　端子排表示法

2. 以字母、数字符号标识接线端子的原则和方法

电气元器件接线端子标记由拉丁字母和阿拉伯数字组成，如KM1、FU1，也可不用字母而简化成1、1.1或1的形式。接线端子的符号标识方法，通常应遵守以下原则。

1）单个元器件

单个元器件的两个端点用连续的两个数字表示，如图1-25所示的两个接线端子分别用1和2表示；单个元器件的中间各端子一般用自然递增数字表示，如图1-25所示的保护开关中间的接线端子用3和4表示。

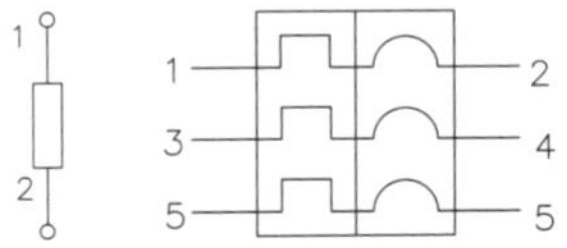

图1-25　单个接线端子标识示例

2）相同元器件

如果电气图中多处出现几个相同的元器件组合成一个组，则各个元器件的接线端子可按下述方式标识。

（1）在数字前冠以字母，例如标识三相交流系统设备进线端子的字母等，如图1-26所示。

（2）若电气图中不需要区别不同相序时，或者容易区分时，可用数字标识，如图1-27所示。

图1-26　相同元件标识示例1　　图1-27　相同元件标识示例2

3）同类元器件组

同类元器件组用相同字母标识时，可在字母前（后）冠以数字来区别，如图1-28所示。

3. 电器接线端子的标识

电气图中与特定导线相连的电器接线端子标识用的字母符号见表1-4，标识示例如图1-29所示。

表1-4　接线端标识

序号	电器接线端子名称		标记符号	序号	电器接线端子名称	标记符号
1	交流系统	1相	U	2	保护接地	PE
		2相	V	3	接地	E
		3相	V	4	无噪声接地	TE
		中线线	N	5	机壳或机架	MM
				6	等电位	CC

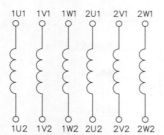

图1-28　同类元器件组端子标识示例

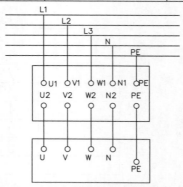

图1-29　电器和特定导线的接线端子示例

4. 元件端子代号的表示方法

端子代号是完整的项目代号的一部分，当项目有接线端子标记时，端子代号必须与项目上端子的标记相一致；端子代号常采用数字或大写字母表示，特殊情况下也可用小写字母表示。在许多电气图上，电气元件、器件和设备不但标注项目代号，还应标注端子代号。端子代号可按以下方式进行标注。

（1）电阻器、继电器、模拟和数字硬件的端子代号应标在其图形符号的轮廓线外面。

（2）符号轮廓线内的空隙用于标注有关元件的功能和注解，如关联符、加权系数等。

作为示例，以下列举了电阻器、求和模拟单元、与非功能模拟单元、编码器的端子代号的标注方法，如图1-30～图1-33所示。

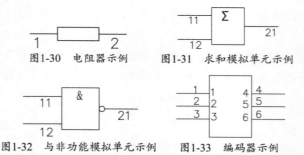

图1-30　电阻器示例　　图1-31　求和模拟单元示例

图1-32　与非功能模拟单元示例　　图1-33　编码器示例

对用于现场连接、试验和故障查找的连接器件（如端子、插头和插座等）的每一连接点都应标注端子代号。例如，多极插头、插座的端子代号的标注方法，如图1-34所示。

在画有围框的功能单元或结构单元中，端子代号必须标注在围框内，以免被误解，如图1-35所示。

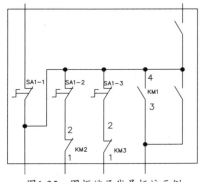

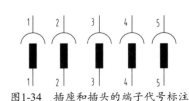

图1-34　插座和插头的端子代号标注　　　　图1-35　围框端子代号标注示例

1.4.4　连接线的一般表示方法

在电气线路图中，各元件之间都采用导线连接，起到传输电能、传递信息的作用，所以读图者对连接线的表示应掌握以下要点。

1. 导线的一般符号

一般的图线就可表示单根导线，如图1-36所示。它也可用于表示导线组、电线、母线、绞线、电缆、线路及各种电路（能量、信号的传输等），并可根据情况通过图线粗细，加图形符号及文字、数字来区分各种不同的导线，如图1-37所示的母线，如图1-38和图1-39所示的电缆等。

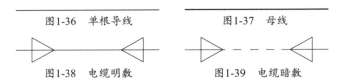

图1-36　单根导线　　　　　　　　图1-37　母线

图1-38　电缆明敷　　　　　　　　图1-39　电缆暗敷

2. 导线根数的表示方法

电气图中对于多根导线，可以分别画出（如图1-40所示），也可以只画一根图线，这样使图纸更加美观，但需加标志。当用单线表示几根导线或导线组时，为表示导线实际根数，可在单线上加小短斜线（45°）表示；根数较少时（2～3根），用短斜线数量代表导线根数；若多于4根，可在小短斜线旁加注数字表示，如图1-41所示。

图1-40　多根导线画出法　　　　　图1-41　导线数字标注法

3. 导线特征标注法

电气图中表示导线特征的方法通常有以下几种。

（1）在横线上面标出电流种类、配电系统、频率和电压等；在横线下面标出电路的导线数乘以每根导线截面积（mm²），当导线的截面不同时，可用"+"将其分开，如图1-42所示。

（2）表示导线的型号、截面、安装方法等，可采用短画线，加标导线属性和敷设方法，如图1-43所示。该图表示导线的型号为BLV（铝芯塑料绝缘线）；其中3根截面积为35mm²，1根截面积为16mm²；敷设方法为穿焊接钢管，焊接管管径为20mm，墙内暗敷。

（3）表示电路相序的变换、极性的反向、导线的交换等，可采用交换号表示，如图1-44所示。

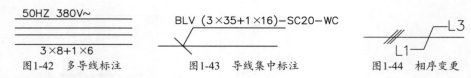

图1-42　多导线标注　　　　　图1-43　导线集中标注　　　　　图1-44　相序变更

4. 图线粗细的表示方法

在电气图中有时为了更加突出或区分电路、设备、元器件及电路功能,图形符号及连接线可用不同粗细的图线来表示。常见的如发电机、变压器、电动机的圆圈符号,不仅在大小,而且在图线宽度上与电压互感器和电流互感器的符号上应有明显区别。一般而言,电源主电路、一次电路、电流回路、主信号通路等采用粗实线;控制回路、二次回路、电压回路等则采用细实线,而母线通常比粗实线宽一些。电路图、接线图中用于标明设备元器件型号规格的标注框线,及设备元器件明细表的分行、分列线,均用细实线。

5. 连接线的分组和标记

在电气图中有时为了方便看图,对多根平行连接线应按功能分组。若不能按功能分组,可任意分组,但每组不多于3条,组间距应大于线间距。有时为了看出连接线的功能或去向,可在连接线上方或连接线中断处作信号名标记或其他标记,如图1-45所示。

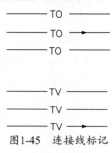

图1-45　连接线标记

6. 导线连接点的标记

导线连接点有T形和多线的+形连接点。T形连接点可不加实心圆点,如图1-46所示。也可加实心圆点,如图1-47所示。+形连接点应加实心圆点,如图1-48所示。导线综合连接必须加连接点,如图1-49所示。

图1-46　不加连接点　　　图1-47　加连接点　　　图1-48　十字连接　　　图1-49　导线综合连接

凡交叉而不连接的两条或两条以上连接线,在交叉处不得加实心圆点,并应避免在交叉处改变方向,也不得穿过其他连接线的连接点,如图1-50和图1-51所示。

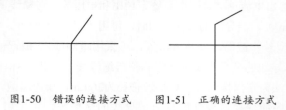

图1-50　错误的连接方式　　　图1-51　正确的连接方式

7. 连接线的中断表示法和连续表示法

电气图中为了表示连接线的接线关系和去向，一般采用连续表示法和中断表示法两种表示方法。连续表示法是将表示导线的连接线用同一根图线首尾连通的方法。中断表示法则是将连接线中间断开，用符号，而且通常是文字符号及数字编号标注其去向的方法。以下是两种方法的简单介绍。

1）连接线的连续表示方法

连接线既可用多线表示，也可用单线表示。当图线太多（例如4条以上）时，为了使图面清晰，易画易读，一般的处理方法是对于多条去向相同的连接线用单线表示法，但单线的两端仍用多线表示，导线组的两端位置不同时，应标注两端相对应的文字符号，如图1-52所示。当多线导线组按顺序连接时，可采用如图1-53所示的表示方式。

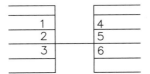

图1-52　两端位置不同的连接方式

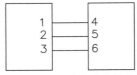

图1-53　两端对应的连接方式

在一组平行连接线中，用单线来表示导线汇入时，在汇入处应折向导线走向，以易于识别连接线进入或离开汇总线的方向，而且每根导线两端应采用相同的标记号，如图1-54所示，即在每根连接线的末端标注上相同的标记符号。

在简单的电气图中当需要表示导线的根数时，可按图1-55所示表示。这种形式在动力、照明平面布置或布线图中较为常见，这种布置方式更加简单、清晰，便于工程技术人员在实际施工和检修时提供直观的线路走向。

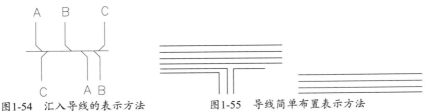

图1-54　汇入导线的表示方法　　　　图1-55　导线简单布置表示方法

2）连接线的中断表示方法

在电气图中为了简化线路图或使多张图采用相同的连接表示，连接线一般采用中断表示法。去向相同的导线组一般在中断处的两端标以相应的文字符号或数字编号，如图1-56所示。

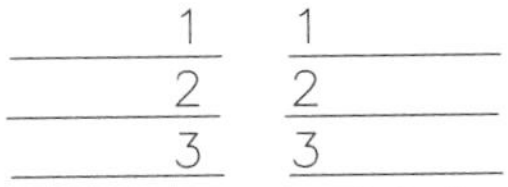

图1-56　相同导线组的中断表示方法

两个功能单元或设备、元器件之间的连接线，用文字符号及数字编号表示中断，中断表示法的标注采用相对标注法，即在本元件的出线端标注连接的对方元件的端子号。如图1-57所示，A元件的1号端子与B元件的2号端子相连接，而A元件的2号端子与B元件的1号端子相连接。

另外，在电气图中连接线穿越图线较多的区域时，将连接线中断，在中断处加相应的标记，如图1-58所示。

在同一张图中断处的两端给出相同的标记号，并给出导线连接线去向的箭号，如图1-59所示中的M标记号。对于不同张的图，应在中断处采用相对标记法，即中断处标记名相同，并标注[图序号／图区位置]，如图1-60所示中断点M标记名，在第5号图纸上标有[20／A1]，它表示中断处与第20号图纸的A行1列处的断点连接；而在第20号图纸上标有[5／A5]，它表示中断处与第5号图纸的A行5列处的断点相连。

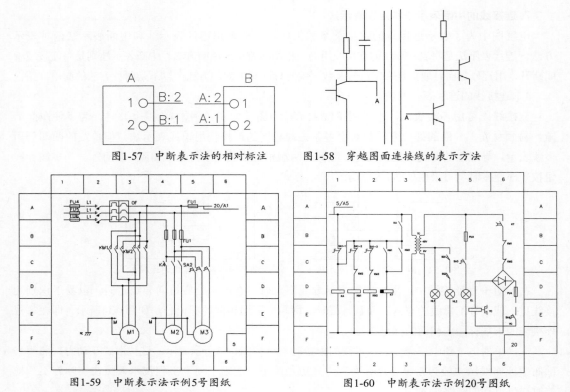

图1-57　中断表示法的相对标注　　　　图1-58　穿越图面连接线的表示方法

图1-59　中断表示法示例5号图纸　　　　图1-60　中断表示法示例20号图纸

8. 电器接线端子和导线线端的识别

与特定导线直接或通过中间电器相连的电器接线端子，应按表1-5所示中的字母进行标记。

表1-5　电器特定端子的标记和特定导线线端的识别

导体名称		标记符号			
		导线线端	旧符号	电器端子	旧符号
交流系统电源	导体1相	L1	A	U	Dl
	2相	L2	B	V	D2
	3相	L3	C	W	D3
	中性线	N	N	N	O
直流系统电源	导体正极	L+	+	C	
	导体负极	L−	−	D	
	中间线	M		M	
保护接地（保护导体）		PE		PE	
不接地保护导体		PU		PU	
保护中性导体（保护接地线和中性线共用）		PEN		—	
接地导体（接地线）		E		E	
低噪声（防干扰）接地导体		TE		TE	
接机壳或接机架		MM		MM	
等电位联结		CC		CC	

只有当这些接线端子或导体与保护导体或接地导体的电位不等时，才采用这些识别标记。例如，按照字母数字符号标记的电器端子和特定导线线端可按图1-61所示的方式相互连接。

9. 绝缘导线的标记

在电气图中，对绝缘导线作标记的目的是识别电路中的导线和已经从其连接的端子上拆下来的导线。我国国家标准对绝缘导线的标记作了规定，但电器（如旋转电机和变压器）端子的绝缘导线除外，其他设备（如电信电路或包括电信设备的电路）仅作参考。补充标记用于对主标记作补充，它是以每一导线或线束的电气功能为依据进行标记的系统。补充标记可以用字母或数字表示，也可采用颜色标记或有关符号表示。补充标记分为功能标记、相位标记、极性标记等。

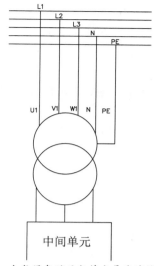

图1-61　电气设备端子与特定导线连接示意图

1）功能标记

功能标记是指分别考虑每一个导线的功能（例如，开关的闭合或断开，位置的表示，电流或电压的测量等）的补充标记，或者同时考虑几种导线的功能（例如，电热、照明、信号、测量电路）的补充标记。

2）相位标记

相位标记是指标明导线连接到交流系统中某一相的补充标记，相位标记采用大写字母、数字或两者兼用表示相序，如表1-6所示。交流系统中的中性线必须用字母N标明，同时，要识别相序，以保证正常运行和有利于维护检修。

表1-6　交流系统及直流系统中裸导线涂色

系统	交流三相系统					直流系统	
母线	第1相 L1（A）	第2相L2（B）	第3相L3（c）	N线及PEN线	PE线	正极 L+	负极L-
涂色	黄	绿	红	淡蓝	黄绿双色	赭色	蓝

3）极性标记

极性标记是标明导线连接到直流电路中某一极性的补充标记。用符号标明直流电路导线的极性时，正极用+标记，负极用-标记，直流系统的中间线用字母M标明。如可能发生混淆，则负极标记可用-表示。

4）保护导线和接地线的标记

在任何情况下，电气图中的字母符号或数字编号的排列都应便于阅读。它们可以排成列，也可以排成行，并应从上到下、从左到右、靠近连接线或元器件图形符号排列。

10. 接线文件

在阅读电气图时，还需了解接线文件，接线图和接线表简称接线文件。接线文件提供了包括元件、器件、组件及这些项目之间实际连接的信息，可用于设备的装配、安装及维修。接线文件包含识别每一连接点及所用导线或电缆的信息。对端子接线图和端子接线表只表示出一端。有些接线文件还包含以下内容。

（1）导线或电缆种类的信息，如型号牌号、材料、结构、规格、绝缘颜色、电压额定值、导线数及其他技术数据。

（2）导线号、电缆号或项目代号。

（3）连接点的标记或表示方法，如项目代号、端子代号、图形表示法及远端标记。

（4）铺设、走向、端头处理、捆扎、绞合及屏蔽等说明或方法。

（5）导线或电缆长度。

（6）信号代号或信号的技术数据。

（7）需补充说明的其他信息。

1.4.5 电气元件触点位置和工作状态的表示方法

电气元件和设备的触点按其操作方式分为两类：一类是靠电磁力或人工操作的触点（如接触器、继电器、开关、按钮等的触点）；另一类是非电和非人工操作的触点（如非电继电器、行程开关等触点）。这两类触点在电气图上有不同的表示方法。

1. 电气元件触点位置的表示方法

1）电磁力或人工操作的触点

（1）同一电路中，在加电和受力后，各触点符号的动作方向应取向一致。

（2）当元件受激时，水平连接的触点，动作向上；垂直连接的触点，动作向右。

（3）在分开表示法表示的电路中，当触点排列复杂而没有保持功能时，在加电和受力后，触点符号的动作方向可不强调一致，触头位置可灵活运用。

（4）用动合触点符号或动断触点符号表示的半导体开关应按其初始状态即辅助电源已合的时刻绘制。

2）非电和非人工操作的触点

（1）用图形表示。

（2）用操作器件的符号表示。

（3）用注释、标记和表格表示。

2. 元器件工作状态的表示方法

元器件的工作状态是指元器件和设备的可动部分应表示在非激励或不工作的状态或位置。主要有以下几种工作状态。

（1）继电器和接触器在非激励的状态，其触头状态是非电下的状态。

（2）断路器、负荷开关和隔离开关在断开位置。

（3）温度继电器、压力继电器都处于常温和常压状态。

（4）带零位的手动控制开关在零位置，不带零位的手动控制开关在图中规定的位置。

（5）机械操作开关在非工作状态或位置时的情况及机械操作开关的工作位置的对应关系，一般表示在触点符号的附近或另附说明。

（6）多重开闭器件的各组成部分必须表示在相互一致的位置上，而不管电路的工作状态。

（7）事故、备用、报警等开关或继电器的触点应该表示在设备正常使用的位置，如有特定位置，应在图中另加说明。

在电气图中，一般对于元器件工作状态的表示，还要将元器件技术数据、技术条件和说明进行标注。元器件的技术数据（如型号、规格等）一般标注在图线符号的近旁。当元件垂直布置时，技术数据标在元件的左边；当元件水平布置时，技术数据标在元件的上方；符号外边给出的技术数据应放在项目代号的下面。

对于继电器、仪表、集成块等矩形符号或简化外形符号，则可标在方框内。另外，技术数据也可用表格的形式给出。"技术条件"或"说明"的内容应书写在图样的右侧，当注写内容多于一次时，应按阿拉伯数字顺序编号，如图1-62～图1-69所示。

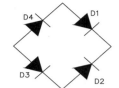

图1-62　整流桥标注表示方法

图1-63　电容内容多于一处标注表示方法

图1-64　电容水平标注表示方法

图1-65　电容垂直标注表示方法

图1-66　电阻水平标注表示方法

图1-67　电阻垂直标注表示方法

图1-68　变压器标注表示方法

图1-69　芯片块标注表示方法

1.5　思考与练习

（1）电气工程图纸都由边框线、图框线、标题栏、（　　　）组成。

A．会签栏　　　　　　B．签字栏　　　　　　C．签名栏　　　　　　D．登记栏

（2）电气图中常用的文字符号包括（　　　）、双字母符号。

A．单字母符号　　　　B．大写字母符号　　　C．双字母符号　　　D．小写字母符号

（3）（　　　）不属于电气线路的表示方法。

A．多线表示法　　　　B．单线表示法　　　　C．综合表示法　　　D．图形表示法

（4）在交流三相系统中，母线第1相L1（A）的涂色为（　　　）色。

A．红　　　　　　　　B．绿　　　　　　　　C．黄　　　　　　　D．橙

（5）在下列图示中，表示"整流桥标注"的是（　　　）。

A.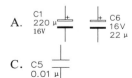

B.

C. C5
0.01 μ

D. C2　C3
0.33 μ　0.1 μ

AutoCAD是由美国Autodesk公司开发的通用计算机辅助设计软件。在深入学习AutoCAD绘图软件之前，本章首先介绍AutoCAD 2018的工作界面、图形文件管理、绘图环境设置、视图控制等基础知识和基本操作，使读者对AutoCAD的操作方式有一个全面的了解和认识，为熟练掌握该软件打下坚实的基础。

第 2 章

AutoCAD 2018制图基础

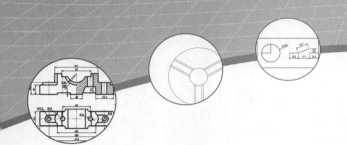

2.1 AutoCAD 2018工作界面

启动AutoCAD 2018后，即可进入如图2-1所示的工作界面。AutoCAD提供了【草图与注释】、【三维基础】以及【三维建模】3种工作空间，默认情况下使用的是【草图与注释】工作空间，并提供了十分强大的功能区，方便初学者使用。

AutoCAD 2018工作界面包括应用程序按钮、快速访问工具栏、标题栏、菜单栏、交互信息工具栏、功能区、标签栏、十字光标、绘图区域、坐标系图标、命令行及状态栏等部分，如图2-1所示。

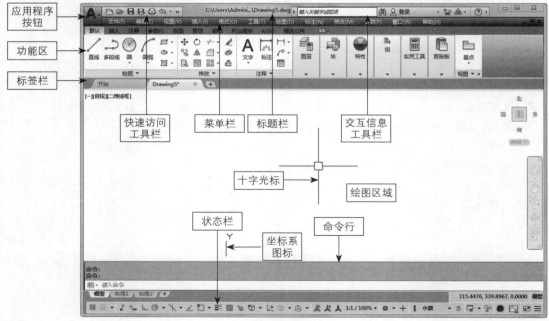

图2-1 工作界面

2.1.1 应用程序按钮

　　应用程序按钮▲位于窗口的左上角。单击该按钮，系统将弹出用于管理AutoCAD图形文件的菜单，包含【新建】、【打开】、【保存】、【另存为】、【输出】、【打印】等命令，右侧区域则是【最近使用的文档】列表，如图2-2所示。

　　此外，在应用程序【搜索】按钮🔍左侧的空白区域输入命令名称，即会弹出与之相关的各种命令的列表，选择其中对应的命令即可执行，如图2-3所示。

图2-2　菜单列表　　　　　　　　图2-3　显示搜索结果

2.1.2 快速访问工具栏

　　快速访问工具栏位于标题栏的左侧，它包含文档操作常用的7个快捷按钮，依次为【新建】、【打开】、【保存】、【另存为】、【打印】、【放弃】和【重做】，如图2-4所示。

　　可以通过相应的操作为快速访问工具栏增加所需的工具按钮，有以下几种方法。

➤ 单击快速访问工具栏右侧的下拉按钮▼，在弹出的下拉列表中选择【更多命令】命令，在弹出的【自定义用户界面】对话框中选择将要添加的命令，然后按住鼠标左键将其拖动到快速访问工具栏上即可。

➤ 在功能区的任意工具图标上右击，选择其中的【添加到快速访问工具栏】命令。

　　如果要删除已经存在的快捷键按钮，只需要在该按钮上右击，然后选择【从快速访问工具栏中删除】命令，即可完成删除按钮的操作。

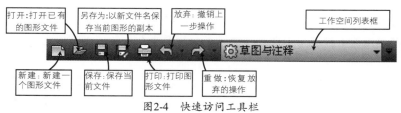

图2-4　快速访问工具栏

2.1.3 标题栏

标题栏位于AutoCAD窗口的最上方，如图2-5所示。标题栏显示了软件名称以及当前新建或打开文件的名称等。标题栏最右侧提供了【最小化】按钮 ▬ 、【最大化】按钮 ▢ /【恢复窗口大小】按钮▣和【关闭】按钮✖ 。

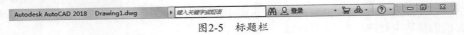

图2-5　标题栏

延伸讲解：在标题栏中显示完整文件路径的方法

通常情况下，在AutoCAD中打开的图形文件是不显示其路径的，如图2-6所示。如果需要显示路径，需在【选项】对话框中修改参数。

Autodesk AutoCAD 2018　Drawing1.dwg

图2-6　显示名称

在命令行中输入OP【选项】命令，系统弹出【选项】对话框，切换到【打开和保存】选项卡，如图2-7所示。

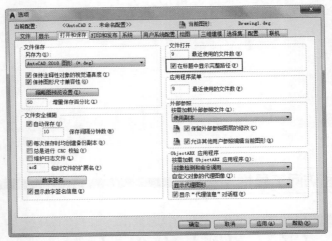

图2-7　【打开和保存】选项卡

在【打开和保存】选项卡的【文件打开】选项组中勾选【在标题中显示完整路径】复选框，单击【确定】按钮即可。设置完成后即可在标题栏中显示完整的文件路径，如图2-8所示。

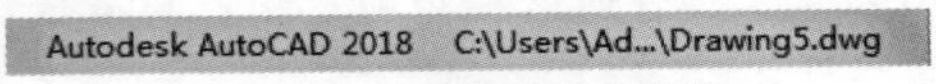

Autodesk AutoCAD 2018　C:\Users\Ad...\Drawing5.dwg

图2-8　显示完整文件路径

2.1.4 菜单栏

在AutoCAD 2018中，菜单栏在任何工作空间都不会默认显示。在快速访问工具栏中单击下拉按钮▼，并在弹出的下拉菜单中选择【显示菜单栏】命令，即可将菜单栏显示出来，如图2-9所示。

菜单栏位于标题栏的下方，包括12个菜单，分别为【文件】、【编辑】、【视图】、【插入】、【格式】、【工具】、【绘图】、【标注】、【修改】、【参数】、【窗口】和【帮助】，几乎包含了所有绘图命令和编辑命令，如图2-10所示。

图2-9 菜单列表

图2-10 菜单栏

2.1.5 功能区

功能区是一种特殊的选项卡，用于显示与绘图任务相关的按钮和控件，存在于【草图与注释】、【三维基础】和【三维建模】工作空间中。【草图与注释】工作空间的功能区包含【默认】、【插入】、【注释】、【参数化】、【视图】、【管理】、【输出】、【A 360】、【精选应用】等选项卡，如图2-11所示。每个选项卡包含若干个面板，每个面板又包含许多由图标表示的命令按钮。系统默认显示的是【默认】选项卡。

图2-11 功能区

延伸讲解：在面板中添加命令按钮的方法

AutoCAD程序的面板并没有显示所有可用命令的按钮，这给习惯使用面板按钮的用户带来了不便。学会根据需要添加、删除和更改命令按钮，会大大提高绘图效率。

下面以添加多线（MLine）命令按钮为例进行讲解。

单击功能区中【管理】选项卡下的【自定义设置】面板中的【用户界面】按钮，如图2-12所示。系统弹出【自定义用户界面】对话框，如图2-13所示。

图2-12 单击按钮

在【所有文件中的自定义设置】卷展栏中选择【所有自定义文件】下拉选项，并展开【功能区】列表，选择【面板】选项，如图2-14所示。

展开【面板】列表，再展开【二维常用选项卡-绘图】列表。在列表中单击展开【第2行】，在绘图命令列表中找到【多线】选项，如图2-15所示。选择【多线】选项，将其拖动至【绘图】列表中，如图2-16所示。拖动成功后单击【确定】按钮，关闭对话框。

设置完成后，在【默认】选项卡的【绘图】面板中可以直接单击【多线】命令按钮，调用命令，如图2-17所示。

图2-13 【自定义用户界面】对话框

图2-14 展开列表

图2-15 选择选项

图2-16 拖动选项

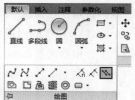

图2-17 显示命令按钮

2.1.6 标签栏

标签栏位于绘图窗口上方，每个打开的图形文件都会在标签栏中显示一个标签，单击文件标签即可快速切换到相应的图形文件窗口，如图2-18所示。

在AutoCAD 2018的标签栏中，新建图形文件选项卡，重命名为"开始"，并在创建和打开其他图形时保持显示。单击标签上的■按钮，可以快速关闭文件；单击标签栏右侧的■按钮，可以快速新建文件；右击标签栏空白处，会弹出快捷菜单（如图2-19所示），利用该快捷菜单可以选择【新建】、【打开】、【全部保存】和【全部关闭】命令。

图2-18　标签栏　　　　　图2-19　快捷菜单

此外，在光标经过图形文件选项卡时，将显示模型的预览图像和布局，如图2-20所示。如果光标经过某个预览图像，相应的模型或布局将临时显示在绘图区域中，并且可以在预览图像中访问【打印】和【发布】命令。

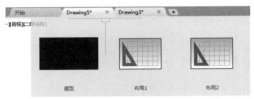

图2-20　预览效果

2.1.7　绘图区域

绘图窗口又常被称为绘图区域，它是绘图的焦点区域，绘图的核心操作和图形显示都在该区域中。在绘图窗口中有4个工具需注意，分别是光标、坐标系图标、ViewCube工具和视口控件，如图2-21所示。其中，视口控件显示在每个视口的左上角，提供更改视图、视觉样式和其他设置的便捷操作方式，视口控件的3个标签将显示当前视口的相关设置。注意，当前文件选项卡决定了当前绘图窗口显示的内容。

图2-21　绘图区域

2.1.8　命令行与文本窗口

命令行是输入命令名和显示命令提示的区域，默认的命令行窗口布置在绘图区域的下方，由若干文本行组成，如图2-22所示。

图2-22　命令行

单击命令行左上角的命令按钮，向上弹出命令菜单，如图2-23所示。在菜单中含有AutoCAD启动后所用过的全部命令及提示信息。

单击命令行左侧的【关闭】按钮，打开【命令行-关闭窗口】对话框，如图2-24所示。系统询问用户是否关闭命令行，单击【是】按钮，关闭对话框，同时关闭命令行。如果勾选该对话框中的【始终关闭命令行窗口】复选框，命令行会一直处于关闭状态。

图2-23　向上弹出命令菜单

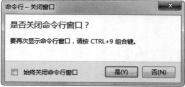

图2-24　【命令行-关闭窗口】对话框

提 示

根据【命令行-关闭窗口】对话框中的提示，在关闭命令行后，按Ctrl+9组合键，可以再次显示命令行。

图2-25　弹出菜单

单击命令行左侧的【设置】按钮，向上弹出菜单。在该菜单中选择【输入设置】命令，向右弹出子菜单，如图2-25所示。在子菜单中选择命令，定义命令行的输入效果。

在单击【设置】按钮弹出的菜单中选择【输入搜索选项】命令，弹出【输入搜索选项】对话框，如图2-26所示。在该对话框中设置参数，自定义命令行的输入方式。

在弹出菜单中选择【透明度】命令，弹出【透明度】对话框，如图2-27所示。调整滑块的位置，设置命令行的显示效果。

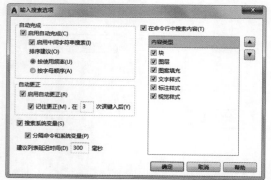

图2-26　【输入搜索选项】对话框

图2-27　【透明度】对话框

在弹出菜单中选择【选项】命令，打开【选项】对话框。单击【窗口元素】选项组下的【字体】按钮，如图2-28所示，弹出【命令行窗口字体】对话框。在该对话框中设置【字体】样式、【字形】类型以及【字号】大小，如图2-29所示。单击【确定】按钮，关闭对话框，命令行按照所指定的样式显示。

按F2键，向上弹出命令行列表，如图2-30所示。在列表中显示已执行命令的详细情况。

AutoCAD文本窗口的作用和命令窗口的作用一样，它记录了对文档进行的所有操作。文本窗口在默认界面中没有直接显示，需要通过命令调取。调用文本窗口的方法有以下几种。

➢ 菜单栏：选择菜单【视图】|【显示】|【文本窗口】命令。

➢ 快捷键：Ctrl+F2。

➢ 命令行：TEXTSCR。

执行上述任意一种方法后，系统弹出如图2-31所示的文本窗口，其中记录了文档进行的所有编辑操作。

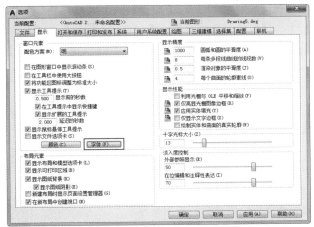

图2-28　【选项】对话框

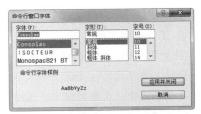

图2-29　【命令行窗口字体】对话框

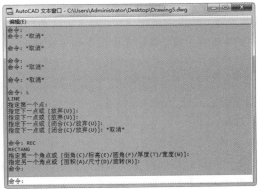

图2-30　向上弹出列表

图2-31　命令行文本窗口

2.1.9　状态栏

状态栏位于屏幕的底部，用来显示AutoCAD当前的状态，如对象捕捉、极轴追踪等命令的工作状态。状态栏主要由5部分组成，如图2-32所示。同时，AutoCAD 2018将之前的模型布局标签栏和状态栏合并在一起，并且取消显示当前光标位置。

图2-32　状态栏

1. 快速查看工具

使用其中的工具可以快速预览打开的图形，打开图形的模型空间与布局，以及在其中切换图形，使之以缩略图形式显示在应用程序窗口的底部。

2. 坐标值

坐标值一栏会以直角坐标系的形式（x, y, z）实时显示十字光标所处位置的坐标。在二维制图模式下，只会显示x、y轴坐标，只有在三维建模模式下才会显示z轴坐标。

3. 绘图辅助工具

此处主要用于控制绘图的性能，其中包括【推断约束】、【捕捉模式】、【栅格显示】、【正交模式】、【极轴追踪】、【对象捕捉】、【三维对象捕捉】、【对象捕捉追踪】、【允许/禁止动态UCS】、【动态输入】、【显示/隐藏线宽】、【显示/隐藏透明度】、【快捷特性】、【选择循环】等工具。

4. 注释工具

此处用于显示缩放注释的若干工具。对于不同的模型空间和图纸空间，将显示不同的工具。图形状态栏打开后，将显示在绘图区域的底部；当图形状态栏关闭时，将移至应用程序状态栏。

5. 工作空间工具

此处用于切换AutoCAD 2018的工作空间，以及进行自定义设置工作空间等操作。

➢ 切换工作空间 ✿：切换绘图空间，可通过此按钮切换AutoCAD 2018的工作空间。

➢ 硬件加速 ◎：在绘制图形时通过硬件的支持提高绘图性能，如刷新频率。

➢ 隔离对象 ♉：对大型图形的个别区域进行重点操作，并需要显示或临时隐藏选定的对象。

➢ 全屏显示 ▣：使AutoCAD 2018全屏显示或者退出。

➢ 自定义 ☰：单击该按钮，可以对当前状态栏中的按钮进行添加或是删除，方便管理。

6. 新手解答：重新调出【模型】和【布局】选项卡的方式

默认情况下，图形文档在状态栏左边会有【模型】选项卡和【布局】选项卡。【模型】选项卡提供了一个无限的绘图区域，用户可以绘制、查看和编辑模型对象；【布局】选项卡提供了一个图纸空间的区域，用户可以放置标题栏、创建布局视口、标注图形尺寸，也可以查看和编辑图纸空间对象。

布局空间是为模型空间服务的，若【模型】选项卡和【布局】选项卡不见了，则可以打开【选项】对话框，切换到【显示】选项卡，如图2-33所示。在【布局元素】选项组中勾选【显示布局和模型选项卡】复选框，单击【确定】按钮即可。

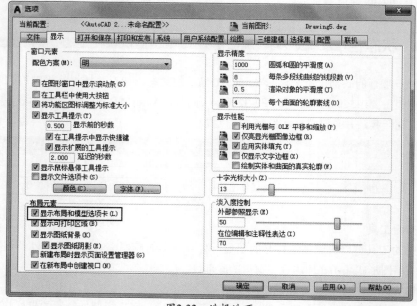

图2-33　选择选项

2.2 AutoCAD 2018绘图环境

在使用AutoCAD进行制图之前，应根据实际情况设置相应的绘图环境，以保持图形的一致性，并提高绘图效率。本节介绍工作空间、图形单位及图形界限的设置方法和步骤。

2.2.1 设置工作空间

AutoCAD 2018提供了【草图与注释】、【三维基础】和【三维建模】3种工作空间模式。用户可以根据自己的需要来切换相应的工作空间。

AutoCAD 2018工作空间的切换方法有以下几种。

➤ 快速访问工具栏：单击快速访问工具栏中的【切换工作空间】下拉按钮 ，在弹出的下拉列表中选择工作空间，如图2-34所示。

➤ 菜单栏：选择菜单【工具】|【工作空间】命令，在子菜单中进行选择，如图2-35所示。

图2-34 下拉列表切换方式

图2-35 菜单栏切换方式

➤ 状态栏：单击状态栏右侧的【切换工作空间】按钮 ，在弹出的菜单中进行选择，如图2-36所示。

1．【草图与注释】工作空间

AutoCAD 2018默认的工作空间为【草图与注释】。其界面主要由应用程序按钮、快速访问工具栏、功能区选项卡、绘图区域、命令行、状态栏等元素组成。【草图与注释】工作空间的功能区，包含的是最常用的二维图形绘制、编辑和标注命令，因此非常适合绘制和编辑二维图形时使用，如图2-37所示。

图2-36 状态栏切换方式

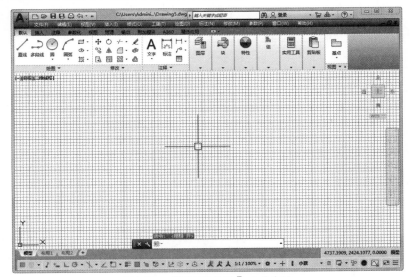

图2-37 【草图与注释】工作空间

2. 【三维基础】工作空间

【三维基础】工作空间界面与【草图与注释】工作空间界面类似，但【三维基础】工作空间功能区包含的是基本的三维建模工具，如各种常用的三维建模、布尔运算以及三维编辑工具按钮，能够非常方便地创建简单的基本三维模型，如图2-38所示。

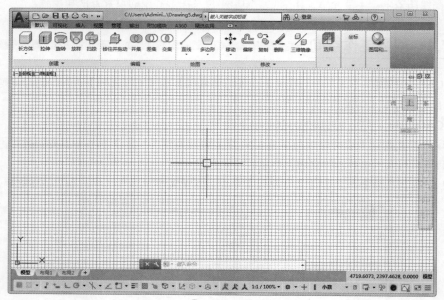

图2-38   【三维基础】工作空间

3. 【三维建模】工作空间

【三维建模】工作空间界面与【三维基础】工作空间界面比较相似，但功能区包含的工具有较大差异。其功能区选项卡中集中了实体、曲面和网格的多种建模和编辑命令，以及视觉样式、渲染等模型显示工具，为绘制和观察三维图形、附加材质、创建动画、设置光源等操作提供了非常便利的环境，如图2-39所示。

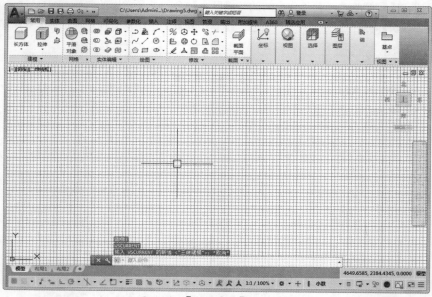

图2-39   【三维建模】工作空间

【练习2-1】： 自定义工作空间

介绍自定义工作空间的方法，难度：☆☆
素材文件路径：无
效果文件路径：无
视频文件路径：视频\第2章\2-1 自定义工作空间.MP4

除以上提到的3个基本工作空间外，根据绘图的需要，用户还可以自定义自己的个性空间，并保存在工作空间列表中，以备工作时随时调用。

01 双击桌面上的快捷图标 **A**，启动AutoCAD 2018软件，如图2-40所示。

02 单击快速访问工具栏中的下拉按钮，在展开的下拉列表中选择【显示菜单栏】选项，显示菜单栏，选择菜单【工具】|【选项板】|【功能区】命令，如图2-41所示。

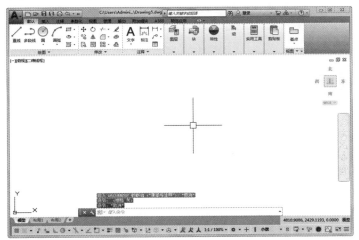

图2-40　启动软件

图2-41　选择命令

03 在【草图与注释】工作空间中隐藏功能区，如图2-42所示。

04 选择快速访问工具栏的工作空间列表中的【将当前工作空间另存为】选项，如图2-43所示。

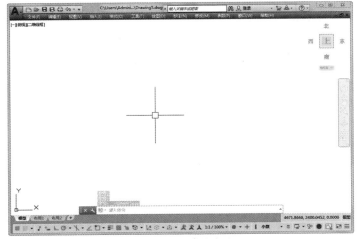

图2-42　隐藏功能区

图2-43　选择选项

05 系统弹出【保存工作空间】对话框，输入新工作空间的名称，如图2-44所示。

06 单击【保存】按钮，自定义的工作空间即创建完成，如图2-45所示。在以后的工作中，可以随时通过选择该工作空间，快速将工作界面切换为相应的状态。

图2-44　设置名称　　　　　图2-45　选择工作空间

=========== 提 示 ===========

不需要的工作空间，可以将其在工作空间列表中删除。选择工作空间列表中的【自定义】选项，弹出【自定义用户界面】对话框，在需要删除的工作空间名称上右击，在弹出的快捷菜单中选择【删除】命令，即可删除不需要的工作空间，如图2-46所示。

图2-46　选择命令

2.2.2 设置图形单位

AutoCAD使用的图形单位包括毫米、厘米、英尺、英寸等十几种单位，可满足不同行业的绘图需要。在绘制图形前，一般需要先设置绘图单位，比如绘图比例设置为1:1，则所有图形的尺寸都会按照实际绘制尺寸来标注。设置绘图单位，主要包括设置长度和角度的类型、精度和起始方向等内容。

a. 执行方式

在AutoCAD中，设置图形单位的方法有以下几种。

➢ 菜单栏：选择菜单【格式】|【单位】命令，如图2-47所示。

➢ 应用程序：单击应用程序按钮，在弹出的下拉列表中选择【图形实用工具】|【单位】选项，如图2-48所示。

➢ 命令行：UNITS或UN。

图2-47　选择命令　　　　　　　　　　图2-48　选择选项

b. 操作步骤

执行以上任意一种方法后，系统弹出如图2-49所示的【图形单位】对话框。在其中设置【长度】、【角度】单位的类型和精度，选择【用于缩放插入内容的单位】类型。

c. 选项说明

【图形单位】对话框中各选项的含义如下。

➤ 【长度】选项组：用于设置长度单位的类型和精确度。在【类型】下拉列表中可以选择当前测量单位的格式；在【精度】下拉列表中可以选择当前长度单位的精确度。

➤ 【角度】选项组：用于控制角度单位的类型和精确度。在【类型】下拉列表中可以选择当前角度单位的格式类型；在【精度】下拉列表中可以选择当前角度单位的精确度；【顺时针】复选框用于控制角度增量的正负方向。

➤ 【插入时的缩放单位】选项组：用于选择插入图块时的单位，也是当前绘图环境的尺寸单位。

➤ 【方向】按钮：用于设置角度方向。单击该按钮将弹出如图2-50所示的【方向控制】对话框，在其中可以设置基准角度和角度方向，当选中【其他】单选按钮后，【角度】按钮才可用。

图2-49　【图形单位】对话框　　　　图2-50　【方向控制】对话框

2.2.3　设置图形界限

　　AutoCAD的绘图区域是无限大的，用户可以绘制任意大小的图形，但由于现实中使用的图纸均有特定的尺寸，为了使绘制的图形符合纸张大小，需要设置一定的图形界限。

　　设置绘图界限的方法有以下几种。

➢　菜单栏：选择菜单【格式】|【图形界限】命令，如图2-51所示。

➢　命令行：LIMITS。

图2-51　选择选项

　　执行上述任意一种方法后，在命令行输入图形界限的坐标值，即可定义图形界限。

【练习2-2】： 设置A2（594mm×420mm）界限	
介绍设置图形界限的方法，难度：☆	
素材文件路径：无	
效果文件路径：无	
视频文件路径：视频\2章\2-2 设置A2界限.MP4	

　　下面介绍设置图形界限的操作步骤。

01 执行【图形界限】命令，设置绘图界限为A2纸张大小（594mm×420mm），命令行操作如下。

```
命令:limits↙                              //启用[图形界限]命令
重新设置模型空间界限:
指定左下角点或 [开(ON)/关(OFF)]<0.0000,0.0000>:     //指定坐标原点为图形界限左下角点
指定右上角点<420.0000,297.0000>:594,420↙    //指定图形界限右上角点，按Enter键
                                           完成设置
```

02 设置栅格，以显示图形界限范围。在状态栏的【栅格】按钮上右击，在弹出的快捷菜单中选择【设置】命令，弹出【草图设置】对话框，在【栅格行为】选项组中取消勾选【显示超出界限的栅格】复选框，如图2-52所示。

03 关闭对话框，双击鼠标中键，缩放视图，即可在图形窗口中查看设置的图形界限范围，如图2-53所示。

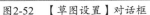

图2-52 【草图设置】对话框

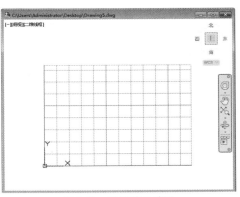

图2-53 图形界限范围

提 示

在设置图形界限之前，需要激活状态栏中的【栅格】按钮▦，只有启用该功能才能看到图形界限的效果。栅格所显示的区域即为设置的图形界限区域。

2.2.4 设置十字光标大小

在AutoCAD中，十字光标随着鼠标的移动而变换位置，十字光标代表当前点的坐标，为了满足绘图的需要，有时需要对光标的大小进行设置。

选择菜单【工具】|【选项】命令，弹出如图2-54所示的【选项】对话框，在【显示】选项卡中，拖动【十字光标大小】选项组中的滑块，可以设置十字光标的大小。

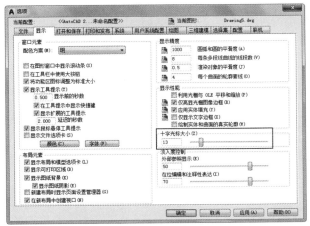

图2-54 设置参数

【练习2-3】：设置绘图区域的颜色

🖌 介绍设置绘图区域颜色的方法，难度：☆	
素材文件路径：无	
效果文件路径：无	
视频文件路径：视频\第2章\2-3 设置绘图区域的颜色.MP4	

在绘制图形的过程中，为了使读图和绘图效果更清楚，就需要对绘图区域的颜色进行设置，具体操作步骤如下。

01 选择菜单【工具】|【选项】命令，弹出【选项】对话框，单击【显示】选项卡中的【颜色】按钮，如图2-55所示。

02 弹出【图形窗口颜色】对话框，在【上下文】列表框中选择【二维模型空间】选项，然后在【颜色】下拉列表框中选择【白】选项，如图2-56所示。单击【应用并关闭】按钮，绘图区域背景即变为白色。

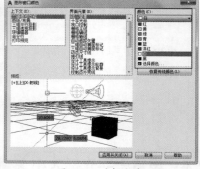

图2-55 【选项】对话框   图2-56 选择颜色

2.2.5 设置鼠标右键功能

为了更快速、高效地绘制图形，可以对鼠标右键功能进行设置。

执行OP【选项】命令，在弹出的【选项】对话框中切换到【用户系统配置】选项卡，单击【自定义右键单击】按钮，如图2-57所示。弹出【自定义右键单击】对话框，如图2-58所示。在该对话框中，可以设置在各种工作模式下鼠标右键单击的快捷功能，设定后单击【应用并关闭】按钮即可。

图2-57 【选项】对话框   图2-58 【自定义右键单击】对话框

2.3 AutoCAD 2018执行命令的方式

命令是AutoCAD用户与软件交换信息的重要方式，掌握AutoCAD 2018命令的调用方法，是使用AutoCAD 2018软件制图的基础，也是深入学习AutoCAD功能的重要前提。

2.3.1 命令调用的5种方式

AutoCAD中调用命令的方式有很多种，这里仅介绍最常用的5种。

1. 使用菜单栏调用

菜单栏调用是AutoCAD 2018提供的功能最全、最强大的命令调用方法。AutoCAD绝大多数常用命令都分门别类地放置在菜单栏中。例如，若需要在菜单栏中调用【多段线】命令，选择菜单【绘图】|【多段线】命令即可，如图2-59所示。

2. 使用功能区调用

在AutoCAD中，3个工作空间都是以功能区作为调用命令的主要方式。相比其他调用命令的方法，功能区调用命令更为直观，非常适合不能熟记绘图命令的AutoCAD初学者。

功能区使绘图界面无须显示多个工具栏，系统会自动显示与当前绘图操作相关的面板，从而使应用程序窗口更加整洁。因此，可以将进行操作的区域最大化，使用单个界面来加快和简化工作，如图2-60所示。

图2-59　使用菜单栏调用

图2-60　使用功能区调用

3. 使用工具栏调用

与菜单栏一样，工具栏不显示于3个工作空间中，需要通过菜单【工具】|【工具栏】|AutoCAD命令调出，如图2-61所示。单击工具栏中的按钮，即可执行相应的命令。用户可以在其他工作空间绘图，也可以根据实际需要调出工具栏，如UCS、【三维导航】、【建模】、【视图】、【视口】等。

4. 使用命令行调用

使用命令行输入命令是AutoCAD的一大特色功能，同时也是最快捷的绘图方式。这就要求用户熟记各种绘图命令，对AutoCAD比较熟悉的用户一般都用此方式绘制图形，因为这样可以大大提高绘图的速度和效率。

AutoCAD绝大多数命令都有其相应的简写方式，如【直线】命令LINE的简写方式是L，【矩形】命令RECTANG的简写方式是REC，如图2-62所示。对于常用的命

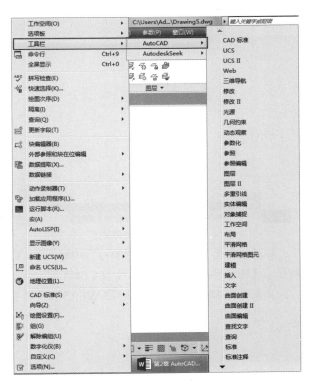

图2-61　选择命令

令，用简写方式输入将大大减少键盘输入的工作量，提高工作效率。另外，AutoCAD对命令或参数输入不区分大小写，因此操作者不必考虑输入的大小写问题。

在命令行中输入命令后，可以使用以下的方法响应其他任何提示和选项。

➢ 要接受显示在方括号（[ ]）中的默认选项，则按Enter键。

➢ 要响应提示，则输入值或单击图形中的某个位置。

➢ 要指定提示选项，可以在提示列表（命令行）中输入所需提示选项对应的亮显字母，然后按Enter键。也可以使用鼠标单击所需要的选项，如在命令行中单击选择【倒角（C）】选项，等同于在此命令行提示下输入C并按Enter键。

5. 使用快捷菜单调用

使用快捷菜单调用命令，即右击，在弹出的快捷菜单中选择命令，如图2-63所示。

6. 初学解答：执行命令的过程中，对话框变为命令行怎么办？

某些命令在命令行和对话框中都能使用。系统默认情况下，可在命令前输入连字符（-）来限制显示对话框，而代之以命令行提示。例如，在命令行中输入layer将显示图层特性管理器。在命令行中输入-layer则显示等价的命令行选项。禁止显示此对话框对于兼容基于 AutoCAD 的应用程序的早期版本以及使用脚本文件很有用。对话框和命令行中的选项可能略有不同。

以下这些系统变量也影响对话框的显示。

● ATTDIA 控制 INSERT 命令是否使用对话框来输入属性值。

● CMDNAMES 显示当前使用的命令和透明命令的英文名称。

● EXPERT 控制是否显示某些警告对话框。

● HPDLGMODE 控制【图案填充和渐变色】对话框和【图案填充编辑】对话框的显示。

● FILEDIA 控制与读写文件命令一起使用的对话框的显示。

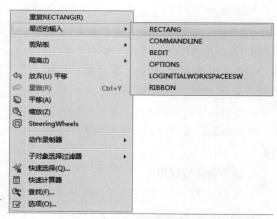

图2-62　命令行调用　　　　　　　　　　图2-63　右键菜单

以【另存为】命令为例，在命令行中输入 FILEDIA 命令，设置新值为 1，执行SAVEAS 命令将显示【图形另存为】对话框，如图2-64所示。

如果 FILEDIA 设置为 0，执行SAVEAS 命令将显示命令行提示，如图2-65所示。

图2-64　【图形另存为】对话框

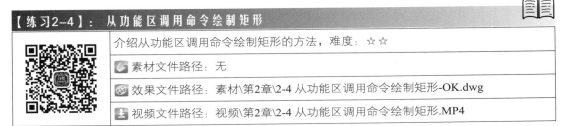

图2-65　命令行提示

【练习2-4】： 从功能区调用命令绘制矩形

介绍从功能区调用命令绘制矩形的方法，难度：☆☆

素材文件路径： 无

效果文件路径： 素材\第2章\2-4 从功能区调用命令绘制矩形-OK.dwg

视频文件路径： 视频\第2章\2-4 从功能区调用命令绘制矩形.MP4

下面介绍从功能区调用命令绘制矩形的操作步骤。

01 启动AutoCAD 2018软件，单击快速访问工具栏中的【新建】按钮，新建空白文件。

02 单击【绘图】面板中的【矩形】按钮▭，如图2-66所示。绘制尺寸为300×150的矩形，命令行具体操作如下。

```
命令：_rectang↙                                          //调用【矩形】命令
指定第一个角点或 [倒角(C)/标高(E)/圆角(F)/厚度(T)/宽度(W)]：    //在绘图区任意拾取
                                                            一点

指定另一个角点或 [面积(A)/尺寸(D)/旋转(R)]：D↙            //输入D选项
指定矩形的长度 <10.0000>：300↙                          //指定矩形长度
指定矩形的宽度 <10.0000>：150↙                          //指定矩形宽度
指定另一个角点或 [面积(A)/尺寸(D)/旋转(R)]：              //指定矩形另一个角
                                                          点位置，结束命令
```

03 绘制矩形的结果如图2-67所示。

图2-66　单击按钮

图2-67　绘制矩形

2.3.2　命令的重复、撤销与重做

在使用AutoCAD绘图的过程中，难免会需要重复用到某一命令或对某命令进行了误操作，因此有必要了解命令的重复、撤销与重做方面的知识。

1. 重复执行命令

在绘图过程中，有时需要重复执行同一个命令，如果每次都重复输入，会使绘图效率大大降低。重复执行命令的方法有以下几种。

➤ 快捷键：按Enter键或空格键。

➤ 快捷菜单：右击，在系统弹出的快捷菜单的【最近的输入】子菜单中选择需要重复的命令。

➤ 命令行：MULTIPLE或MUL。

2.【放弃】命令

在绘图过程中，如果执行了错误的操作，此时就需要放弃操作。执行【放弃】命令的方法有以下几种。

➤ 工具栏：单击快速访问工具栏中的【放弃】按钮。

➤ 命令行：Undo或U。

➤ 快捷键：Ctrl+Z。

3.【重做】命令

通过【重做】命令，可以恢复前一次或者前几次已经放弃执行的操作，【重做】命令与【撤销】命令是一对相对的命令。执行【重做】命令的方法有以下几种。

➤ 工具栏：单击快速访问工具栏中的【重做】按钮。

➤ 命令行：REDO。

➤ 快捷键：Ctrl+Y。

4. 初学解答：一次性撤销多个命令的方法

如果要一次性撤销之前的多个操作，可以单击【放弃】按钮后的展开按钮，展开操作的历史记录，如图2-68所示。该记录按照操作的先后顺序，由下往上排列，移动指针选择要撤销的最近几个操作，如图2-69所示，单击即可撤销这些操作。

图2-68　命令操作历史记录　　　图2-69　选择命令

2.4 AutoCAD的坐标系

AutoCAD的图形定位，主要是由坐标系统来确定。使用AutoCAD的坐标系，首先要了解AutoCAD坐标系的概念和坐标的输入方法。

2.4.1 认识坐标系

在绘图过程中，常常需要通过某个坐标系来精确定位对象的位置。AutoCAD的坐标系包括世界坐标系（WCS）和用户坐标系（UCS）。

1.世界坐标系统

世界坐标系统（World Coordinate System，WCS）是AutoCAD的基本坐标系统，由3个相互垂直的坐标轴——X轴、Y轴和Z轴组成。在绘制和编辑图形的过程中，它的坐标原点和坐标轴的方向是不变的。

在默认情况下，世界坐标系统的X轴正方向水平向右，Y轴正方向垂直向上，Z轴正方向垂直于屏幕平面方向，指向用户，如图2-70所示。坐标原点在绘图区域的左下角，在其上有一个方框标记，表明是世界坐标系统。

2.用户坐标系统

为了更好地辅助绘图，经常需要修改坐标系的原点位置和坐标方向，这就需要使用可变的用户坐标系统（User Coordinate System，UCS）。在默认情况下，用户坐标系统和世界坐标系统重合，用户可以在绘图过程中根据具体需要来定义UCS。

为表示用户坐标UCS的位置和方向，AutoCAD在UCS原点或当前视窗的左下角显示了UCS图标。图2-71所示为用户坐标系图标。

图2-70 世界坐标系统图标　　图2-71 用户坐标系图标

2.4.2 坐标的表示方法

在AutoCAD中直接利用鼠标虽然使得制图很方便，但不能进行精确定位。如果进行精确定位则需要采用键盘输入坐标值的方式来实现。常用的坐标输入方式包括绝对直角坐标、绝对极坐标、相对直角坐标和相对极坐标。

1.绝对直角坐标

绝对直角坐标以WCS坐标系的原点（0,0,0）为基点定位，用户可以通过输入（X,Y,Z）坐标的方式来定义点的位置。

例如，在图2-72所示的图形中，Z方向坐标为0，则O点绝对坐标为（0,0,0），A点绝对坐标为（1000,1000,0），B点绝对坐标为（3000,1000,0），C点绝对坐标为（3000,3000,0），D点绝对坐标为（1000,3000,0）。

2. 相对直角坐标

相对直角坐标是以上一点为坐标原点确定下一点的位置。输入相对于上一点坐标（X,Y,Z）增量为（nX,nY,nZ）的坐标点的输入格式为（@nX,nY,nZ）。相对坐标输入格式为（@X,Y），@字符的作用是指定与上一个点的偏移量。

例如，在图2-73所示的图形中，对于O点而言，A点的相对坐标为（@20,20），如果以A点为基点，那么B点的相对坐标为（@100,0），C点的相对坐标为（@100,@100），D点的相对坐标为（@0,100）。

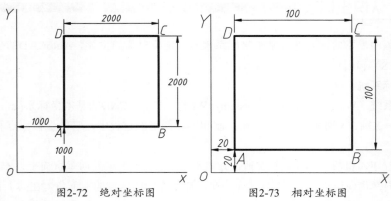

图2-72　绝对坐标图　　　　　　　图2-73　相对坐标图

3. 绝对极坐标

绝对极坐标方式是指相对于坐标原点的极坐标，例如，坐标（100<30）是指从X轴正方向逆时针旋转30°，距离原点100个图形单位的点。

4. 相对极坐标

相对极坐标是以上一点为参考极点，通过输入极距增量和角度值来定义下一点的位置，其输入格式为"@距离<角度"。

在运用AutoCAD进行绘图的过程中，使用多种坐标输入方式，可以使绘图操作更随意、灵活，再配合目标捕捉、夹点编辑等方式，在很大程度上提高绘图的效率。

【练习2-5】：　应用坐标绘制图形

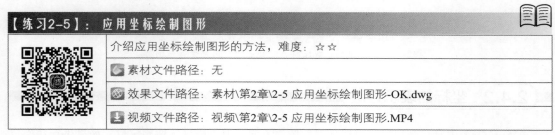

介绍应用坐标绘制图形的方法，难度：☆☆
素材文件路径：无
效果文件路径：素材\第2章\2-5 应用坐标绘制图形-OK.dwg
视频文件路径：视频\第2章\2-5 应用坐标绘制图形.MP4

下面介绍应用坐标绘制图形的操作步骤。

01 在【默认】选项卡中，单击【绘图】面板中的【直线】按钮╱。

02 命令行操作如下。

```
命令：L↙                          //调用【直线】命令
LINE
指定第一个点：10,10↙             //输入坐标值
指定下一点或 [放弃(U)]：@30,0↙    //移动鼠标，输入坐标值
指定下一点或 [放弃(U)]：@30<85↙   //移动鼠标，输入坐标值
```

指定下一点或 [闭合(C)/放弃(U)]: @-35,0✓	//移动鼠标，输入坐标值
指定下一点或 [闭合(C)/放弃(U)]: C✓	//选择【闭合】选项

03 绘制完成的等腰梯形如图2-74所示。

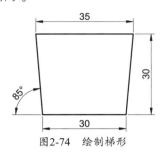

图2-74　绘制梯形

2.5　辅助绘图工具

本节将介绍AutoCAD 2018辅助工具的设置。通过对辅助功能进行适当的设置，可以提高用户制图的工作效率和绘图的准确性，比如捕捉和栅格、正交及对象捕捉功能等。

2.5.1　捕捉和栅格

【捕捉】功能经常和【栅格】功能联用，可以帮助用户高精度捕捉和选择某个栅格上的点，从而提高制图的精度和效率。

【捕捉】功能与【栅格】功能在【草图设置】对话框中启用或设置。打开【草图设置】对话框的方法有以下几种。

➢ 菜单栏：选择菜单【工具】|【绘图设置】命令，如图2-75所示。

➢ 状态栏：在【捕捉】按钮上右击，在弹出的快捷菜单中选择【捕捉设置】命令；在【栅格】按钮上右击，在弹出的快捷菜单中选择【网格设置】命令，如图2-76所示。

➢ 快捷键：DSETTINGS或者SE。

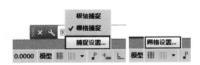

图2-75　选择命令　　　图2-76　选择选项

打开【捕捉】功能的方法有以下几种。

➢ 对话框：在【草图设置】对话框中勾选【启用捕捉】复选框，如图2-77所示。

➢ 快捷键：F9。

➢ 状态栏：单击状态栏中的【捕捉】按钮。

打开【栅格】功能有以下几种方法。

➢ 对话框：在【草图设置】对话框中勾选【启用栅格】复选框，如图2-78所示。

> 快捷键：F7。
> 状态栏：单击状态栏中的【栅格显示】按钮▦。

图2-77　启用【捕捉】功能　　　　　　图2-78　启用【栅格】功能

【捕捉和栅格】选项卡中部分选项的含义如下。

> 【捕捉间距】选项组：用于控制捕捉位置的不可见矩形栅格，以限制光标仅在指定的X和Y间隔内移动。
> 【捕捉类型】选项组：用于设置捕捉样式和捕捉类型。
> 【栅格间距】选项组：用于控制栅格的显示，这样有助于形象化显示距离。
> 【栅格行为】选项组：用于控制当使用VSCURRENT命令设置为除二维线框之外的任何视觉样式时，所显示栅格线的外观。

2.5.2　正交工具

　　【正交】功能可以保证绘制的直线完全呈水平或垂直状态，以方便绘制水平或垂直直线。
　　启用【正交】功能的方法有以下几种。

> 状态栏：单击状态栏中的【正交】按钮▬。
> 命令行：ORTHO。
> 快捷键：F8。

2.5.3　极轴追踪

　　【极轴追踪】是按事先给定的角度增量来追踪特征点，它实际上是极坐标的特殊应用。
　　启用【极轴追踪】功能的方法有以下几种。

> 状态栏：单击状态栏中的【极轴追踪】按钮◔。
> 快捷键：F10。

　　可以根据用户的需要，设置极轴追踪角度。执行菜单【工具】|【绘图设置】命令，弹出【草图设置】对话框，在【极轴追踪】选项卡中可设置极轴追踪的开关和其他角度值的增量角等，如图2-79所示。

　　【极轴追踪】选项卡中各选项的含义如下。

> 【增量角】下拉列表：用于设置极轴追踪角度。当光标的相对角度等于该角，或者是该角的整

数倍时，屏幕上将显示追踪路径。

- ➤ 【附加角】复选框：增加任意角度值作为极轴追踪角度。勾选【附加角】复选框，并单击【新建】按钮，然后输入所需追踪的角度值。
- ➤ 【仅正交追踪】单选按钮：当对象捕捉追踪打开时，仅显示已获得的对象捕捉点的正交（水平和垂直方向）对象捕捉追踪路径。
- ➤ 【用所有极轴角设置追踪】单选按钮：当对象捕捉追踪打开时，将从对象捕捉点起沿任何极轴追踪角进行追踪。
- ➤ 【极轴角测量】选项组：设置极轴角的参照标准。【绝对】单选按钮表示使用绝对极坐标，以X轴正方向为0°；【相对上一段】单选按钮表示根据上一段绘制的直线确定极轴追踪角，上一段直线所在的方向为0°。

在状态栏上单击【极轴追踪】按钮右侧的实心箭头，向上弹出菜单，如图2-80所示。在菜单中显示极轴追踪角度，可选择命令，指定当前极轴追踪角度。

图2-79　设置附加角　　　　　图2-80　弹出菜单

2.5.4　对象捕捉

AutoCAD提供了精确捕捉对象特殊点的功能，运用该功能可以精确绘制出所需的图形。进行精准绘图之前，需要进行正确的对象捕捉设置。

1. 开启对象捕捉

开启对象捕捉的方法有以下几种。

- ➤ 菜单栏：选择菜单【工具】|【草图设置】命令，在弹出的【草图设置】对话框中勾选【启用对象捕捉】复选框。但这种操作太烦琐，实际中一般不使用。
- ➤ 命令行：OSNAP。
- ➤ 快捷键：F3。
- ➤ 状态栏：单击状态栏中的【对象捕捉】按钮□。

2. 设置对象捕捉类型

在使用对象捕捉之前，需要设置捕捉的特殊点类型。根据绘图的需要设置捕捉对象，这样能够快速准确地定位目标点。右击状态栏上的【对象捕捉】按钮□，在弹出的快捷菜单中选择【对象捕捉设置】命令，如图2-81所示，系统弹出【草图设置】对话框，显示【对象捕捉】选项卡，如图2-82所示。

图2-81　选择命令

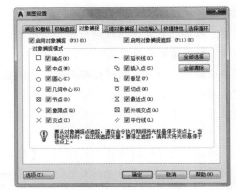

图2-82　选择捕捉模式

启用【对象捕捉】设置后，在绘图过程中，当光标靠近这些被启用的捕捉特殊点后，将自动对其进行捕捉。图2-83所示为启用【圆心】捕捉功能的效果；图2-84所示为启用【几何中心】捕捉功能的效果。

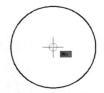

图2-83　捕捉圆心

图2-84　捕捉几何中心

2.5.5　对象捕捉追踪

在绘图过程中，除了需要掌握对象捕捉的应用外，也需要掌握对象追踪的相关知识和应用的方法，从而能够提高绘图的效率。

启动【对象捕捉追踪】功能的方法有以下几种。

➢　快捷键：按F11键切换开、关状态。

➢　状态栏：单击状态栏中的【对象捕捉追踪】按钮 。

启用【对象捕捉追踪】功能后，在绘图的过程中需要指定点时，光标即可沿基于其他对象捕捉点的对齐路径进行追踪。

::::::::::::::::: 提　示 :::::::::::::::::

由于对象捕捉追踪的使用是基于对象捕捉进行操作的，因此，要使用对象捕捉追踪功能，必须先开启一个或多个对象捕捉功能。

【练习2-6】：绘制平行线

介绍绘制平行线的方法，难度：☆
素材文件路径：无
效果文件路径：素材\第2章\2-6 绘制平行线-OK.dwg
视频文件路径：视频\第2章\2-6 绘制平行线.MP4

下面介绍绘制平行线的操作步骤。

01 调用L【直线】命令，绘制一条长度为200mm的水平直线，如图2-85所示。命令行提示如下。

```
命令：L↙        LINE                        //调用【直线】命令
指定第一个点：5,5↙                           //输入第一点坐标值
指定下一点或 [放弃(U)]：@200,0↙              //输入第二点坐标值
指定下一点或 [放弃(U)]：↙                     //按Enter键，结束命令操作
```

02 按F3键开启对象捕捉，并设置对象捕捉类型为【端点】。然后按F11键开启对象捕捉追踪功能。重复调用L【直线】命令，绘制一条长度同样为200mm的平行线，命令行提示如下。

```
命令：L↙        LINE        //调用【直线】命令
指定第一个点：               //将光标放于前面绘制的直线的端点上，停留1秒左右，然后将光标
                            向上移动，出现临时追踪线，单击鼠标左键在追踪线上任意拾取
                            一点，如图2-86所示
指定下一点或 [放弃(U)]：      //按相同方式将光标放于第一条直线的端点，然后向上移动，使得
                            垂直、水平的临时追踪线相交，即可确定端点，如图2-87所示
指定下一点或 [放弃(U)]：      //按Enter键，结束命令操作
```

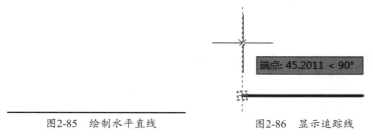

图2-85　绘制水平直线

图2-86　显示追踪线

03 绘制平行线的效果如图2-88所示。

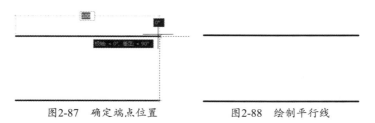

图2-87　确定端点位置

图2-88　绘制平行线

2.5.6　临时捕捉

　　临时捕捉是一种一次性的捕捉模式，这种捕捉模式不是自动的，当用户需要临时捕捉某个特征点时，需要在捕捉之前手动设置需要捕捉的特征点，然后进行对象捕捉。这种捕捉不能反复使用，再次使用捕捉需重新选择捕捉类型。

　　在命令行中提示输入点的坐标时，如果要使用临时捕捉模式，并按住Shift键右击，系统弹出捕捉菜单，如图2-89所示。用户可以在其中选择需要的捕捉类型。

图2-89　捕捉菜单

2.5.7 动态输入

在AutoCAD中，单击状态栏中的【动态输入】按钮▐▐，可在指针位置处显示指针输入或标注输入命令提示等信息，从而极大提高绘图的效率。动态输入模式界面包含3个组件，即指针输入、标注输入和动态提示。

启动【动态输入】功能的方法有以下几种。

➢ 快捷键：F12。

➢ 状态栏：单击状态栏中的【动态输入】按钮▐▐。

1. 启用指针输入

在【草图设置】对话框的【动态输入】选项卡中，可以控制在启用【动态输入】时每个部件所显示的内容，如图2-90所示。单击【指针输入】选项组中的【设置】按钮，弹出【指针输入设置】对话框，如图2-91所示。用户可以在其中设置指针的格式和可见性。在工具提示中，十字光标所在位置的坐标值将显示在光标旁边。命令提示用户输入点时，可以在工具提示（而非命令窗口）中输入坐标值。

图2-90 【动态输入】选项卡

图2-91【指针输入设置】对话框

图2-92 【标注输入的设置】对话框

2. 启用标注输入

在【草图设置】对话框的【动态输入】选项卡中，勾选【可能时启用标注输入】复选框，启用标注输入功能。单击【标注输入】选项组中的【设置】按钮，弹出如图2-92所示的【标注输入的设置】对话框。通过该对话框可以设置夹点拉伸时标注输入的可见性等。

3. 显示动态提示

在【动态输入】选项卡中，勾选【动态提示】选项组中的【在十字光标附近显示命令提示和命令输入】复选框，可在光标附近显示命令提示。单击【绘图工具提示外观】按钮，弹出如图2-93所示的【工具提示外观】对话框，从中进行颜色、大小、透明度和应用场合的设置。

启用【动态输入】功能后，在执行命令的过程中，在光标的右下角显示命令行提示，如图2-94所示。用户输入的参数，能够在工具提示文本框中显示。

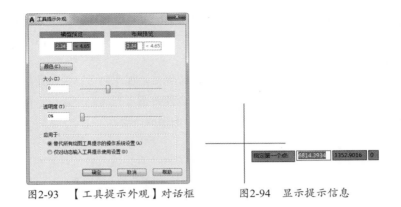

图2-93　【工具提示外观】对话框　　　　图2-94　显示提示信息

2.6　AutoCAD视图的控制

在绘图过程中，为了更好地观察和绘制图形，通常需要对视图进行平移、缩放、重生成等操作。本节将详细介绍AutoCAD视图的控制方法。

2.6.1　视图缩放

视图缩放命令可以调整当前视图大小，既能观察较大的图形范围，又能观察图形的细部而不改变图形的实际大小。执行【缩放】命令的方法有以下几种。

➢ 菜单栏：选择菜单【视图】|【缩放】命令。

➢ 命令行：ZOOM或Z。

执行【缩放】命令后，命令行提示如下。

```
命令:Z↙          ZOOM                            //调用【缩放】命令
指定窗口的角点，输入比例因子 (nX 或 nXP)，或者
[全部(A)/中心(C)/动态(D)/范围(E)/上一个(P)/比例(S)/窗口(W)/对象(O)] <实时>:
```

命令行中各个选项的含义如下。

1. 全部缩放

全部缩放用于在当前视口中显示整个模型空间界限范围内的所有图形对象，包含坐标系原点。

2. 中心缩放

中心缩放以指定点为中心点，整个图形按照指定的缩放比例缩放，缩放点即新视图的中心点。

使用中心缩放命令提示如下。

```
指定中心点：                                     //指定一点作为新视图的显示中心点
输入比例或高度<当前值>：                          //输入比例或高度
```

【当前值】为当前视图的纵向高度。若输入的高度值比当前值小，则视图将放大；若输入的高度值比当前值大，则视图将缩小。其缩放系数等于【当前窗口高度/输入高度】的比值。

3. 动态缩放

动态缩放用于对图形进行动态缩放。选择该选项后，绘图区域将显示几个不同颜色的方框，

拖动鼠标移动方框到要缩放的位置，单击鼠标左键调整大小，最后按Enter键即可将方框内的图形最大化显示。

4. 范围缩放

范围缩放使所有图形对象最大化显示，充满整个视口。视图包含已关闭图层上的对象，但不包含冻结图层上的对象。范围缩放仅与图形有关，会使得图形充满整个视口，而不会像全部缩放一样将坐标原点同样计算在内，因此是使用最为频繁的缩放命令。

5. 比例缩放

比例缩放按输入的比例值进行缩放，有3种输入方法：直接输入数值，表示相对于图形界限进行缩放；在数值后加X，表示相对于当前视图进行缩放；在数值后加XP，表示相对于图纸空间单位进行缩放。图2-95所示为将当前视图缩放两倍的效果。

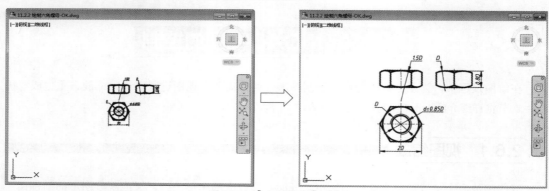

图2-95　【比例缩放】对象

6. 窗口缩放

窗口缩放可以将矩形窗口内选择的图形充满当前视窗。

操作完成后，用光标指定窗口对角点，确定一个矩形框窗口，系统将矩形框窗口内的图形放大至整个屏幕，如图2-96所示。

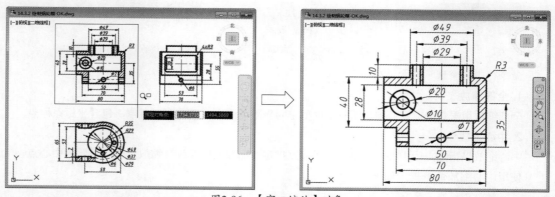

图2-96　【窗口缩放】对象

7. 对象缩放

对象缩放将选择的图形对象最大限度地显示在屏幕上。

8. 实时缩放

实时缩放为默认选项。执行【缩放】命令后直接按Enter键即可使用该选项。在屏幕上会出现一个形状的光标，按住鼠标左键不放向上或向下移动，即可实现图形的放大或缩小。

9. 缩放上一个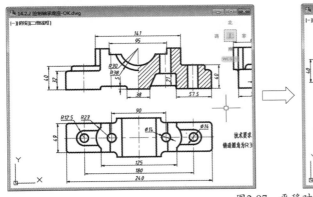

恢复到前一个视图显示的图形状态。

10. 放大

单击该按钮一次，视图中的实体显示比当前视图扩大一倍。

11. 缩小

单击该按钮一次，视图中的实体显示是当前视图的50%。

延伸讲解

　　利用AutoCAD绘图时经常会用鼠标滚轮对图形进行实时缩放，缩放的速度快慢与系统变量ZOOMFACTOR相关，该变量的取值为3～100，值越大，缩放图形速度就越快，系统默认值为60，如果感觉视图缩放变慢了，输入ZOOMFACTOR命令，根据命令行的提示设置较大的参数值即可。

2.6.2 视图平移

　　视图平移不改变视图的大小和角度，只改变其位置，以便观察图形其他的组成部分。图2-97所示的右边视图显示不完全，部分区域不可见，就可使用视图平移来更好地观察图形。

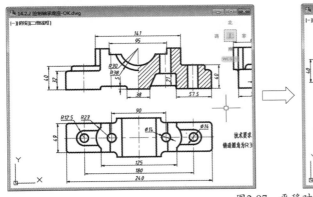

图2-97　平移对象

　　执行【平移】命令的方法有以下几种。

➢ 菜单栏：选择菜单【视图】|【平移】命令。

➢ 工具栏：单击标准工具栏上的【实时平移】按钮 。

➢ 命令行：PAN或P。

　　视图平移可以分为【实时平移】和【定点平移】两种，其含义如下。

➢ 实时平移：光标形状变为手形 ，按住鼠标左键拖曳可以使图形的显示位置随鼠标向同一方向移动。

➢ 定点平移：通过指定平移起始点和目标点的方式进行平移。

　　在【平移】子菜单中，【左】、【右】、【上】、【下】分别表示将视图向左、右、上、下4个方向移动，如图2-98所示。必须注意的是，该命令并不是真的移动图形对象，也不是真正改变图形，而是通过位移图形进行平移。

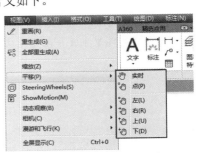

图2-98　【平移】子菜单

初学解答：利用鼠标中键无法平移对象怎么办？

由于系统变量MBUTTONPAN不是初始值，它控制定点设备上的第3个按钮或滚轮的行为。当系统变量值为0时，支持自定义文件中定义的操作；当系统变量值为1时，支持平移操作。因此当鼠标中键不能使用【视图平移】功能时，在命令行中输入MBUTTONPAN，按Enter键，再输入1，然后按Enter键即可。

2.6.3 重画与重生成视图

在AutoCAD中，某些操作完成后，其效果往往不会立即显示出来，或者在屏幕上留下绘图的痕迹与标记，因此，需要通过刷新视图重新生成当前图形，以观察到最新的编辑效果。

视图刷新的命令主要有【重画】和【重生成】。这两个命令都是自动完成的，不需要输入任何参数，也没有可选选项。

1. 重画视图

AutoCAD常用数据库以浮点数据的形式存储图形对象的信息，浮点格式精度高，但计算时间长。AutoCAD重生成对象时，需要把浮点数值转换为适当的屏幕坐标。因此对于复杂图形，重新生成需要花很长的时间。为此软件提供了【重画】这种速度较快的刷新命令。重画只刷新屏幕显示，因而生成图形的速度更快。

执行【重画】命令的方法有以下几种。

➢ 菜单栏：选择菜单【视图】|【重画】命令，如图2-99所示。
➢ 命令行：REDRAWALL，RADRAW或RA。

2. 重生成视图

【重生成】命令不仅重新计算当前视图中所有对象的屏幕坐标，并重新生成整个图形，还重新建立图形数据库索引，从而优化显示和对象选择的性能。

执行【重生成】命令的方法有以下几种。

➢ 菜单栏：选择菜单【视图】|【重生成】命令，如图2-100所示。
➢ 命令行：REGEN或RE。

图2-99　选择【重画】命令　　图2-100　选择【重生成】命令

【重生成】命令仅对当前视图范围内的图形执行重生成，如果要对整个图形执行重生成，可选择菜单【视图】|【全部重生成】命令。重生成的效果如图2-101所示。

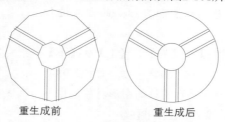

重生成前　　　　重生成后

图2-101　重生成操作前后对比

2.7   图层管理

图层是AutoCAD提供给用户组织图形的强有力工具。AutoCAD的图形对象必须绘制在某个图层上，它可能是默认的图层，也可以是用户自己创建的图层。利用图层的特性，如颜色、线型、线宽等，可以非常方便地区分不同的对象。

2.7.1   创建和删除图层

在AutoCAD中绘图前，用户首先需要创建图层。在AutoCAD中，创建图层和设置其属性都在【图层特性管理器】选项板中进行。

a. 执行方式

打开【图层特性管理器】选项板的方法有以下几种。

➤   功能区：单击【图层】面板中的【图层特性】按钮，如图2-102所示。
➤   菜单栏：选择菜单【格式】|【图层】命令，如图2-103所示。
➤   命令行：LAYER或LA。

图2-102   单击按钮   图2-103   选择命令

b. 操作步骤

执行上述任意一种方法后，弹出【图层特性管理器】选项板，如图2-104所示。单击【新建】按钮，即可新建图层，如图2-105所示。

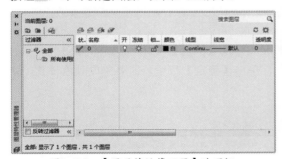
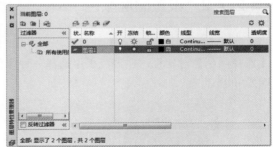

图2-104   【图层特性管理器】选项板   图2-105   新建图层

=========================== 提　示 ===========================

按Alt+N组合键，可快速创建新图层。图层前显示✔符号，表示该图层为当前图层。

在图层列表中右击，在弹出的快捷菜单中选择【新建图层】命令，如图2-106所示，也可以创建新图层。

及时清理图形中不需要的图层，可以简化图形。在【图层特性管理器】选项板中选择需要删除的图层，然后单击【删除图层】按钮✖，即可删除选择的图层。如果在执行【删除图层】的操作中弹出如图2-107所示的对话框，表示该图层不能被删除。

图2-106　选择命令

图2-107　【图层-未删除】对话框

　　AutoCAD规定以下4类图层不能被删除。

➢ 图层0和图层Defpoints。

➢ 当前图层。要删除当前图层，可以改变当前图层为其他图层。

➢ 包含对象的图层。要删除该图层，必须先删除该图层中所有的图形对象。

➢ 依赖外部参照的图层。要删除该图层，必须先删除外部参照。

操作技巧

　　图层的名称最多可以包含255个字符，并且中间可以含有空格，图层名区分大小写字母。图层名不能包含的符号有<、>、∧、"、"、；、？、*、|、,、=、'等，如果用户在命名图层时提示失败，可检查是否含有非法字符。

2.7.2　设置图层颜色

　　打开【图层特性管理器】选项板，单击某一图层对应的【颜色】项目，弹出如图2-108所示的【选择颜色】对话框，在调色板中选择一种颜色，单击【确定】按钮，即可完成颜色设置，如图2-109所示。

图2-108　选择颜色

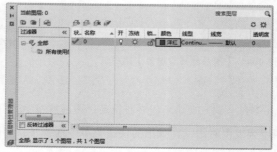

图2-109　设置颜色

2.7.3 设置图层的线型和线宽

线型是指图形基本元素中线条的组成和显示方式，如实线、中心线、点画线、虚线等。通过线型的区别，可以直观判断图形对象的类别。在AutoCAD中默认的线型是实线（Continuous），其他的线型需要加载才能使用。

在【图层特性管理器】选项板中，单击某一图层对应的【线型】项目，弹出【选择线型】对话框，如图2-110所示。在默认状态下，【选择线型】对话框中只有Continuous一种线型。如果要使用其他线型，必须将其添加到【选择线型】对话框中。单击【加载】按钮，弹出【加载或重载线型】对话框，从中选择要使用的线型，如图2-111所示。单击【确定】按钮，完成线型加载。

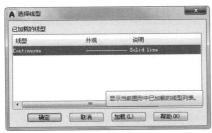
图2-110 【选择线型】对话框

图2-111 选择线型

返回到【选择线型】对话框，在其中显示已加载的线型，如图2-112所示。选择线型，单击【确定】按钮，关闭对话框，将线型指定给选定的图层。

线宽即线条显示的宽度。使用不同宽度的线条表现对象的不同部分，可以提高图形的表达能力和可读性。在【图层特性管理器】选项板中，单击某一图层对应的【线宽】项目，弹出【线宽】对话框，如图2-113所示。

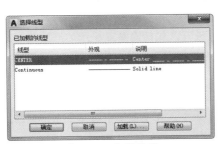
图2-112 加载线型

图2-113 【线宽】对话框

在【线宽】对话框中选择所需的线宽，单击【确定】按钮，关闭对话框。更改图层线宽的操作结果如图2-114所示。

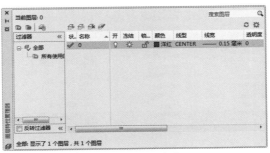
图2-114 更改线宽

初学解答：线宽显示设置

选择【默认】选项卡，单击【特性】面板中的【线宽】按钮，在弹出的下拉列表中选择【线宽设置】选项，如图2-115所示。弹出【线宽设置】对话框，如图2-116所示。

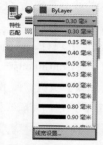
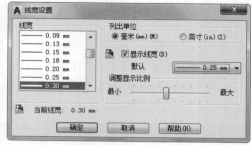

图2-115　选择选项　　　　图2-116　【线宽设置】对话框

在【线宽设置】对话框的【线宽】列表框中，列出了所有可用的线宽。在【默认】下拉列表框中可以选择默认的线宽（初始默认值为0.25mm）。利用【调整显示比例】滑块可以决定线宽在绘图区域上的显示。例如，使用了几个相近的线宽，但在屏幕中无法区分它们，则可以调整这一设置。

要开、关线宽的显示，可以通过勾选或取消勾选【显示线宽（D）】复选框来完成。也可以单击状态栏上的【显示/隐藏线宽】按钮━来进行控制，如图2-117所示。

图2-117　单击按钮

2.7.4　控制图层的显示状态

图层状态是用户对图层整体特性的开/关设置，包括隐藏或显示、冻结或解冻、锁定或解锁、打印或不打印等，对图层的状态进行控制，可以更方便地管理特定图层上的图形对象。

控制图层状态的方法有以下几种。

➢ **对话框**：单击【图层特性管理器】选项板中的状态按钮。
➢ **菜单栏**：选择菜单【格式】|【图层工具】命令，在子菜单中选择命令，如图2-118所示。
➢ **功能区**：单击【图层】面板上的各功能按钮，如图2-119所示。

图2-118　选择命令　　　　图2-119　单击按钮

图层状态主要包括以下几个。

➤ 打开与关闭：单击【开/关图层】按钮💡，打开或关闭图层。打开的图层可见、可打印；关闭的图层则相反。

➤ 冻结与解冻：单击【冻结/解冻】按钮☀/❄，冻结或解冻图层。将长期不需要显示的图层冻结，可以提高系统运行速度，减少图形刷新的时间。AutoCAD中被冻结图层上的对象不会显示、打印或重生成。

➤ 锁定与解锁：单击【锁定/解锁】按钮🔒/🔓，锁定或解锁图层。被锁定图层上的对象不能被编辑、选择和删除，但该图层的对象仍然可见，而且可以在该图层上添加新的图形对象。

➤ 打印与不打印：单击【打印】按钮🖶，设置图层是否被打印。指定图层不被打印，但该图层上的图形对象仍然可见。

初学解答：绘图时没有显示线型效果，怎么办？

绘制的非连续线（如虚线、中心线）会显示出实线的效果，这通常是由于线型的【线型比例】过大，修改数值即可显示出正确的线型效果。

方法：选中要修改的对象，然后右击，在弹出的快捷菜单中选择【特性】命令，如图2-120所示。弹出【特性】选项板，调整【线型比例】数值，如图2-121所示。

图2-120　选择命令　　图2-121　修改【线型比例】参数

【练习2-7】：设置图层特性

介绍设置图层特性的方法，难度：☆☆
📁 素材文件路径：素材\第2章\2-7 设置图层特性.dwg
📀 效果文件路径：素材\第2章\2-7 设置图层特性-OK.dwg
📥 视频文件路径：视频\第2章\2-7 设置图层特性.MP4

下面介绍设置控制箱接线图的图层特性的操作步骤。

01 单击快速访问工具栏中的【打开】按钮📂，打开随书配备资源中的"素材\第2章\2-7 设置图层特性.dwg"文件，如图2-122所示。

02 调用LA【图层特性】命令，弹出【图层特性管理器】选项板，如图2-123所示。

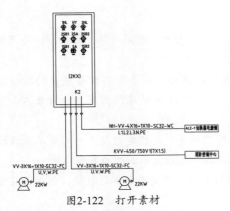

图2-122 打开素材

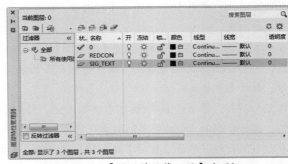

图2-123 【图层特性管理器】选项板

03 单击【新建】按钮 ，依次创建【文字】、【线宽】和【线型】3个图层，如图2-124所示。

04 选择【文字】图层，单击【颜色】按钮，弹出【选择颜色】对话框，选择红色，如图2-125所示，单击【确定】按钮即可。

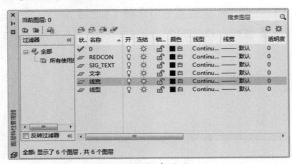

图2-124 新建图层　　　　　　　　　　图2-125 选择颜色

05 选择【线型】图层，单击【线型】按钮，在弹出的【加载或重载线型】对话框中选择CENTER2线型，如图2-126所示，单击【确定】按钮即可。

06 选择【线宽】图层，单击【线宽】按钮，弹出【线宽】对话框，选择0.30mm选项，如图2-127所示。

图2-126 选择线型

图2-127 选择线宽

07 单击【确定】按钮，完成设置操作，如图2-128所示。

08 选择绘图区域中的所有文字，再在【图层】面板中选择【文字】图层，切换所选文字的图层，文字的显示效果如图2-129所示。

09 重复上述方法，依次更改其他图形的图层，最终效果如图2-130所示。

图2-128 设置图层特性

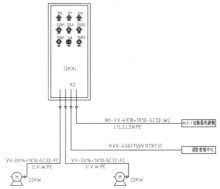

图2-129 图形显示效果

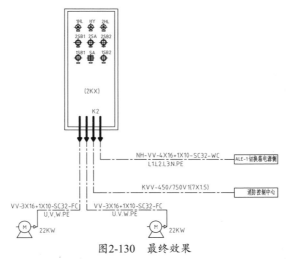

图2-130 最终效果

2.8 图形文件管理

图形文件管理是软件操作的基础。本节介绍AutoCAD 2018图形文件的管理方法，如文件的新建、打开及保存等操作。

2.8.1 新建文件

当启动AutoCAD 2018后，如果用户需要绘制一个新的图形，则需要使用【新建】命令。

执行【新建】命令的方法有以下几种。

➤ 应用程序：单击应用程序按钮 A ，在弹出的下拉列表中选择【新建】选项，如图2-131所示。

➤ 快速访问工具栏：单击快速访问工具栏中的【新建】按钮 。

➤ 菜单栏：选择菜单【文件】|【新建】命令，如图2-132所示。

➤ 标签栏：单击标签栏上的 按钮。

➤ 快捷键：Ctrl+N。

➤ 命令行：NEW或QNEW。

图2-131　选择选项

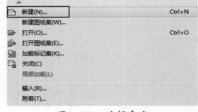

图2-132　选择命令

【练习2-8】： **通过样板新建文件**

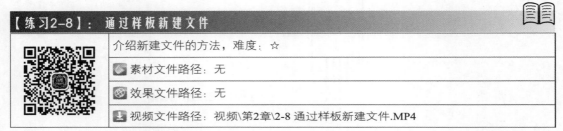

介绍新建文件的方法，难度：☆
◈ 素材文件路径：无
◎ 效果文件路径：无
⬇ 视频文件路径：视频\第2章\2-8 通过样板新建文件.MP4

下面介绍通过样板新建文件的操作步骤。

〔01〕单击快速访问工具栏中的【新建】按钮，如图2-133所示。

〔02〕系统弹出如图2-134所示的【选择样板】对话框。在该对话框中选择图形样板文件，单击【打开】按钮，即可新建图形文件，并进入绘图界面。

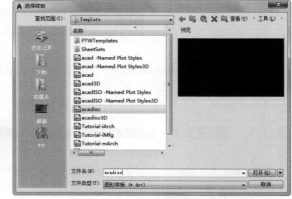

图2-133　单击按钮

图2-134　选择样板

::::::::::::::: 提 示 :::::::::::::::

在【选择样板】对话框中，【文件类型】下拉列表中有3种格式的图形样板。*.dwt文件为标准的样板文件；*.dwg文件是普通的图形文件；*.dws文件可以包含标准图层、标注样式、线型和文字样式等内容。

2.8.2　打开文件

在使用AutoCAD 2018进行图形编辑时，常需要对图形进行查看或编辑，这时就要打开相应的图形文件。

执行【打开】命令的方法有以下几种。

- 应用程序：单击应用程序按钮 **A**，在弹出的下拉列表中选择【打开】选项，如图2-135所示。
- 快速访问工具栏：单击快速访问工具栏中的【打开】按钮 。
- 菜单栏：执行菜单【文件】|【打开】命令，如图2-136所示。
- 标签栏：在标签栏空白位置右击，在弹出的快捷菜单中选择【打开】命令，如图2-137所示。
- 快捷键：Ctrl+O。
- 命令行：OPEN或QOPEN。

图2-135　选择选项

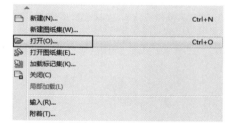

图2-136　选择命令

执行上述任意一种方法后，系统弹出如图2-138所示的【选择文件】对话框，在【文件类型】下拉列表中，用户可自行选择所需的文件格式来打开相应的图形。

图2-138　选择文件

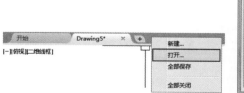

图2-137　选择命令

2.8.3　保存文件

保存文件不仅是将新绘制的或修改好的图形文件进行存盘，以便以后对图形进行查看、使用或修改、编辑等，还包括在绘制图形过程中随时对图形进行保存，以避免意外情况发生而导致文件丢失或不完整。

1. 保存新的图形文件

保存新文件就是对新绘制还没保存过的文件进行保存。

执行【保存】命令的方法有以下几种。

➢　应用程序：单击应用程序按钮▲，在弹出的下拉列表中选择【保存】选项，如图2-139所示。

➢　快速访问工具栏：单击快速访问工具栏中的【保存】按钮 🖫。

➢　菜单栏：选择菜单【文件】|【保存】命令，如图2-140所示。

➢　快捷键：Ctrl+ S。

➢　命令行：SAVE或QSAVE。

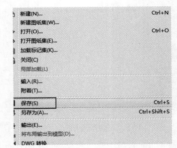

图2-139　选择选项　　　　　　　　　　　图2-140　选择命令

执行【保存】命令后，系统弹出如图2-141所示的【图形另存为】对话框，指定文件名和保存路径后，即可将图形保存。

图2-141　【图形另存为】对话框

2. 另存为其他文件

当用户在已存盘的图形基础上进行了其他修改工作，又不想覆盖原来的图形，可以使用【另存为】命令，将修改后的图形以不同图形文件进行存盘。

执行【另存为】命令的方法有以下几种。

➢ 应用程序：单击应用程序按钮 ，在弹出的下拉列表中选择【另存为】选项，如图2-142所示。

➢ 快速访问工具栏：单击快速访问工具栏中的【另存为】按钮 。

➢ 菜单栏：选择菜单【文件】|【另存为】命令，如图2-143所示。

➢ 快捷键：Ctrl+Shift+S。

➢ 命令行：SAVE AS。

图2-142　选择选项

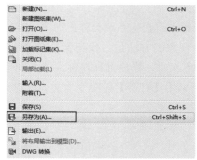

图2-143　选择命令

3. 定时保存图形文件

此外，还有一种比较好的保存文件的方法，即定时保存图形文件，可以免去随时手动保存的麻烦。设置定时保存后，系统会在一定的时间间隔内自动保存当前文件编辑的内容。

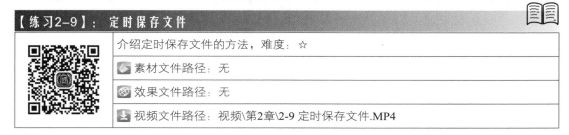

【练习2-9】：　定时保存文件

介绍定时保存文件的方法，难度：☆	
素材文件路径：无	
效果文件路径：无	
视频文件路径：视频\第2章\2-9 定时保存文件.MP4	

下面介绍定时保存文件的操作步骤。

01 在命令行中输入OP【选项】命令并按Enter键，系统弹出【选项】对话框，如图2-144所示。

02 单击【打开和保存】选项卡，在【文件安全措施】选项组中勾选【自动保存】复选框，根据需要在下面的文本框中输入合适的间隔时间和保存方式，如图2-145所示。

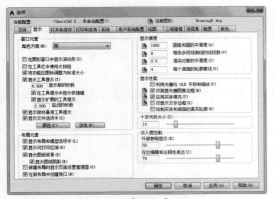
图2-144 【选项】对话框

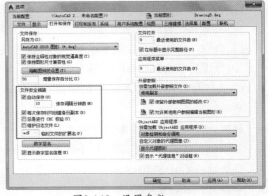
图2-145 设置参数

03 单击【确定】按钮关闭对话框，定时保存设置即可生效。

4. 初学解答：执行【打开】、【新建】、【保存】等命令时无法打开对话框怎么办?

当AutoCAD软件发生错误强行关闭后，重新启动AutoCAD程序时，执行【打开】、【新建】、【保存】、【另存为】、【输入】和【输出】等命令时无法弹出对话框。

这其实是Filedia系统变量发生了改变，单击【打开】按钮📂时，程序会弹出命令行，并提示"输入要打开的图形文件名<.>："，如图2-146所示。此时需要输入文件的路径才能打开文件，一旦文件名路径输入有误，系统会弹出如图2-147所示的提示对话框，这样显得很麻烦。

解决这种现象的方法是：找到保存文件的文件夹，拖动文件至AutoCAD软件绘图区域，当鼠标指针变成⬇形状时，释放鼠标左键。载入图形后，在命令行中输入Filedia按Enter键，再输入1按Enter键，此后调用【打开】等命令均会弹出对话框。

图2-146 命令行提示信息　　图2-147 提示对话框

2.8.4 关闭文件

为了避免同时打开过多的图形文件，需要关闭不再使用的文件。

执行【关闭】命令的方法有以下几种。

➤ 应用程序：单击应用程序按钮🅰，在弹出的下拉列表中选择【关闭】选项，如图2-148所示。

➤ 菜单栏：选择菜单【文件】|【关闭】命令，如图2-149所示。

➤ 文件窗口：单击文件窗口上的【关闭】按钮❎。注意，不是软件窗口的【关闭】按钮，否则会退出软件。

➤ 标签栏：单击文件标签栏上的【关闭】按钮。

➤ 快捷键：Ctrl+F4。

➤ 命令行：CLOSE。

执行上述任意一种方法后，如果当前图形文件没有保存，那么关闭该图形文件时系统将提示是否需要保存修改，如图2-150所示。

图2-148　选择选项

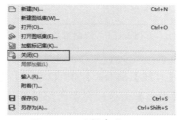

图2-149　选择命令

图2-150　提示对话框

2.9　思考与练习

1. 选择题

（1）AutoCAD 2018一共有（　　　）个工作空间。

A. 1　　　　　　　　　B. 2　　　　　　　　　C. 3　　　　　　　　　D. 4

（2）在AutoCAD 2018中，新建图形文件的快捷键是（　　　）。

A. Ctrl+A　　　　　　　B. Ctrl+N　　　　　　　C. Ctrl+V　　　　　　　D. Ctrl+C

（3）在AutoCAD 2018中，保存图形文件的工具按钮是（　　　）。

A. ▢　　　　　　　　　B. ▣　　　　　　　　　C. ▣　　　　　　　　　D. ▣

（4）使用AutoCAD 2018绘制室内装饰施工图，一般使用（　　　）为单位。

A. mm　　　　　　　　B. cm　　　　　　　　　C. m　　　　　　　　　D. km

（5）在（　　　）对话框中设置AutoCAD十字光标的大小。

A.【选项】　　　　　　B.【选择文件】　　　　　C.【选择样板】　　　　D.【草图设置】

（6）在（　　　）中不能执行命令。

A. 菜单栏　　　　　　　B. 工具栏　　　　　　　C. 命令行　　　　　　　D. 状态栏

（7）重复执行命令的方式有（　　　）。

A. 按Enter键　　　　　B. 按Esc键　　　　　　C. 按Ctrl键　　　　　　D. 按Delete键

（8）退出正在执行的命令的方式是（　　　）。

A. 按Esc键　　　　　　B. 按Ctrl键　　　　　　C. 按空格键　　　　　　D. 按Alt键

（9）【实时缩放】命令位于标准工具栏上的按钮为（　　　）。

A. ▣　　　　　　　　　B. ▣　　　　　　　　　C. ▣　　　　　　　　　D. ▣

（10）【实时平移】的快捷键为（　　　）。

A. W　　　　　　　　　B. Y　　　　　　　　　C. S　　　　　　　　　D. P

2. 操作题

定时开关是多段定时设置的智能控制开关，可用于各种需要按时自动开启和关闭的电器设备。本实例通过绘制如图2-151所示的定时开关图形，主要学习【对象捕捉】功能、【直线】命令以及【圆】命令的应用方法。

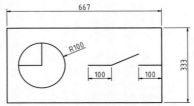

图2-151　绘制智能开关

提示步骤如下。

（1）新建空白文件，调用L【直线】命令，绘制直线，如图2-152所示。

（2）调用C【圆】命令、L【直线】命令，完善内部图形，如图2-153所示。

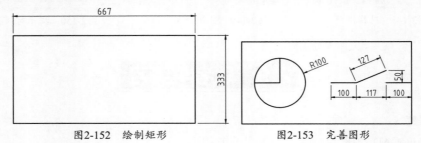

图2-152　绘制矩形　　　　　　　图2-153　完善图形

AutoCAD 2018提供了大量的二维绘图命令，供用户在二维平面空间绘制图形。任何复杂的电气图都是由点、直线、多线、多段线、样条曲线等简单的二维图形组成的。

本章主要介绍常用的二维绘图命令的使用方法和技巧。

第 3 章
绘制图形

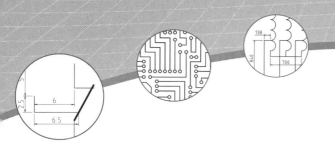

3.1 绘制直线类图形

直线类图形是AutoCAD中最基本的图形对象，在AutoCAD中，根据用途的不同，可以将线分为直线、射线、构造线、多线段和多线。不同的直线对象具有不同的特性，下面进行详细讲解。

3.1.1 直线

直线是绘图中最常用的图形对象，只要指定了起点和终点，就可以绘制出一条直线。

a. 执行方式

执行【直线】命令的方法有以下几种。

- 功能区：在【默认】选项卡中，单击【绘图】面板中的【直线】按钮 ，如图3-1所示。
- 菜单栏：选择菜单【绘图】|【直线】命令，如图3-2所示。
- 命令行：LINE或L。

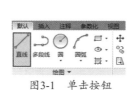

图3-1 单击按钮　　图3-2 选择命令

b. 操作步骤

执行上述任意一种方法后，调用【直线】命令，命令行提示如下。

命令: L↙	//调用【直线】命令
LINE	
指定第一个点:	//指定起点
指定下一点或 [放弃(U)]:	//移动鼠标,指定下一点
指定下一点或 [放弃(U)]:	//移动鼠标,指定下一点
指定下一点或 [闭合(C)/放弃(U)]:	//按Enter键,结束绘制

c. 熟能生巧:【直线】命令的操作技巧

（1）若绘制正交直线,可单击状态栏中的【正交】按钮▙,根据正交方向提示,直接输入下一点的距离即可,而不需要输入@符号。使用临时正交模式也可按住Shift键,在此模式下不能输入命令或数值,可捕捉对象。

（2）若绘制斜线,可单击状态栏中的【极轴】按钮◶,右击【极轴】按钮,在弹出的快捷菜单中可以选择所需的角度命令。也可以选择【正在追踪设置】命令,系统会弹出【草图设置】对话框。在【增量角】文本框中可设置斜线的捕捉角度,此时,图形即进入了自动捕捉所需角度的状态,可大大提高制图时输入直线长度的效率。

（3）若捕捉对象,可按住Shift键+鼠标右键,在弹出的快捷菜单中选择捕捉命令,然后将光标移动至合适位置,程序会自动进行某些点的捕捉,如端点、中点、圆切点等。【捕捉对象】功能的应用可以极大提高制图速度。

【练习3-1】: 绘 制 接 地 线

介绍绘制接地线的方法,难度: ☆☆
🖼 素材文件路径: 无
🌐 效果文件路径: 素材\第3章\3-1 绘制接地线-OK.dwg
⬇ 视频文件路径: 视频\第3章\3-1 绘制接地线.MP4

接地线就是直接连接地球的线,也可称为安全回路线。发生危险时,接地线就把高压直接转嫁给地球,算是一根生命线。在电气设计图中,用三根渐短的水平横线表示大地,竖线表示电路,图形组合即为接地线。

01 调用L【直线】命令,单击任意一点,在命令行中输入5,绘制一条长度为5的水平直线,结果如图3-3所示。

02 调用L【直线】命令,过直线中点,绘制一条长度为5的竖向直线,结果如图3-4所示。

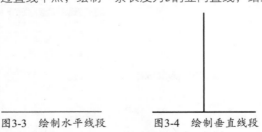

图3-3　绘制水平线段　　　　图3-4　绘制垂直线段

03 调用L【直线】命令,捕捉直线中点,在水平直线下方绘制长度为1的垂直直线,如图3-5所示。

04 调用L【直线】命令,绘制一条长度为3的直线,并在命令行中输入M,执行【移动】命令,捕捉长度为3的直线中点,移动到长度为1的垂直直线端点,如图3-6所示。

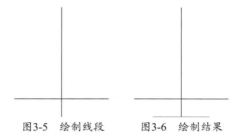

图3-5　绘制线段　　　图3-6　绘制结果

05 选择菜单【修改】|【删除】命令，将长度为1的垂直直线进行删除，使其距离第一条水平直线为1，结果如图3-7所示。

06 使用同样的方法，调用L【直线】命令，绘制一条长度为2的直线，并使其距离上一条水平直线为1，如图3-8所示。完成接地线图例的绘制。

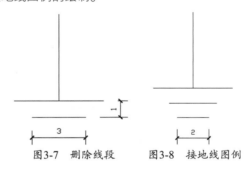

图3-7　删除线段　　　图3-8　接地线图例

3.1.2　射线

　　射线是一端固定而另一端无限延伸的直线。它只有起点和方向，没有终点，一般用来作为辅助线。

a. 执行方式

　　执行【射线】命令的方法有以下几种。

➤　功能区：在【默认】选项卡中，单击【绘图】面板中的【射线】按钮，如图3-9所示。

➤　菜单栏：选择菜单【绘图】|【射线】命令，如图3-10所示。

➤　命令行：RAY。

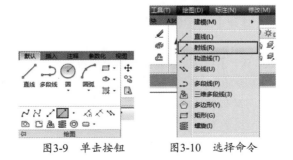

图3-9　单击按钮　　　图3-10　选择命令

b. 操作步骤

　　执行上述任意一种方法后，调用【射线】命令，命令行提示如下。

```
命令：_ray ↙          //调用【射线】命令
指定起点：
指定通过点：          //指定两点绘制射线
```

调用【射线】命令并指定射线的起点后，可以根据【指定通过点】的提示指定多个通过点，绘制经过相同起点的多条射线，直到按Esc键或Enter键退出为止。

3.1.3 构造线

构造线是两端无限延伸的直线，没有起点和终点，主要用于绘制辅助线和修剪边界，在室内设计中常用来作为辅助线。构造线只需指定两个点即可确定位置和方向。

a. 执行方式

执行【构造线】命令有以下几种方法。

➢ 功能区：在【默认】选项卡中，单击【绘图】面板中的【构造线】按钮⬚，如图3-11所示。

➢ 菜单栏：选择菜单【绘图】|【构造线】命令，如图3-12所示。

➢ 命令行：XLINE或XL。

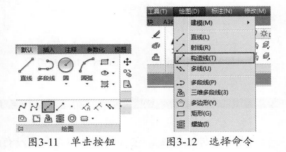

图3-11 单击按钮　　　　图3-12 选择命令

b. 操作步骤

执行上述任意一种方法后，调用【构造线】命令，命令行提示如下。

```
命令：_xline↙                                    //调用[构造线]命令
指定点或[水平(H)/垂直(V)/角度(A)/二等分(B)/偏移(O)]：    //指定构造线的绘制方式
```

c. 选项说明

在执行【构造线】命令的过程中，命令行中各选项的含义如下。

➢ 水平（H）、垂直（V）：选择【水平（H）】或【垂直（V）】选项，可以绘制水平和垂直的构造线，如图3-13所示。

➢ 角度（A）：选择【角度（A）】选项，可以绘制用户所输入角度的构造线，如图3-14所示。

➢ 二等分（B）：选择【二等分（B）】选项，可以绘制两条相交直线的角平分线，如图3-15所示。绘制角平分线时，使用捕捉功能依次拾取顶点O、起点A和端点B即可（A、B可为直线上除O点外的任意点）。

图3-13 水平与垂直构造线　　图3-14 指定角度绘制构造线　　图3-15 二等分构造线

> 偏移（O）：选择【偏移（O）】选项，可以由已有直线偏移出平行线。该选项的功能类似于
【偏移】命令，通过输入偏移距离和选择要偏移的直线来绘制与该直线平行的构造线。

d. 初学解答：构造线的特点与应用

构造线是真正意义上的直线，可以向两端无限延伸。构造线在控制草图的几何关系、尺寸关系方面，有着极其重要的作用，是绘图提高效率的常用命令。

构造线可以用来绘制各种绘图过程中的辅助线和基准线，如机械上的中心线、建筑中的墙体线。构造线不会改变图形的总面积，因此，它们的无限长的特性对缩放或视点没有影响，并会被显示图形范围的命令所忽略。和其他对象一样，构造线也可以移动、旋转和复制。

3.1.4 多段线

多段线是AutoCAD中常用的一类复合图形对象。使用【多段线】命令可以生成由若干条直线和曲线首尾连接形成的复合线实体。

a. 执行方式

执行【多段线】命令的方法有以下几种。

> 功能区：在【默认】选项卡中，单击【绘图】面板中的【多段线】按钮⤵，如图3-16所示。
> 菜单栏：选择菜单【绘图】|【多段线】命令，如图3-17所示。
> 命令行：PLINE或PL。

图3-16 单击按钮　　　　图3-17 选择命令

b. 操作步骤

执行上述任意一种方法后，调用【多段线】命令，命令行提示如下。

```
命令：PL↙                                    //调用【多段线】命令
PLINE
指定起点：                                    //指定起点
当前线宽为 0
指定下一个点或 [圆弧(A)/半宽(H)/长度(L)/放弃(U)/宽度(W)]：   //指定下一个点
```

c. 选项说明

在执行【多段线】命令的过程中，命令行中各选项的含义如下。

> 圆弧（A）：激活该选项，将以绘制圆弧的方式绘制多段线，绘制结果如图3-18所示。命令行提示如下。

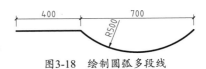

图3-18 绘制圆弧多段线

```
命令：PL↙                                    //调用[多段线]命令
PLINE
```

```
指定起点:                                                           //单击指定起点
当前线宽为 0.0000
指定下一个点或 [圆弧(A)/半宽(H)/长度(L)/放弃(U)/宽度(W)]: 400
                          //输入距离,指定线段长度
指定下一点或 [圆弧(A)/闭合(C)/半宽(H)/长度(L)/放弃(U)/宽度(W)]: A
                          //选择【圆弧】选项
[角度(A)/圆心(CE)/闭合(CL)/方向(D)/半宽(H)/直线
(L)/半径(R)/第二个点(S)/放弃(U)/宽度(W)]: R                          //选择【半径】选项
指定圆弧的端点(按住Ctrl键以切换方向)
指定圆弧的半径: 500                                                  //指定半径值
指定圆弧的端点(按住 Ctrl 键以切换方向)或 [角度(A)]: 700              //输入距离,指定端点
```

> 半宽(H):激活该选项,将指定多段线的半宽值,
AutoCAD将提示用户输入多段线的起点宽度和终点宽度,
常用此选项绘制箭头,绘制结果如图3-19所示。命令行提
示如下。

图3-19 绘制箭头

```
命令: PL                                                            //调用【多段线】命令
PLINE
指定起点:                                                           //单击指定起点
当前线宽为 0.0000
指定下一个点或 [圆弧(A)/半宽(H)/长度(L)/放弃(U)/宽度(W)]: H          //选择【半宽】选项
指定起点半宽 <0.0000>: 50                                           //输入宽度值
指定端点半宽 <50.0000>: 0                                           //输入宽度值
指定下一个点或 [圆弧(A)/半宽(H)/长度(L)/放弃(U)/宽度(W)]:            //指定端点位置
```

> 长度(L):激活该选项,将定义下一条多段线的长度。
> 放弃(U):激活该选项,将取消上一次绘制的一段多段线。
> 宽度(W):激活该选项,可以设置多段线宽度值。建筑制图中常用此选项来绘制具有一定宽
度的地平线等元素,绘制结果如图3-20所示。命令行提示如下。

```
命令: PL                                                            //调用【多段线】命令
PLINE
指定起点:                                                           //单击指定起点
当前线宽为 0.0000
指定下一个点或 [圆弧(A)/半宽(H)/长度(L)/放弃(U)/宽度(W)]: W          //选择【宽度】选项
指定起点宽度 <0.0000>: 100                                          //输入宽度值
指定端点宽度 <100.0000>: 100                                        //输入宽度值
指定下一个点或 [圆弧(A)/半宽(H)/长度(L)/放弃(U)/宽度(W)]:            //指定线段端点
```

图3-20 绘制多段线

3.1.5 编辑多段线

多段线绘制完成后,如需修改,AutoCAD 2018提供了专门的多段线编辑工具对其进行编辑。

a. 执行方式

执行编辑多段线命令的方法有以下几种。

➢ 功能区：在【默认】选项卡中，单击【修改】面板中的【编辑多段线】按钮✐，如图3-21所示。

➢ 菜单栏：选择菜单【修改】|【对象】|【多段线】命令，如图3-22所示。

➢ 工具栏：单击【修改Ⅱ】工具栏的【编辑多段线】按钮✐。

➢ 命令行：PEDIT或PE。

图3-21　单击按钮　　　　　　　　　　　图3-22　选择命令

b. 操作步骤

执行上述任意一种方法后，选择需编辑的多段线，命令行提示如下。

```
命令：PE↙
PEDIT
选择多段线或 [多条(M)]：
输入选项 [闭合(C)/合并(J)/宽度(W)/编辑顶点(E)/拟合(F)/样条曲线(S)/非曲线化(D)/线型生
成(L)/反转(R)/放弃(U)]：
```

在命令行中选择选项，根据提示信息设置参数，即可编辑多段线。

c. 选项说明

在执行编辑多段线命令的过程中，命令行中各选项的含义如下。

➢ 闭合（C）：选择该选项，闭合开放的多段线。

➢ 合并（J）：选择该选项，将选中的多条多段线合并为一条多段线。

➢ 宽度（W）：选择该选项，更改多段线的宽度。命令行提示如下。

```
命令：PE↙                              //调用【编辑多段线】命令
PEDIT
选择多段线或 [多条(M)]：                 //选择多段线
输入选项 [闭合(C)/合并(J)/宽度(W)/编辑顶点(E)/拟合(F)/样条曲线(S)/非曲线化(D)/线型生
成(L)/反转(R)/放弃(U)]：W↙              //选择【宽度】选项
指定所有线段的新宽度：30↙               //输入宽度值
```

➢ 编辑顶点（E）：选择该选项，通过编辑多段线的顶点改变线段的显示样式。命令行提示如下。

```
命令：PE↙                              //调用【编辑多段线】命令
PEDIT
选择多段线或 [多条(M)]：                 //选择对象
输入选项 [闭合(C)/合并(J)/宽度(W)/编辑顶点(E)/拟合(F)/样条曲线(S)/非曲线化(D)/线型生
成(L)/反转(R)/放弃(U)]：E                //选择【编辑顶点】选项
输入顶点编辑选项
```

```
[下一个(N)/上一个(P)/打断(B)/插入(I)/移动(M)/重生成(R)/拉直(S)/切向(T)/宽度(W)/退出
(X)] <N>:
```
//选择选项，编辑多段线顶点

➢ 拟合（F）：选择该选项，将多段线转换为二维多段线。激活多段线的顶点，在弹出的快捷菜单中选择【相切方向】命令。移动鼠标，指定相切方向，可以调整多段线的显示样式，操作过程如图3-23所示。

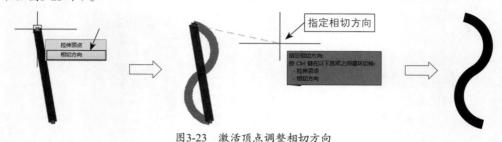

图3-23 激活顶点调整相切方向

➢ 样条曲线（S）：选择该选项，将多段线转换为样条曲线。激活顶点，移动鼠标，拉伸顶点，更改线段的显示样式。选择已更改样式的线段，激活顶点，可以继续调整线段的样式，操作过程如图3-24所示。

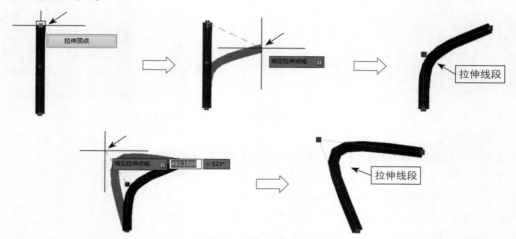

图3-24 转换为样条曲线

➢ 非曲线化（D）：选择该选项，将曲线多段线转换为直线。
➢ 线型生成（L）：选择该选项，控制多段线线型生成的模式。有【开（ON）】和【关（OFF）】两种模式供选择，默认选择【关（OFF）】模式。
➢ 反转（R）：选择该选项，反转多段线的方向，如图3-25所示。

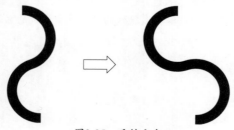

图3-25 反转方向

【练习3-2】： 绘制双管荧光灯

介绍绘制双管荧光灯的方法，难度：☆
素材文件路径：素材\第3章\3-2 绘制双管荧光灯.dwg
效果文件路径：素材\第3章\3-2 绘制双管荧光灯-OK.dwg
视频文件路径：视频\第3章\3-2 绘制双管荧光灯.MP4

　　传统型荧光灯即低压汞灯，是利用低气压的汞蒸气在通电后释放紫外线，从而使荧光粉发出可见光的原理发光，因此它属于低气压弧光放电光源。双管荧光灯即平日中常见的室内灯源。

01 按Ctrl+O快捷键，打开本书配备资源中的"素材\第3章\3-2 绘制双管荧光灯.dwg"文件，如图3-26所示。

02 调用PL【多段线】命令，设置多段线宽度为5，绘制两条多段线，命令行操作如下。

```
命令:PLINE↙                                      //启动【多段线】命令
指定起点:                                        //在绘图区域任意指定一点
当前线宽为 0.0000
指定下一个点或 [圆弧(A)/半宽(H)/长度(L)/放弃(U)/宽度(W)]:W↙   //激活【宽度】选项
指定起点宽度 <0.0000>: 5↙                        //指定起点宽度
指定端点宽度 <5.0000>:                           //默认当前宽度为终点宽度
指定下一个点或 [圆弧(A)/半宽(H)/长度(L)/放弃(U)/宽度(W)]:     //确定下一点
```

03 结束上述操作，绘制双管荧光灯的结果如图3-27所示。

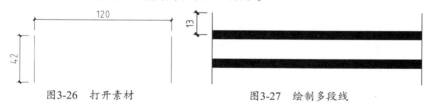

图3-26 打开素材　　　　　图3-27 绘制多段线

3.1.6 绘制多线

　　多线是由一系列相互平行的直线组成的组合图形，其组合范围为1～16条平行线，这些平行线称为元素。构成多线的元素既可以是直线，也可以是圆弧。在机械绘图中，键槽等图形常用多线绘制。

　　通过多线的样式，用户可以自定义元素的类型以及元素间的间距，以满足不同情形下的多线使用要求。

a. 执行方式

　　执行【多线】命令的方法有以下几种。

➢ 菜单栏：选择菜单【绘图】|【多线】命令，如图3-28所示。

➢ 命令行：MLINE或ML。

b. 操作步骤

　　多线的绘制方法与直线相似，不同的是多线由多条线型相同的平行线组成。绘制的每一条多线都是一个完整的

图3-28 选择命令

整体，不能对其进行偏移、延伸、修剪等编辑操作，只能将其分解为多条直线后才能编辑。

执行【多线】命令后，命令行操作如下。

```
命令：ML                                      //执行【多线】命令
MLINE
当前设置：对正 = 上，比例 = 20.00，样式 = STANDARD  //显示当前的多线设置
指定起点或 [对正(J)/比例(S)/样式(ST)]：         //指定多线的第一点
指定下一点或 [放弃(U)]：                        //指定多线的下一点
指定下一点或 [闭合(C)/放弃(U)]：                 //指定多线的下一点或按Enter键完成绘制
```

c. 选项说明

在执行【多线】命令的过程中，命令行中各选项的含义如下。

➢ 对正（J）：设置绘制多线的起点相对于用户输入端点的偏移位置。该选项有【上】、【无】和【下】3个选项。【上】表示多线顶端随着光标进行移动，【无】表示多线的中心线随着光标进行移动，【下】表示多线底端随着光标进行移动。3种对正样式如图3-29所示。

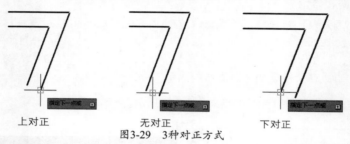

上对正　　　　　　　　　无对正　　　　　　　　　下对正

图3-29　3种对正方式

➢ 比例（S）：设置多线的宽度比例。比例因子为10和100的对比效果如图3-30所示。比例因子为0时，将使多线变为单一的直线。

➢ 样式（ST）：用于设置多线的样式。激活【样式】选项后，命令行出现【输入多线样式或[?]】提示信息，此时可直接输入已定义的多线样式名称。输入【？】，则会显示已定义的多线样式。

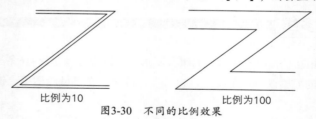

比例为10　　　　　　　　　　　　　比例为100

图3-30　不同的比例效果

3.1.7　定义多线样式

系统默认的多线样式称为STANDARD样式，它由两条平行线组成，并且平行线的间距是定值。如需绘制不同样式的多线，则可以在弹出的【多线样式】对话框中设置多线的线型、颜色、线宽、偏移等特性。

a. 执行方式

执行【多线样式】命令的方法有以下几种。

➢ 菜单栏：选择菜单【格式】|【多线样式】命令，如图3-31所示。

➢ 命令行：MLSTYLE。

图3-31　选择命令

b. 操作步骤

执行上述任意一种方法后，系统弹出如图3-32所示的【多线样式】对话框，其中可以新建、修改或者加载多线样式。单击【新建】按钮，可以弹出【创建新的多线样式】对话框，然后定义新多线样式的名称，如图3-33所示。

图3-32　【多线样式】对话框

图3-33　【创建新的多线样式】对话框

接着单击【继续】按钮，便可弹出【新建多线样式:样式1】对话框，可以在其中设置多线的各种特性，如图3-34所示。

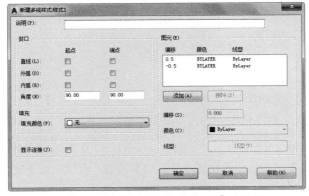

图3-34　【新建多线样式:样式1】对话框

c. 选项说明

在【新建多线样式:样式1】对话框中，各选项的含义如下。

- ➤ 【说明】文本框：用来为多线样式添加说明，最多可输入255个字符。
- ➤ 【封口】选项组：设置多线的平行线段之间两端封口的样式。当取消勾选该选项组中的复选框时，绘制的多段线两端为打开状态。
- ➤ 填充颜色：设置封闭的多线内的填充颜色，选择【无】选项，表示使用透明颜色填充。
- ➤ 显示连接：显示或隐藏每条多线段顶点处的连接。
- ➤ 【图元】选项组：构成多线的元素，通过单击【添加】按钮可以添加多线的构成元素，也可以通过单击【删除】按钮删除这些元素。
- ➤ 偏移：设置多线元素从中线的偏移值，正值表示向上偏移，负值表示向下偏移。
- ➤ 颜色：设置组成多线元素的直线线条颜色。
- ➤ 线型：设置组成多线元素的直线线条线型。

3.1.8　编辑多线

多线绘制完成后，可以根据不同的需要进行多线编辑。

a. 执行方式

执行【多线编辑】命令的方法有以下几种。

- ➤ 菜单栏：选择菜单【修改】|【对象】|【多线】命令，如图3-35所示。
- ➤ 命令行：MLEDIT。

b. 操作步骤

执行上述任意一种方法后，系统弹出【多线编辑工具】对话框，如图3-36所示。

在该对话框中共有4列12种多线编辑工具：第一列为十字交叉编辑工具，第二列为T字交叉编辑工具，第三列为角点结合编辑工具，第四列为中断或接合编辑工具。单击选择其中的一种工具图标，即可使用该工具。

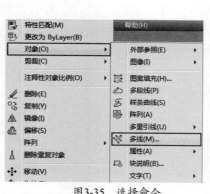

图3-35　选择命令

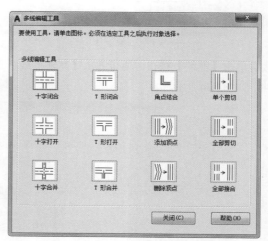

图3-36　【多线编辑工具】对话框

在【多线编辑工具】对话框中单击【十字打开】按钮，对话框被暂时关闭。在绘图区域中依次单击第一条多线、第二条多线，修剪多线的效果如图3-37所示。

十字打开

图3-37 修剪多线

∷∷∷∷∷∷∷∷∷ 技 巧 ∷∷∷∷∷∷∷∷∷

双击多线，也可以弹出【多线编辑工具】对话框。

【练习3-3】: 绘制电缆接线盒

介绍绘制电缆接线盒的方法，难度：☆☆	
素材文件路径：素材\第3章\3-3 绘制电缆接线盒.dwg	
效果文件路径：素材\第3章\3-3 绘制电缆接线盒-OK.dwg	
视频文件路径：视频\第3章\3-3 绘制电缆接线盒.MP4	

在家居装修中，接线盒是电工辅料之一，因为装修用的电线是穿过电线管的，而在电线的接头部位（比如线路比较长，或者电线管要转角）就采用接线盒作为过渡使用，电线管与接线盒连接，线管里面的电线在接线盒中连起来，起到保护电线和连接电线的作用，这个就是接线盒。

01 按Ctrl+O快捷键，打开本书配备资源中的"第3章\3-3绘制电缆接线盒.dwg"文件，如图3-38所示。

02 在命令行中输入MLSTYLE并按Enter键，弹出如图3-39所示的【多线样式】对话框。

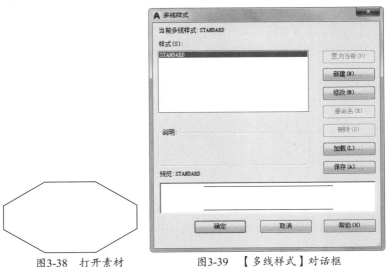

图3-38 打开素材　　　　图3-39 【多线样式】对话框

03 单击【新建】按钮，弹出【创建新的多线样式】对话框，在【新样式名】文本框中输入【样式1】，如图3-40所示。

04 单击【继续】按钮，在弹出的【新建多线样式:样式1】对话框中，单击【添加】按钮，添加偏移为0的图元，如图3-41所示。

05 单击【确定】按钮，返回到【多线样式】对话框，完成多线样式的创建。

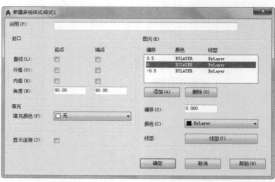

图3-40 设置名称　　　　　　　　　　图3-41 添加参数

06 调用ML【多线】命令，绘制宽度为55的多线，命令行操作如下。

```
命令: ML ↙
MLINE
当前设置: 对正 = 上, 比例 = 240.00, 样式 = 样式1
指定起点或 [对正(J)/比例(S)/样式(ST)]:  J↙
输入对正类型 [上(T)/无(Z)/下(B)] <上>:  Z↙
当前设置: 对正 = 无, 比例 = 240.00, 样式 = 样式1
指定起点或 [对正(J)/比例(S)/样式(ST)]:  S↙
输入多线比例 <240.00>: 7.2↙
当前设置: 对正 = 无, 比例 = 7.20, 样式 = 样式1
指定起点或 [对正(J)/比例(S)/样式(ST)]:
指定下一点:55↙
```

07 按Enter键，重复执行【多线】命令，绘制高度为20的多线，如图3-42所示。

08 调用X【分解】命令，分解多线。调用TR【修剪】命令，修剪多线，完成电缆接线盒图例的绘制，结果如图3-43所示。

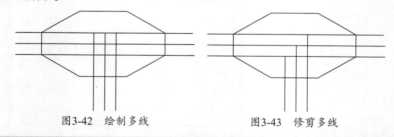

图3-42 绘制多线　　　　　　　　　　图3-43 修剪多线

.... **提　示** ....

　　因为在【多线编辑工具】对话框中没有合适的工具，所以需要先分解多线，执行【修剪】操作后，得到理想的图形效果。

3.2　绘制曲线类图形

　　在AutoCAD 2018中，样条曲线、圆、圆弧、椭圆、椭圆弧和圆环都属于曲线类图形，其绘制方法相对于直线对象较复杂，下面分别对其进行讲解。

3.2.1　圆

圆也是绘图中最常用的图形对象，通过指定圆心的位置与半径的大小创建圆形。

a. 执行方式

执行【圆】命令的方法有以下几种。

➤ 功能区：在【默认】选项卡中，单击【绘图】面板中的【圆】按钮⊙，如图3-44所示。

➤ 菜单栏：选择菜单【绘图】|【圆】命令，然后在子菜单中选择一种绘制方法，如图3-45所示。

➤ 命令行：CIRCLE或C。

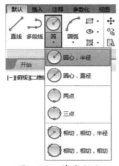

图3-44　单击按钮

图3-45　选择命令

b. 操作步骤

执行上述任意一种方法后，调用【圆】命令，命令行提示如下。

```
命令：C↙                                               //调用【圆】命令
CIRCLE
指定圆的圆心或 [三点(3P)/两点(2P)/切点、切点、半径(T)]：    //指定圆心
指定圆的半径或 [直径(D)]：                               //指定半径，绘制圆形
```

c. 选项说明

在【绘图】面板中的【圆】下拉列表中提供了6种绘制圆的命令，各命令的含义如下。

➤ 圆心、半径（R）：用圆心和半径方式绘制圆，如图3-46所示。

➤ 圆心、直径（D）：用圆心和直径方式绘制圆，如图3-47所示。

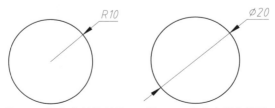

图3-46　指定半径绘制圆　　图3-47　指定直径绘制圆

➤ 两点（2P）：通过直径的两个端点绘制圆，系统会提示指定圆直径的第一端点和第二端点，如图3-48所示。

➤ 三点（3P）：通过圆上3个点绘制圆，系统会提示指定圆上的第一点、第二点和第三点，如

图3-49所示。

 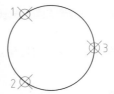

图3-48　指定两点绘制圆　　　图3-49　指定三点绘制圆

➤ 相切、相切、半径（T）：通过选择圆与其他两个对象的切点和指定半径值来绘制圆。系统会提示指定圆的第一切点和第二切点及圆的半径，如图3-50所示。

➤ 相切、相切、相切（A）：通过选择3条切线来绘制圆，如图3-51所示。

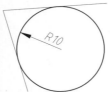 

图3-50　指定切点与半径绘制圆　　　图3-51　指定切点绘制圆

d. 初学解答：绘图时没有显示虚线预览框

利用AutoCAD绘制矩形、圆时，通常会在鼠标光标处显示一个动态虚线框，用来在视觉上帮助设计者判断图形绘制的大小，十分方便。而有时由于新手的误操作，会使得该虚线框无法显示，如图3-52所示。

这是由于系统变量DRAGMODE的设置出现了问题。只需在命令行中输入DRAGMODE，然后根据提示，将选项修改为【自动（A）】或【开（ON）】（推荐设置为【自动（A）】），即可让虚线框显示恢复正常，如图3-53所示。

 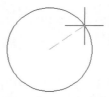

图3-52　绘图时没有显示预览框　　　图3-53　绘图时显示虚线预览框

【练习3-4】：绘制三相电机　　　

介绍绘制三相电机的方法，难度：☆
素材文件路径：素材\第3章\3-4 绘制三相电机.dwg
效果文件路径：素材\第3章\3-4 绘制三相电机-OK.dwg
视频文件路径：视频\第3章\3-4 绘制三相电机.MP4

三相电机是指当电机的三相定子绕组，通入三相交流电后，将产生一个旋转磁场，该旋转磁场切割转子绕组，从而在转子绕组中产生感应电流（转子绕组是闭合通路）。

01 单击快速访问工具栏中的【打开】按钮，打开本书配备资源中的"素材\第3章\3-4 绘制三相电机.dwg"文件，如图3-54所示。

02 开启【正交】模式,单击【绘图】面板中的【圆】按钮⊘,绘制圆,如图3-55所示。命令行提示如下。

```
命令：_circle↙                                      //调用【圆】命令
指定圆的圆心或 [三点(3P)/两点(2P)/切点、切点、半径(T)]：3p↙   //选择【三点】选项
指定圆上的第一个点：                                  //指定第一个圆上的点
指定圆上的第二个点：                                  //指定第二个圆上的点
指定圆上的第三个点：                                  //指定第三个圆上的点
```

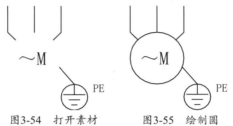

图3-54 打开素材   图3-55 绘制圆

3.2.2 圆弧

圆弧是圆的一部分曲线,是与其半径相等的圆周的一部分。

a. 执行方式

执行【圆弧】命令的方法有以下几种。

➢ 功能区：在【默认】选项卡中,单击【绘图】面板中的【圆弧】按钮⌒,如图3-56所示。
➢ 菜单栏：选择菜单【绘图】|【圆弧】命令,如图3-57所示。
➢ 命令行：ARC或A。

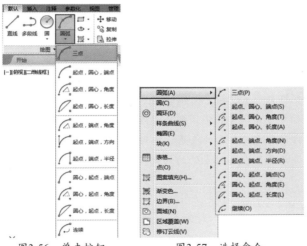

图3-56 单击按钮   图3-57 选择命令

b. 操作步骤

执行上述任意一种方法后,调用【圆弧】命令,绘制过程如图3-58所示。命令行提示如下。

```
命令：A↙                                          //调用【圆弧】命令
ARC
```

指定圆弧的起点或　[圆心(C)]：
指定圆弧的第二个点或　[圆心(C)/端点(E)]：
指定圆弧的端点：　　　　//依次指定起点、第二个点以及端点，绘制圆弧

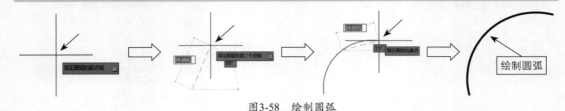

图3-58　绘制圆弧

c.选项说明

在【绘图】面板中的【圆弧】下拉列表中提供了11种绘制圆弧的命令，各命令的含义如下。

➢ 三点（P）：通过指定圆弧上的三点绘制圆弧，需要指定圆弧的起点、通过的第二个点和端点，如图3-59所示。

➢ 起点、圆心、端点（S）：通过指定圆弧的起点、圆心、端点绘制圆弧，如图3-60所示。

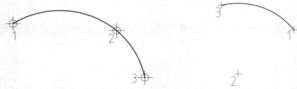

图3-59　指定三点绘制圆弧　　图3-60　指定起点、圆心、端点绘制圆弧

➢ 起点、圆心、角度（T）：通过指定圆弧的起点、圆心以及包含角绘制圆弧，执行此命令时会出现【指定包含角】的提示，在输入角时，如果当前环境设置逆时针方向为角度正方向，且输入正的角度值，则绘制的圆弧是从起点绕圆心沿逆时针方向绘制，反之则沿顺时针方向绘制。

➢ 起点、圆心、长度（A）：通过指定圆弧的起点、圆心、弧长绘制圆弧，如图3-61所示。另外，在命令行提示的【指定弧长】信息下，如果所输入的值为负，则该值的绝对值将作为对应整圆的空缺部分的圆弧弧长。

➢ 起点、端点、角度（N）：通过指定圆弧的起点、端点，以及包含角绘制圆弧。

➢ 起点、端点、方向（D）：通过指定圆弧的起点、端点和圆弧的起点切向绘制圆弧，如图3-62所示。命令执行过程中会出现【指定圆弧的起点切向】提示信息，此时拖动鼠标动态确定圆弧在起始点处的切线方向和水平方向的夹角。拖动鼠标时，AutoCAD会在当前光标与圆弧起始点之间形成一条线，即为圆弧在起始点处的切线。确定切线方向后，单击鼠标左键即可得到相应的圆弧。

图3-61　指定起点、圆心、长度绘制圆弧　　图3-62　指定起点、端点、方向绘制圆弧

➢ 起点、端点、半径（R）：通过指定圆弧的起点、端点和圆弧半径绘制圆弧，如图3-63所示。

- ➤ 圆心、起点、端点（C）：以圆弧的圆心、起点、端点方式绘制圆弧。
- ➤ 圆心、起点、角度（E）：以圆弧的圆心、起点、圆心角方式绘制圆弧，如图3-64所示。

 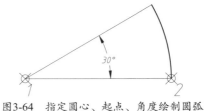

图3-63　指定起点、端点、半径绘制圆弧　　图3-64　指定圆心、起点、角度绘制圆弧

- ➤ 圆心、起点、长度（L）：以圆弧的圆心、起点、弧长方式绘制圆弧。
- ➤ 连续（O）：绘制其他直线与非封闭曲线后，选择菜单【圆弧】|【圆弧】|【圆弧】命令，系统将自动以刚才绘制的对象的终点作为即将绘制的圆弧的起点。

d. 初学解答：如何确定圆弧的方向与大小

学习【圆弧】命令是新手最常犯错的命令之一。由于圆弧的绘制方法以及子选项都很丰富，因此初学者在掌握【圆弧】命令时容易对概念理解不清楚。如在绘制葫芦形体时，就有两处非常规的地方：

（1）为什么绘制上、下圆弧时，起点和端点是互相颠倒的？

（2）为什么输入的半径值是负数？

对以上两个问题解释如下。

AutoCAD中圆弧绘制的默认方向是逆时针方向，因此在绘制上圆弧时，如果以A点为起点，B点为端点，则会绘制出如图3-65所示的圆弧（命令行虽然提示按Ctrl键反向，但只能外观发现，实际绘制时还是会按原方向处理）。圆弧的默认方向也可以自行修改。

根据几何学的知识可知，在半径已知的情况下，弦长对应着两段圆弧，即优弧（弧长较长的一段）和劣弧（弧长较短的一段）。而在AutoCAD中只有输入负值才能绘制出优弧，具体关系如图3-66所示。

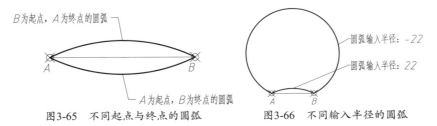

图3-65　不同起点与终点的圆弧　　　　图3-66　不同输入半径的圆弧

【练习3-5】：绘制电铃

介绍绘制电铃的方法，难度：☆
📁 素材文件路径：素材\第3章\3-5 绘制电铃.dwg
🎬 效果文件路径：素材\第3章\3-5 绘制电铃-OK.dwg
⬇ 视频文件路径：视频\第3章\3-5 绘制电铃.MP4

利用电磁铁的特性，通过电源开关的反复闭合装置，来控制缠绕在主磁芯线圈中的电流通断，形成主磁路对弹性悬浮磁芯的磁路吸合与分离交替变化，使连接在弹性悬浮磁芯上的电锤在铃体表面产生振动并发出铃声，从而告知工作、学习时间的长短预定。

01 打开本书配备资源中的"素材\第3章\3-5 绘制电铃.dwg"文件，如图3-67所示。

02 调用A【圆弧】命令，选择【起点、圆心、端点】的绘制方式，以上部第一条水平直线的中点为圆心，以水平直线右端点为起点，水平直线的左端点为终点，绘制圆弧，结果如图3-68所示。

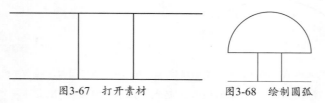

图3-67　打开素材　　　　图3-68　绘制圆弧

3.2.3　椭圆

椭圆是平面上到定点距离与到指定直线间距离之比为常数的所有点的集合。

a. 执行方式

执行【椭圆】命令的方法有以下几种。

➢ 功能区：在【默认】选项卡中，单击【绘图】面板中的【椭圆】按钮⬭，如图3-69所示。

➢ 菜单栏：执行菜单【绘图】|【椭圆】命令，如图3-70所示。

➢ 命令行：ELLIPSE或EL。

图3-69　单击按钮　　　　图3-70　选择命令

b. 操作步骤

执行上述任意一种方法后，调用【椭圆】命令，绘制椭圆的过程如图3-71所示。命令行提示如下。

```
命令：ELLIPSE↙                          //调用【椭圆】命令
指定椭圆的轴端点或 [圆弧(A)/中心点(C)]：    //指定轴端点
指定轴的另一个端点：                       //移动鼠标，指定另一端点
指定另一条半轴长度或 [旋转(R)]：           //指定半轴长度，绘制椭圆
```

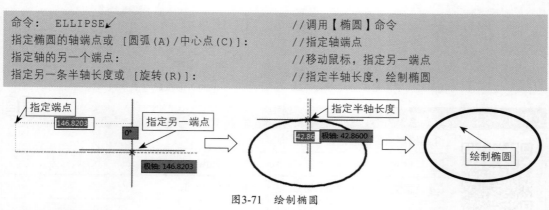

图3-71　绘制椭圆

c. 选项说明

执行【椭圆】命令有指定【圆心】和【端点】两种方法。

➢ 圆心：通过指定椭圆的中心点、一条轴的一个端点及另一条轴的半轴长度来绘制椭圆。

➢ 轴、端点：通过指定椭圆一条轴的两个端点及另一条轴的半轴长度来绘制圆。

【练习3-6】： 绘制液位开关

介绍绘制液位开关的方法，难度：☆☆

📎 素材文件路径：无

🌐 效果文件路径：素材\第3章\3-6 绘制液位开关-OK.dwg

⬇ 视频文件路径：视频\第3章\3-6 绘制液位开关.MP4

　　液位开关，也称水位开关、液位传感器。顾名思义，就是用来控制液位的开关。如洗衣机中的【节水】功能就需要借助液位开关来实现。

01 新建空白文件。调用LA【图层】命令，创建【虚线】图层，并设置【线型】为DASHED，如图3-72所示。

02 调用L【直线】命令，绘制直线，其尺寸如图3-73所示。

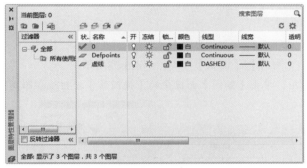

图3-72　新建图层　　　　　　　　　　图3-73　绘制直线

03 调用PL【多段线】命令，绘制【宽度】为0.2的多段线，如图3-74所示。

04 调用L【直线】命令，绘制直线，其尺寸如图3-75所示。

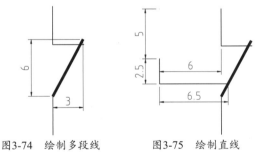

图3-74　绘制多段线　　　　图3-75　绘制直线

05 调用EL【椭圆】命令，结合【对象捕捉】功能，捕捉新绘制直线的交点，绘制椭圆，如图3-76所示。命令行操作如下。

```
命令：_ellipse↙                                    //调用【椭圆】命令
指定椭圆的轴端点或 [圆弧(A)/中心点(C)]：_c↙        //选择【中心点（C）】选项
指定椭圆的中心点：↙                                //捕捉新绘制直线的交点
指定轴的端点：0.8↙                                 //指定短轴长度
指定另一条半轴长度或 [旋转(R)]：1.7↙              //指定长轴长度，完成椭圆绘制
```

06 调用TR【修剪】命令，修剪多余的图形。选择修剪后的水平直线，在【图层】面板中选择【虚线】图层，操作结果如图3-77所示。

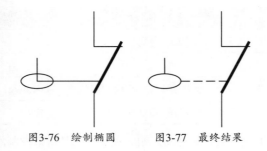

图3-76　绘制椭圆　　　图3-77　最终结果

3.2.4　椭圆弧

椭圆弧是椭圆的一部分，它类似于椭圆，不同的是它的起点和终点没有闭合。绘制椭圆弧需要确定的参数是椭圆弧所在椭圆的两条轴及椭圆弧的起点和终点角度。

a. 执行方式

执行【椭圆】命令的方法有以下几种。

➢ 菜单栏：选择菜单【绘图】|【椭圆】|【圆弧】命令，如图3-78所示。
➢ 功能区：在【默认】选项卡中，单击【绘图】面板中的【椭圆弧】按钮 ⬭，如图3-79所示。

图3-78　选择命令　　　　　图3-79　单击按钮

b. 操作步骤

执行上述任意一种方法后，调用【椭圆】命令，绘制过程如图3-80所示。命令行提示如下。

命令：_ellipse✔	//调用【椭圆】命令
指定椭圆的轴端点或 [圆弧(A)/中心点(C)]：_a✔	//选择【圆弧】选项
指定椭圆弧的轴端点或 [中心点(C)]：	//指定轴端点
指定轴的另一个端点：	//指定另一端点
指定另一条半轴长度或 [旋转(R)]：	//指定半轴长度
指定起点角度或 [参数(P)]：	
指定端点角度或 [参数(P)/夹角(I)]：	//指定起点角度、端点角度，绘制椭圆弧

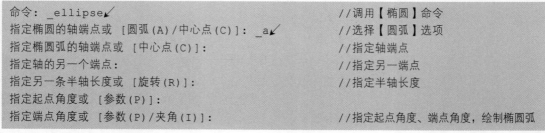

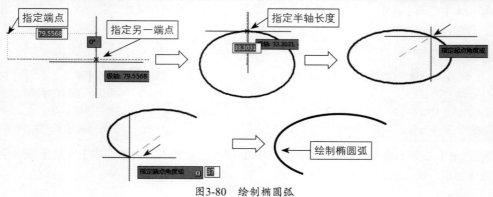

图3-80　绘制椭圆弧

3.2.5 连接片

连接片是电子行业中常见的零件，如图3-81所示。一般用于电子、电脑仪器接地端点，一端焊于接地线，另一端用螺丝锁于机壳。由于连接片外形简单，数量较大，因此它的主要制作方法便是冲压。

连接片的零件图一般只有一个主视图，然后再标明厚度即可，如图3-82所示。

图3-81　连接片

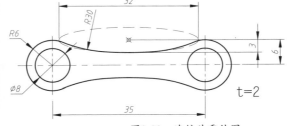

图3-82　连接片零件图

【练习3-7】：　绘制连接片主视图

	介绍绘制连接片主视图的方法，难度：☆☆
	素材文件路径：素材\第3章\3-7 绘制连接片主视图.dwg
	效果文件路径：素材\第3章\3-7 绘制连接片主视图-OK.dwg
	视频文件路径：视频\第3章\3-7 绘制连接片主视图.MP4

由零件图可知连接片的中间轮廓部分是用一段椭圆弧连接两段R30的圆弧得到的，而R30圆弧可以通过倒圆角获得，因此绘制连接片主视图的关键就在于绘制椭圆弧。

01 打开本书配备资源中的"素材\第3章\3-7 绘制连接片主视图.dwg"文件，该素材文件中已经绘制好了中心线，如图3-83所示。

02 单击【绘图】面板中的【圆】按钮⊘，以中心线的两个交点为圆心，分别绘制两个直径为8、12的圆，如图3-84所示。

图3-83　打开素材　　　　　　　　　图3-84　绘制圆形

03 单击【绘图】面板中的【直线】按钮∕，以水平中心线的中点为起点，向上绘制长度为6的线段，如图3-85所示。命令行操作如下。

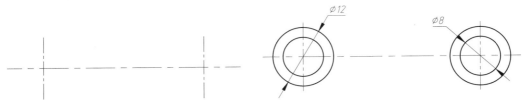

```
命令：_line↙                          //调用【直线】命令
指定第一个点：                        //指定水平中心线的中点
指定下一点或 [放弃(U)]：6↙            //光标向上移动，引出追踪线确保垂
                                     直，输入长度6
指定下一点或 [闭合(C)/放弃(U)]：*取消*  //按Esc键退出
```

04 单击【绘图】面板中的【椭圆】按钮 ⊙，以中心点的方式绘制椭圆，选择刚绘制直线的上端点为圆心，然后绘制一长半轴长度为16、短轴长度为3的椭圆，如图3-86所示。命令行操作如下。

```
命令: _ellipse✓                                              //调用【椭圆】命令
指定椭圆的轴端点或 [圆弧(A)/中心点(C)]: _c✓                    //以中心点的方式绘制椭圆
指定椭圆的中心点:                                              //指定直线的上端点
指定轴的端点: 16✓              //光标向左（或右）移动，引出水平追踪线，输入长度16
指定另一条半轴长度或 [旋转(R)]: 3✓    //光标向上（或下）移动，引出垂直追踪线，输入长度3
```

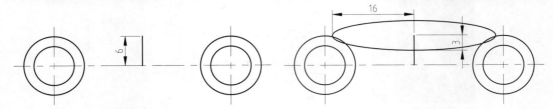

图3-85　绘制直线　　　　　　　　　　　　图3-86　绘制椭圆

05 单击【修改】面板中的【修剪】按钮 ⊹，启用命令后再按空格键或者Enter键，然后依次选取外侧要删除的3段椭圆弧，最终剩下所需要的一段椭圆弧，如图3-87所示。

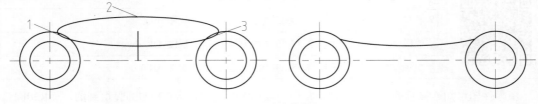

图3-87　修剪图形

06 倒圆角。单击【修改】面板中的【圆角】按钮 ◯，输入圆角半径为30，然后依次选取左侧的圆和椭圆弧，结果如图3-88所示。命令行操作如下。

```
命令: _fillet✓
当前设置: 模式 = 修剪，半径 = 0.0000
选择第一个对象或 [放弃(U)/多段线(P)/半径(R)/修剪(T)/多个(M)]: r    //指定圆角半径
<0.0000>: 30✓                                                  //输入圆角半径值
选择第一个对象或 [放弃(U)/多段线(P)/半径(R)/修剪(T)/多个(M)]:     //选择左侧的圆
选择第二个对象，或按住 Shift 键选择对象以应用角点或 [半径(R)]:      //选择左侧的椭圆弧
```

07 使用同样的方法对右侧进行倒圆角，结果如图3-89所示。

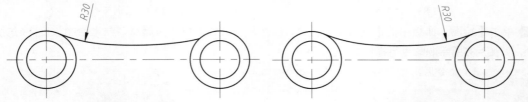

图3-88　倒角操作　　　　　　　　　　　　图3-89　操作结果

08 使用同样的方法绘制下半部分轮廓，然后修剪掉多余线段，即可完成连接片的绘制，如图3-90所示。

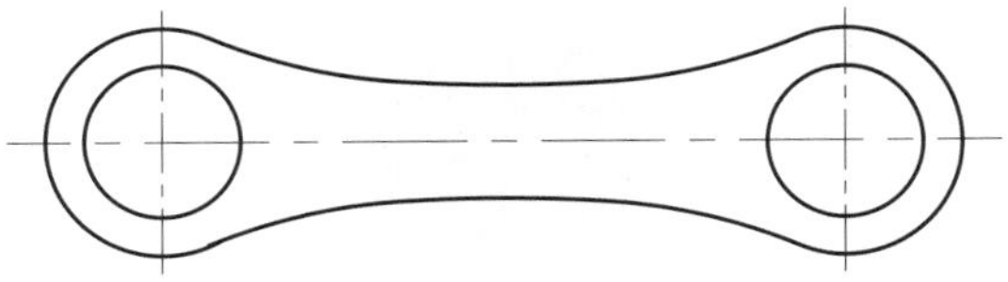

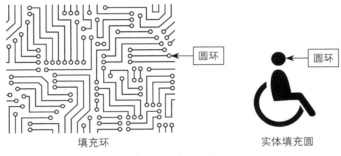

图3-90   最终结果

3.2.6   圆环

圆环是由同一圆心、不同直径的两个同心圆组成的，控制圆环的参数是圆心、内直径和外直径。圆环可分为【填充环】（两个圆形中间的面积填充）和【实体填充圆】（圆环的内直径为0）。圆环的典型示例如图3-91所示。

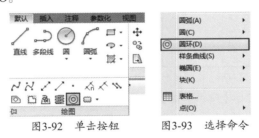

填充环   实体填充圆

图3-91   圆环示例

a. 执行方式

执行【圆环】命令的方法有以下几种。

➤ 功能区：在【默认】选项卡中，单击【绘图】面板中的【圆环】按钮◎，如图3-92所示。

➤ 菜单栏：选择菜单【绘图】|【圆环】命令，如图3-93所示。

➤ 命令行：DONUT或DO。

图3-92   单击按钮   图3-93   选择命令

b. 操作步骤

AutoCAD默认情况下，所绘制的圆环为填充的实心图形。如果绘制圆环之前在命令行中输入FILL，则可以控制圆环和圆的填充可见性。

执行FILL命令后，命令行提示如下。

```
命令：FILL↙                                    //调用【填充】命令
输入模式[开(ON)]|[关(OFF)]<开>：              //选择填充开、关
```

选择【开（ON）】模式，表示绘制的圆环和圆都会被填充，如图3-94所示。

选择【关（OFF）】模式，表示绘制的圆环和圆不会被填充，如图3-95所示。

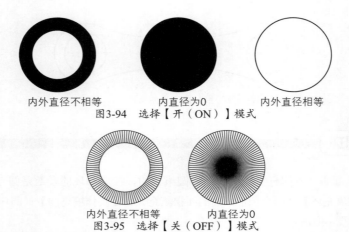

内外直径不相等　　　　内直径为0　　　　内外直径相等
图3-94　选择【开（ON）】模式

内外直径不相等　　　　内直径为0
图3-95　选择【关（OFF）】模式

【练习3-8】：创建导流风机图

介绍绘制导流风机图的方法，难度：☆ ☆
素材文件路径：无
效果文件路径：素材\第3章\3-8 创建导流风机图-OK.dwg
视频文件路径：视频\第3章\3-8 创建导流风机图.MP4

　　导流风机是依靠输入的机械能，提高气体压力并排送气体的机械，它是一种从动的流体机械。

01 新建一个空白文件。调用L【直线】命令，绘制直线，尺寸如图3-96所示。

02 调用C【圆】命令，结合【中点捕捉】和【极轴追踪】功能，在矩形的内部绘制一个半径为132的圆形，如图3-97所示。

523

369

图3-96　绘制矩形　　　　图3-97　绘制圆形

03 调用L【直线】命令，结合【中点捕捉】功能，绘制直线，如图3-98所示。

04 调用DO【圆环】命令，结合【对象捕捉】功能，绘制圆环，如图3-99所示。命令行操作如下。

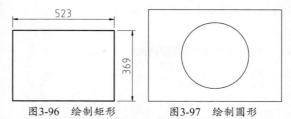

```
命令：DO/DONUT✓                              //调用【圆环】命令
指定圆环的内径 <0.5000>：10✓                //输入内径参数
指定圆环的外径 <1.0000>：50✓                //输入外径参数
指定圆环的中心点或 <退出>：✓                //捕捉直线左端点，完成圆环绘制
```

05 调用CO【复制】命令，对新绘制的圆环和直线进行复制操作，如图3-100所示。

06 调用MT【多行文字】命令，在圆形的内部绘制多行文字。调用SPL【样条曲线】命令，绘制样条曲线，最终结果如图3-101所示。

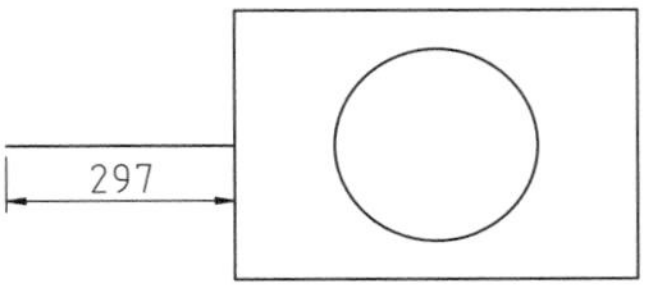

图3-98　绘制直线 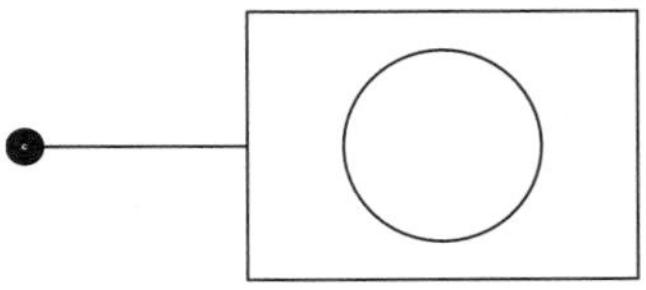　　　　　　　图3-99　绘制圆环

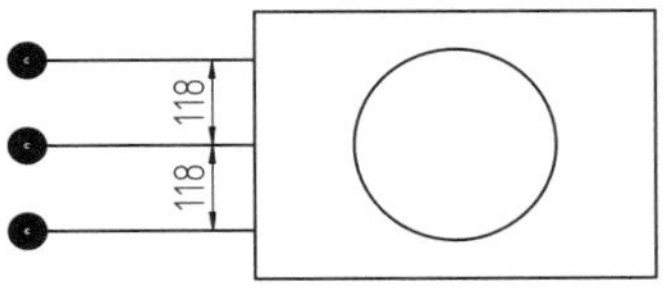

图3-100　复制图形 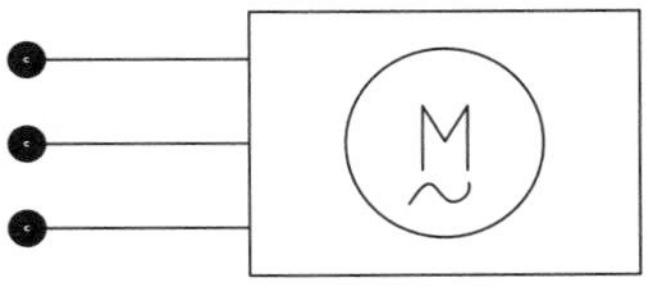　　　　　　　图3-101　最终结果

3.2.7　绘制样条曲线

样条曲线是经过或接近一系列指定点的平滑曲线，它能够自由编辑，以及控制曲线与点的拟合程度。

样条曲线可分为拟合点样条曲线和控制点样条曲线两种。拟合点样条曲线的拟合点与曲线重合，如图3-102所示。控制点样条曲线是通过曲线外的控制点控制曲线的形状，如图3-103所示。

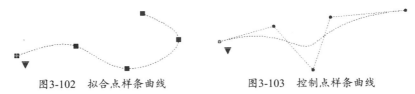

图3-102　拟合点样条曲线　　　　　　图3-103　控制点样条曲线

a. 执行方式

执行【样条曲线】命令的方法有以下几种。

➤ 功能区：在【默认】选项卡中，单击【绘图】面板中的【拟合点】按钮✓或【控制点】按钮✓，如图3-104所示。

➤ 菜单栏：选择菜单【绘图】|【样条曲线】命令，然后在子菜单中选择【拟合点】或【控制点】命令，如图3-105所示。

➤ 命令行：SPLINE或SPL。

图3-104　单击按钮　　　　　　图3-105　选择命令

b. 操作步骤

执行上述任意一种方法后，调用【样条曲线】命令，命令行提示如下。

命令：SPL↙　　　　　　　　　　　　　　　　　　　//调用【样条曲线】命令
SPLINE
当前设置：方式=拟合　节点=弦
指定第一个点或 [方式(M)/节点(K)/对象(O)]：　　　　//指定起点

输入下一个点或 [起点切向(T)/公差(L)]:
输入下一个点或 [端点相切(T)/公差(L)/放弃(U)]:
输入下一个点或 [端点相切(T)/公差(L)/放弃(U)/闭合(C)]:   //移动鼠标，依次指定下一个
                         点，绘制样条曲线

c. 选项说明

在执行【样条曲线】命令的过程中，命令行中部分选项的含义如下。

➢ 起点切向（T）：定义样条曲线的起点和结束点的切线方向。

➢ 公差（L）：定义曲线的偏差值。数值越大，离控制点越远；反之则越近。

3.2.8　编辑样条曲线

与多段线一样，AutoCAD 2018也提供了专门编辑样条曲线的工具。

a. 执行方式

执行【编辑样条曲线】命令的方法有以下几种。

➢ 功能区：在【默认】选项卡中，单击【修改】面板中的【编辑样条曲线】按钮⧄，如图3-106
所示。

➢ 菜单栏：选择菜单【修改】|【对象】|【样条曲线】命令，如图3-107所示。

➢ 工具栏：单击【修改Ⅱ】工具栏的【编辑样条曲线】按钮⧄。

➢ 命令行：SPEDIT。

图3-106　单击按钮　　　　　　图3-107　选择命令

b. 操作步骤

执行上述任意一种方法后，调用【编辑样条曲线】命令，命令行提示如下。

命令：_splinedit✓   //调用【编辑样条曲线】命令
选择样条曲线：   //选择对象
输入选项 [闭合(C)/合并(J)/拟合数据(F)/编辑顶点(E)/转换为多段线(P)/反转(R)/放弃(U)/退
出(X)] <退出>:   //输入选项，编辑曲线

【练习3-9】：绘制整流器

介绍绘制整流器的方法，难度：☆
📄 素材文件路径：无
💿 效果文件路径：素材\第3章\3-9 绘制整流器-OK.dwg
📥 视频文件路径：视频\第3章\3-9 绘制整流器.MP4

整流器是把交流电转换成直流电的装置，可用于供电装置及侦测无线电信号等。整流器可用真空管、引燃管、固态矽半导体二极管、汞弧等制成。

01 新建一个空白文件。调用REC【矩形】命令，绘制一个500×500的矩形，如图3-108所示。

02 调用L【直线】命令，结合【对象捕捉】功能，绘制直线，尺寸如图3-109所示。

图3-108　绘制矩形

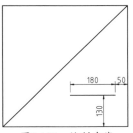

图3-109　绘制直线

03 调用SPL【样条曲线】命令，绘制样条曲线，如图3-110所示。命令行操作如下。

```
命令：SPL/SPLINE↙                                    //调用【样条曲线】命令
当前设置：方式=拟合    节点=弦
指定第一个点或 [方式(M)/节点(K)/对象(O)]：           //指定第一点
输入下一个点或 [起点切向(T)/公差(L)]：               //指定第二点
输入下一个点或 [端点相切(T)/公差(L)/放弃(U)]：        //指定第三点
输入下一个点或 [端点相切(T)/公差(L)/放弃(U)/闭合(C)]： //按Enter键结束，完成绘制
```

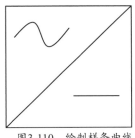

图3-110　绘制样条曲线

3.3　绘制点

点是所有图形中最基本的图形对象，可以用来作为捕捉和偏移对象的参考点。本节介绍点样式的设置及绘制点的方法。

3.3.1　设置点样式

从理论上讲，点是没有长度和大小的图形对象。在AutoCAD中，系统默认情况下绘制的点显示为一个小圆点，在屏幕中很难看清，因此可以为点设置显示样式，使其清晰可见。

a. 执行方式

执行【点样式】命令的方法有以下几种。

➢ 功能区：选择【默认】选项卡，单击【实用工具】面板中的【点样式】按钮 ⊡ 点样式...，如

图3-111所示。

➤ 菜单栏：选择菜单【格式】|【点样式】命令，如图3-112所示。

➤ 命令行：DDPTYPE。

图3-111　单击按钮　　　　图3-112　选择命令

b. 操作步骤

执行【点样式】命令后，将弹出如图3-113所示的【点样式】对话
框，可以在其中设置点的显示样式和大小。

c. 选项说明

在【点样式】对话框中，各选项的含义如下。

➤ 点大小：用于设置点的显示大小，与【相对于屏幕设置大小】和
【按绝对单位设置大小】选项有关。

➤ 相对于屏幕设置大小：用于按AutoCAD绘图屏幕尺寸的百分比设置
点的显示大小。在进行视图缩放操作时，点的显示大小并不改变，
在命令行中输入RE命令即可重生成，始终保持与屏幕的相对比例。

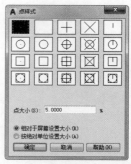

图3-113　【点样式】对话框

➤ 按绝对单位设置大小：使用实际单位设置点的大小，同其他的图形元素（如直线、圆）。当进
行视图缩放操作时，点的显示大小也会随之改变。

3.3.2　绘制单点

绘制单点就是执行一次命令只能指定一个点。

a. 执行方式

执行【单点】命令的方法有以下几种。

➤ 菜单栏：选择菜单【绘图】|【点】|【单点】命令，如图3-114所示。

➤ 命令行：POINT或PO。

b. 操作步骤

执行上述任意一种方法后，在绘图区域任意位置单击，即可完成单点的绘制，结果如图3-115
所示。命令行提示如下。

图3-114　选择命令　　　　图3-115　绘制单点

```
命令：_point↙                                        //调用【点】命令
当前点模式：  PDMODE=33   PDSIZE=0.0000
指定点：                                     //选择任意坐标作为点的位置
```

3.3.3 多点

绘制多点是指执行一次命令后可以连续指定多个点，直到按Esc键结束命令。

a. 执行方式

执行【多点】命令的方法有以下几种。

➢ 功能区：在【默认】选项卡中，单击【绘图】面板中的【多点】按钮，如图3-116所示。

➢ 菜单栏：选择菜单【绘图】|【点】|【多点】命令，如图3-117所示。

b. 操作步骤

执行上述任意一种方法后，在绘图区域任意6个位置单击，按Esc键退出，即可完成多点的绘制，结果如图3-118所示。命令行提示如下。

图3-116 单击按钮　　　图3-117 选择命令　　　图3-118 绘制多点

```
命令：_point↙                                    //调用【多点】命令
当前点模式：  PDMODE=33  PDSIZE=0.0000          //在任意6个位置单击
指定点：*取消*                                   //按Esc键取消多点绘制
```

3.3.4 定数等分

定数等分是将对象按指定的数量分为等长的多段，在等分位置生成点。被等分的对象可以是直线、圆、圆弧和多段线等实体。

a. 执行方式

执行【定数等分】命令的方法有以下几种。

➢ 功能区：在【默认】选项卡中，单击【绘图】面板中的【定数等分】按钮，如图3-119所示。

➢ 菜单栏：选择菜单【绘图】|【点】|【定数等分】命令，如图3-120所示。

➢ 命令行：DIVIDE或DIV。

图3-119 单击按钮　　　　图3-120 选择命令

b. 操作步骤

执行上述任意一种方法后，调用【定数等分】命令，操作结果如图3-121所示。命令行提示如下。

```
命令: DIV↙                        //调用【定数等分】命令
DIVIDE
选择要定数等分的对象:             //选择对象
输入线段数目或 [块(B)]: 5         //指定等分数目
```

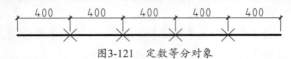

图3-121　定数等分对象

c.延伸讲解：在等分点插入图块

在执行【定数等分】操作时，可以在等分点插入指定的图块，如图3-122所示。命令行操作如下。

```
命令: DIV↙                        //调用【定数等分】命令
DIVIDE
选择要定数等分的对象:             //选择对象
输入线段数目或 [块(B)]: B↙       //选择【块】选项
输入要插入的块名: 开关↙          //输入块名称
是否对齐块和对象? [是(Y)/否(N)] <Y>:  //按Enter键
输入线段数目: 5↙                 //输入数目
```

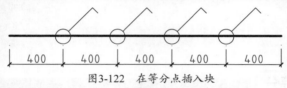

图3-122　在等分点插入块

【练习3-10】：绘制电热元件	
	介绍绘制电热元件的方法，难度：☆
	素材文件路径：素材\第3章\3-10 绘制电热元件.dwg
	效果文件路径：素材\第3章\3-10 绘制电热元件-OK.dwg
	视频文件路径：视频\第3章\3-10 绘制电热元件.MP4

电热元件产品类别繁多，常规品种有电热合金、电热材料、微波加热装置、电磁感应热装置、电热线、电热板、电热带、电热缆、电热盘、电热偶、电加热圈、电热棒、电伴热带、电加热芯、云母发热片、陶瓷发热片、钨钼制品、硅碳棒、钼粉、钨条、电热丝、网带等。在设计图中用加了4根竖线的电阻符号表示电热元件。

01 打开本书配备资源中的"素材\第3章\3-10 绘制电热元件.dwg"文件。

02 单击【绘图】面板中的【定数等分】按钮，将矩形上侧边等分为5份，命令行操作如下。

```
命令: divide ↙                   //调用【定数等分】命令
选择要定数等分的对象:             //选择矩形上侧边
输入线段数目或 [块(B)]:5↙        //输入等分数量，等分结果如图3-123所示
```

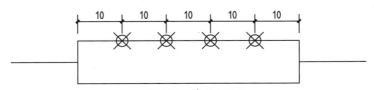

图3-123　等分上侧边

03 单击【绘图】面板中的【定数等分】按钮⬚，将矩形下侧边等分为5份，结果如图3-124所示。

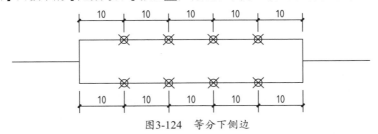

图3-124　等分下侧边

04 调用L【直线】命令，绘制各等分点连接线，完成加热元件图例的绘制，如图3-125所示。

图3-125　最终结果

3.3.5　定距等分

定距等分是将对象分为长度为定值的多段，在等分位置生成点。

a. 执行方式

执行【定距等分】命令的方法有以下几种。

➢ 功能区：在【默认】选项卡中，单击【绘图】面板中的【定距等分】按钮⬚，如图3-126所示。

➢ 菜单栏：选择菜单【绘图】|【点】|【定距等分】命令，如图3-127所示。

➢ 命令行：MEASURE或ME。

图3-126　单击按钮　　　　图3-127　选择命令

b. 操作步骤

执行上述任意一种方法后，调用【定距等分】命令，命令行提示如下。

```
命令：ME↙                      //调用【定距等分】命令
MEASURE
选择要定距等分的对象：          //选择对象
指定线段长度或 [块(B)]：300↙    //输入长度值
```

3.3.6 四联开关

开关的词语解释为开启和关闭。指一个可以使电路开路、使电流中断或使其流到其他电路的电子元件。最常见的开关是让人操作的机电设备，其中有一个或数个电子接点。

接点的闭合表示电子接点导通，允许电流流过。开关的开路表示电子接点不导通形成开路，不允许电流流过。

图3-128和图3-129所示为常见的四联开关、单联开关。

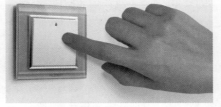

图3-128　四联开关　　　　图3-129　单联开关

【练习3-11】：　绘制四联开关	
	介绍绘制四联开关的方法，难度：☆
	素材文件路径：　素材\第3章\3-11 绘制四联开关.dwg
	效果文件路径：　素材\第3章\3-11 绘制四联开关-OK.dwg
	视频文件路径：　视频\第3章\3-11 绘制四联开关.MP4

下面介绍绘制四联开关的操作步骤。

01 打开本书配备资源中的"素材\第3章\3-11 绘制四联开关.dwg"文件，如图3-130所示。

02 单击【绘图】面板中的【定距等分】按钮，对斜线段进行等分，命令行操作如下。

```
命令：measure↙                          //启动【定距等分】命令
选择要定距等分的对象：                    //选择右上角直线
指定线段长度或 [块(B)]:10↙              //设置等分距为10，等分结果如图3-131所示
```

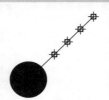

图3-130　打开素材　　　　图3-131　定距等分

03 调用O【偏移】命令，将等分直线向下偏移10，如图3-132所示。

04 调用L【直线】命令，在各点处绘制长度为10的垂直线，结果如图3-133所示。

05 调用E【删除】命令，删除辅助直线，结果如图3-134所示。

06 按Enter键，重复调用E【删除】命令，删除等分点，四联开关的绘制结果如图3-135所示。

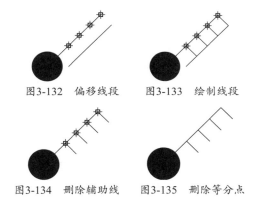

图3-132　偏移线段　　　图3-133　绘制线段

图3-134　删除辅助线　　　图3-135　删除等分点

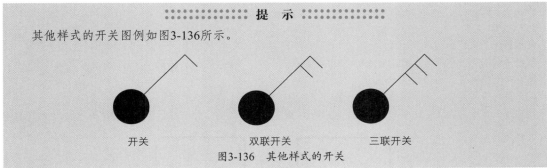

·········· **提　示** ··········

其他样式的开关图例如图3-136所示。

开关　　　　　　双联开关　　　　　三联开关

图3-136　其他样式的开关

3.4　绘制多边形类图形

在AutoCAD中，常常利用矩形和多边形图形的轮廓。本节介绍绘制矩形、多边形的方法与技巧。

3.4.1　矩形

在AutoCAD中绘制矩形，可以为其设置倒角、圆角，以及宽度和厚度等参数。

a. 执行方式

执行【矩形】命令的方法有以下几种。

➢ 功能区：在【默认】选项卡中，单击【绘图】面板中的【矩形】按钮▭，如图3-137所示。

➢ 菜单栏：选择菜单【绘图】|【矩形】命令，如图3-138所示。

➢ 命令行：RECTANG或REC。

图3-137　单击按钮

图3-138　选择命令

b. 操作步骤

执行上述任意一种方法后，调用【矩形】命令，绘制矩形如图3-139所示。命令行提示如下。

```
命令：REC↙                                         //调用【矩形】命令
RECTANG
指定第一个角点或 [倒角(C)/标高(E)/圆角(F)/厚度(T)/宽度(W)]：
指定另一个角点或 [面积(A)/尺寸(D)/旋转(R)]：           //指定对角点，绘制矩形
```

c. 选项说明

在执行【矩形】命令的过程中，命令行中各选项的含义如下。

➢ 倒角（C）：绘制一个带倒角的矩形，如图3-140所示。命令行提示如下。

```
命令：REC↙                                         //调用【矩形】命令
RECTANG
指定第一个角点或 [倒角(C)/标高(E)/圆角(F)/厚度(T)/宽度(W)]：C↙   //选择【倒角】选项
指定矩形的第一个倒角距离 <0.0000>：100↙              //输入距离值
指定矩形的第二个倒角距离 <100.0000>：                //按Enter键
指定第一个角点或 [倒角(C)/标高(E)/圆角(F)/厚度(T)/宽度(W)]：
指定另一个角点或 [面积(A)/尺寸(D)/旋转(R)]：           //指定对角点，绘制矩形
```

 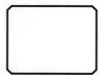

图3-139　绘制矩形　　　　图3-140　绘制倒角矩形

➢ 标高（E）：矩形的高度。默认情况下，矩形在x、y平面内。一般用于三维绘图。

➢ 圆角（F）：绘制带圆角的矩形，如图3-141所示。命令行提示如下。

```
命令：REC↙                                         //调用【矩形】命令
RECTANG
指定第一个角点或 [倒角(C)/标高(E)/圆角(F)/厚度(T)/宽度(W)]：F↙   //选择【圆角】选项
指定矩形的圆角半径 <0.0000>：100↙                    //输入半径值
指定第一个角点或 [倒角(C)/标高(E)/圆角(F)/厚度(T)/宽度(W)]：
指定另一个角点或 [面积(A)/尺寸(D)/旋转(R)]：           //指定对角点，绘制矩形
```

➢ 厚度（T）：矩形的厚度，该选项一般用于三维绘图，如图3-142所示。命令行提示如下。

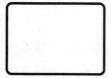　　　　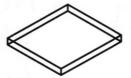

图3-141　绘制圆角矩形　　　图3-142　设置矩形的厚度

```
命令：REC↙                                         //调用【矩形】命令
RECTANG
指定第一个角点或 [倒角(C)/标高(E)/圆角(F)/厚度(T)/宽度(W)]：T↙   //选择【厚度】选项
指定矩形的厚度 <0.0000>：100↙                        //输入参数值
```

指定第一个角点或 [倒角(C)/标高(E)/圆角(F)/厚度(T)/宽度(W)]:
指定另一个角点或 [面积(A)/尺寸(D)/旋转(R)]: //指定对角点，绘制矩形

➤ 宽度（W）：定义矩形的宽度。

3.4.2 正多边形

正多边形是由3条或3条以上长度相等的线段首尾相接形成的闭合图形，其边数范围值为3～1024。图3-143所示为各种正多边形效果。

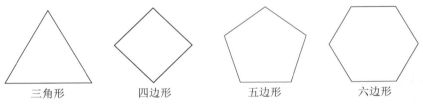

图3-143 各种正多边形效果

a. 执行方式

执行【多边形】命令的方法有以下几种。

➤ 功能区：在【默认】选项卡中，单击【绘图】面板中的【多边形】按钮，如图3-144所示。
➤ 菜单栏：选择菜单【绘图】|【多边形】命令，如图3-145所示。
➤ 命令行：POLYGON或POL。

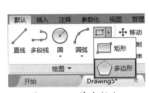

图3-144 单击按钮　　　图3-145 选择命令

b. 操作步骤

执行上述任意一种方法后，调用【多边形】命令，命令行提示如下。

命令：POLYGON↙ //执行【多边形】命令
输入侧面数 <4>: //指定多边形的边数，默认状态为四边形
指定正多边形的中心点或 [边(E)]: //确定多边形的一条边来绘制正多边形，由边数和边长确定
输入选项 [内接于圆(I)/外切于圆(C)] <I>: //选择正多边形的创建方式
指定圆的半径: //指定创建正多边形时的内接于圆或外切于圆的半径

c. 选项说明

在执行【多边形】命令的过程中，命令行中部分选项的含义如下。

➤ 中心点：通过指定正多边形中心点的方式来绘制正多边形。
➤ 内接于圆（I）：表示以指定正多边形内接圆形半径的方式来绘制正多边形，如图3-146所示。

➤ 外切于圆（C）：表示以指定正多边形外切圆半径的方式来绘制正多边形，如图3-147所示。

➤ 边（E）：通过指定多边形边的方式来绘制正多边形。该方式将通过边的数量和长度确定正多边形，如图3-148所示。

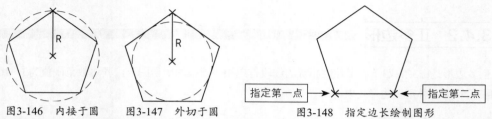

图3-146　内接于圆　　　图3-147　外切于圆　　　图3-148　指定边长绘制图形

【练习3-12】：绘制三角启动器

介绍绘制三角启动器的方法，难度：☆☆
素材文件路径：无
效果文件路径：素材\第3章\3-12 绘制三角启动器-OK.dwg
视频文件路径：视频\第3章\3-12 绘制三角启动器.MP4

下面介绍绘制三角启动器的操作步骤。

01 新建一个空白文档。单击【绘图】面板中的【矩形】按钮▭，在绘图区域中捕捉任一点为起点，绘制1200×1600的矩形，如图3-149所示。

02 单击【绘图】面板中的【直线】按钮╱，连接矩形4个顶点，如图3-150所示。

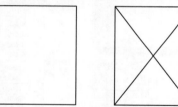

图3-149　绘制矩形　　图3-150　绘制对角线

03 单击【绘图】面板中的【圆】按钮⊙，捕捉任一点为圆心，绘制一个半径为300的圆，如图3-151所示。

04 单击【绘图】面板中的【多边形】按钮⬡，捕捉圆心，绘制圆的内接三角形，如图3-152所示。

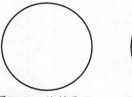

图3-151　绘制圆形　　　图3-152　绘制三角形

05 单击【绘图】面板中的【直线】按钮╱，捕捉圆心，以圆心为起点，连接三角形各个顶点，如图3-153所示。

06 单击【修改】面板中的【移动】按钮✥，将上面绘制好的图形移动到矩形内部，如图3-154所示。

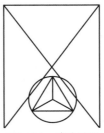

图3-153　绘制线段　　　　　图3-154　移动图形

07 单击【修改】面板中的【修剪】按钮 ⚊，修剪矩形内部的连接线，如图3-155所示。

08 单击【修改】面板中的【删除】按钮 ✎，删除圆形及多余的线段，如图3-156所示。三角启动器绘制完成。

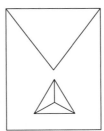

图3-155　修剪线段　　　　　图3-156　最终结果

3.5　思考与练习

1. 选择题

（1）绘制定数等分点的快捷键为（　　）。

A. DIV　　　　　　　　B. ME　　　　　　　　C. L　　　　　　　　D. CHA

（2）绘制定距等分点时，除了选择要定距等分的对象外，还需要设置的参数是（　　）。

A. 指定线段长度　　　　B. 指定等分点的数目

C. 指定等分点的大小　　D. 指定等分点的类型

（3）【直线】命令相对应的工具按钮为（　　）。

A. ↗　　　　　　　　B. ↗　　　　　　　　C. ↗　　　　　　　　D. ∼

（4）设置圆环样式的命令是（　　）。

A. FILTER　　　　　　B. FIND　　　　　　　C. FLATSHOT　　　　D. FILL

（5）调用C【圆】命令，命令行中显示（　　）种绘制方法。

A. 3　　　　　　　　　B. 4　　　　　　　　　C. 5　　　　　　　　D. 6

（6）【多段线】命令的快捷键是（　　）。

A. ML　　　　　　　　B. SPL　　　　　　　　C. PL　　　　　　　　D. XL

（7）调用（　　）命令，可以创建通过或接近指定点的平滑曲线。

A. 样条曲线　　　　　　B. 多段线　　　　　　　C. 多线　　　　　　　D. 椭圆弧

（8）打开【多线编辑工具】对话框的方法为（　　）。

A. 双击多线　　　　　　　B. 选择菜单【格式】|【多线样式】命令

C. 选择多线，右击　　　　D. 选择菜单【修改】|【对象】|【多线】命令

（9）按（　　）快捷键，可以打开【特性】面板。

A. Ctrl+1　　　　　　　　B. Ctrl+2　　　　　　　　C. Ctrl+A　　　　　　　　D. Ctrl+B

（10）在设置图案填充参数时，需要设置的参数有（　　）。

A. 图案样式　　　　　　　B. 填充比例　　　　　　　C. 填充角度　　　　　　　D. 填充颜色

2. 操作题

三相自耦变压器是指原绕组和副绕组间除了有磁的联系外，还有电联系的变压器，三相自耦变压器与普通变压器的工作原理基本相同。通过绘制如图3-157所示的三相自耦变压器图形，主要学习【多段线】、【复制】以及【直线】命令的应用方法。

提示步骤如下。

（1）新建一个空白文档。调用PL【多段线】命令，绘制多段线，如图3-158所示。

（2）调用CO【复制】命令，复制多段线，如图3-159所示。

（3）调用L【直线】命令，绘制直线，如图3-160所示。

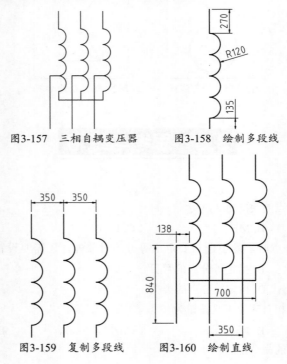

图3-157　三相自耦变压器　　　图3-158　绘制多段线

图3-159　复制多段线　　　图3-160　绘制直线

前面章节学习了各种图形对象的绘制方法，为了创建图形的更多细节特征以及提高绘图的效率，AutoCAD 2018提供了许多编辑命令，常用的有【移动】、【复制】、【修剪】、【倒角】、【圆角】等。本章讲解这些命令的使用方法，以进一步提高用户绘制复杂图形的能力。使用这些编辑命令，能够方便地改变图形的大小、位置、方向、数量及形状，从而绘制出更为复杂的图形。

04

第 4 章
编辑图形

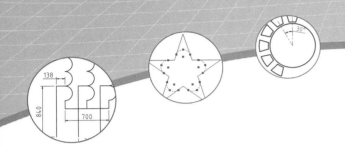

4.1　选择对象的方法

在编辑图形之前，首先选择需要编辑的图形。AutoCAD 2018提供了多种选择对象的基本方法，如点选、窗口、窗交、圈围、圈交、栏选等。

在命令行中输入SELECT并按Enter键，然后输入【？】，命令行提示如下。

```
命令：SELECT↙
选择对象：？
需要点或  窗口(W)/上一个(L)/窗交(C)/框(BOX)/全部(ALL)/栏选(F)/圈围(WP)/圈交(CP)/编组
(G)/添加(A)/删除(R)/多个(M)/前一个(P)/放弃(U)/自动(AU)/单个(SI)/子对象(SU)/对象(O)
```

命令行中提供了多种选择方式，其中部分选项讲解如下。

4.1.1　点选

AutoCAD 2018中，最简单、最快捷的选择对象的方法是使用鼠标单击。在未对任何对象进行编辑时，使用鼠标单击对象，如图4-1所示，被选中的目标将显示相应的夹点。如果是在编辑过程中选择对象，十字光标显示为□形状，被选择的对象则亮显。

图4-1　单击选择对象

提 示

使用鼠标单击选择对象可以快速完成对象选择。但是，这种选择方式的缺点是一次只能选择图中的某一实体。如果要选择多个实体，则需依次单击各个对象对其进行逐个选择。如果要取消选择其中的某些对象，可以在按住Shift键的同时单击要取消选择的对象，如图4-2所示。

图4-2　选择多个对象

4.1.2 窗口与窗交

窗选对象是通过拖动生成一个矩形区域（长按住鼠标左键生成套索区域），将区域内的对象选择。根据拖动方向的不同，窗选又分为窗口选择和窗交选择两种方法。

1. 窗口选择对象

窗口选择对象是按住鼠标左键向右上方或右下方拖动，此时绘图区域将会出现一个实线的矩形框，如图4-3所示。释放鼠标左键后，全部处于矩形范围内的对象将被选中，如图4-4所示的虚线部分为被选择的部分。

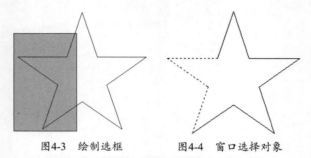

图4-3　绘制选框　　　　　图4-4　窗口选择对象

2. 窗交选择对象

窗交选择对象是按住鼠标左键向左上方或左下方拖动，此时绘图区域将出现一个虚线的矩形框，如图4-5所示。释放鼠标左键后，部分或全部在矩形内的对象都将被选中，如图4-6所示的虚线部分为被选择的部分。

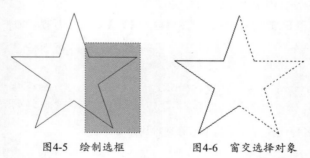

图4-5　绘制选框　　　　　图4-6　窗交选择对象

4.1.3 圈围与圈交

围选对象是根据需要自行绘制不规则的选择范围，包括圈围和圈交两种方法。

1. 圈围对象

圈围对象是一种多边形窗口选择方法，与窗口选择对象的方法类似，不同的是圈围对象可以构造任意形状的多边形，如图4-7所示。全部包含在多边形区域内的对象才能被选中，如图4-8所示的虚线部分为被选择的部分。

在命令行中输入SELECT并按Enter键，再输入WP并按Enter键，即可进入【圈围】模式。

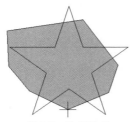

图4-7　绘制选框　　　　　　　图4-8　圈围对象

2. 圈交对象

圈交对象是一种多边形窗交选择方法，与窗交选择对象的方法类似，不同的是圈交对象使用多边形边界选择图形，如图4-9所示。部分或全部处于多边形范围内的图形都被选中，如图4-10所示的虚线部分为被选择的部分。

在命令行中输入SELECT并按Enter键，再输入CP并按Enter键，即可进入【圈交】模式。

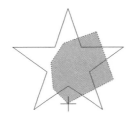

图4-9　绘制选框　　　　图4-10　圈交对象

4.1.4　栏选

栏选对象即在选择对象时拖出任意折线，如图4-11所示。凡是与折线相交的对象均被选中，如图4-12所示中的虚线部分为被选择的部分。使用该方法选择连续性对象非常方便，但栏选线不能封闭与相交。

在命令行中输入SELECT并按Enter键，再输入F并按Enter键，即可进入【栏选】模式。

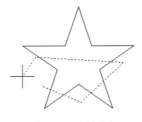

图4-11　绘制选框　　　　图4-12　栏选对象

4.1.5　快速选择

快速选择可以根据对象的图层、线型、颜色、图案填充等特性选择对象，从而可以准确快速地从复杂的图形中选择满足某种特性的图形对象。

选择菜单【工具】|【快速选择】命令，如图4-13所示，弹出【快速选择】对话框，如图4-14所示。用户可以根据要求设置选择范围，单击【确定】按钮，完成选择操作。

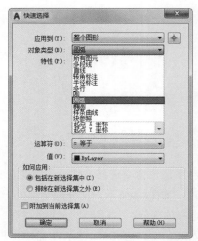

图4-13　选择命令　　　　图4-14　【快速选择】对话框

若要选择如图4-15所示的圆弧，除了手动选择的方法外，就可以利用快速选择工具来进行选取。选择菜单【工具】|【快速选择】命令，弹出【快速选择】对话框，在【对象类型】下拉列表框中选择【圆弧】选项，单击【确定】按钮，选择结果如图4-16所示。

图4-15　原始图形　　　　图4-16　选择圆弧

4.2　复制图形

一张电气设计图纸中会有很多形状完全相同的图形，如开关、电灯，使用AutoCAD提供的【复制】、【偏移】、【镜像】、【阵列】等命令，可以快速创建这些相同的对象。

4.2.1　复制对象

【复制】命令是指在不改变图形大小、方向的前提下，重新生成一个或多个与原对象一模一样的图形。在命令执行过程中，配合坐标、对象捕捉、栅格捕捉等其他工具，可以精确复制图形。

a. 执行方式

执行【复制】命令的方法有以下几种。

➢ 功能区：在【默认】选项卡中，单击【修改】面板中的【复制】按钮▫▫，如图4-17所示。

➢ 菜单栏：选择菜单【修改】|【复制】命令，如图4-18所示。

➢ 命令行：COPY、CO或CP。

图4-17 单击按钮　　　　图4-18 选择命令

b. 操作步骤

在复制过程中，首先要确定复制的基点，然后通过指定目标点位置与基点位置的距离来复制图形。使用【复制】命令可以将同一个图形连续复制多份，直到按Esc键终止复制操作。

执行上述任意一种方法后，调用【复制】命令，操作过程如图4-19所示。命令行提示如下。

```
命令：_copy↙                                          //执行【复制】命令
选择对象：                                            //选择要复制的对象
指定基点或 [位移(D)/模式(O)] <位移>：                  //指定复制基点
指定第二个点或 [阵列(A)] <使用第一个点作为位移>：       //指定目标点
指定第二个点或 [阵列(A)/退出(E)/放弃(U)] <退出>：       //按Enter键结束操作
```

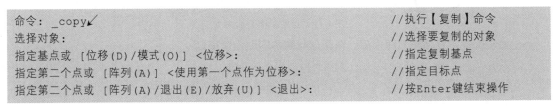

图4-19 复制对象

c. 选项说明

在执行【复制】命令的过程中，命令行中各选项的含义如下。

➢ 位移（D）：使用坐标值指定复制的位移矢量。

➢ 模式（O）：用于控制是否自动重复该命令。激活该选项后，当命令行提示【输入复制模式选项 [单个（S）/多个（M）] <多个>：】时，默认模式为【多个（M）】，即自动重复【复制】命令；若选择【单个（S）】选项，则执行一次复制操作，只创建一个对象副本。

➢ 阵列（A）：快速复制对象以呈现出指定项目数的效果，如图4-20所示。命令行提示如下。

```
命令：CO↙                                             //调用【复制】命令
COPY
选择对象：找到 1 个                                    //选择对象
当前设置：复制模式 = 多个
指定基点或 [位移(D)/模式(O)] <位移>：                  //指定基点
指定第二个点或 [阵列(A)] <使用第一个点作为位移>：A      //选择【阵列】选项
输入要进行阵列的项目数：5                              //输入数目
指定第二个点或 [布满(F)]：                             //指定第二个点，复制图形
```

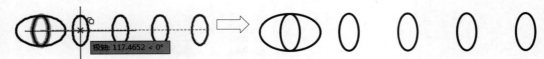

图4-20　阵列复制对象

d. 操作技巧：精确指定副本对象的位置

执行命令的过程中，命令行提示【指定第二个点】。此时除了单击鼠标左键指定第二个点外，还可以在命令行中输入距离参数，精确指定副本对象的位置，如图4-21所示。

图4-21　指定距离复制对象

e. 初学解答：复制粘贴图形后，源图形与副本图形相隔很远

正常情况下，按Ctrl+C快捷键，复制图形后再粘贴图形，光标位于所复制图形的左下角，这种情况方便指定粘贴位置。但有时会出现复制图形粘贴后总是离光标很远，不知情的用户还会认为无法使用复制粘贴命令。

其实我们可以使用基点复制粘贴的方式完成操作。

在命令行中输入COPY命令后按Enter键，然后在绘图区域选择需要复制的对象后按Enter键。

系统提示【COPY指定基点或［位移（D）/模式（O）］<位移>：】，在绘图区域捕捉圆心作为基点，如图4-22所示。

此时十字光标在圆心位置，将十字光标移动到放置位置单击或输入放置点的坐标后按Enter键，此时图形将以圆心为位置点放置在单击位置或输入的坐标位置，如图4-23所示。

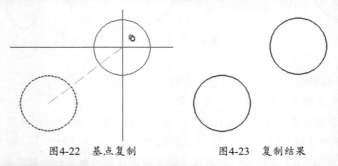

图4-22　基点复制　　　　　图4-23　复制结果

【练习4-1】： 复制接触器　　　　　　　　　　　　📖📖

介绍复制接触器的方法，难度：☆
🔴 素材文件路径：素材\第4章\4-1 复制接触器.dwg
🔵 效果文件路径：素材\第4章\4-1 复制接触器-OK.dwg
⬇ 视频文件路径：视频\第4章\4-1 复制接触器.MP4

接触器指利用线圈流过电流产生磁场，使触头闭合，以达到控制负载的电器。因为可快速切断交流与直流主回路和可频繁地接通与大电流控制电路的装置，所以经常运用于电动机作为控制对象，也可控制工厂设备、电热器、工作母机和各样电力机组等电力负载，并作为远距离控制

装置。

01 单击快速访问工具栏中的【打开】按钮，打开本书配备资源中的"素材\第4章\4-1 复制接触器.dwg"文件，如图4-24所示。

02 单击【修改】面板中的【复制】按钮圆，复制图形，如图4-25所示。命令行操作如下。

```
命令：_copy↙                                    //调用【复制】命令
选择对象：指定对角点：找到 4 个                    //选择左侧接触器图形
选择对象：
当前设置：复制模式 = 多个
指定基点或 [位移(D)/模式(O)] <位移>：              //指定水平直线左端点
指定第二个点或 [阵列(A)] <使用第一个点作为位移>：   //指定水平直线右端点，按Enter键结束
```

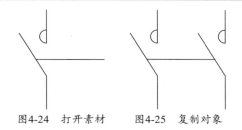

图4-24 打开素材   图4-25 复制对象

4.2.2 偏移对象

使用【偏移】命令可以创建与源对象成一定距离的形状相同或相似的新图形对象。可以进行偏移的图形对象包括直线、曲线、多边形、圆、圆弧等。

a. 执行方式

执行【偏移】命令的方法有以下几种。

➢ 功能区：在【默认】选项卡中，单击【修改】面板中的【偏移】按钮圆，如图4-26所示。

➢ 菜单栏：选择菜单【修改】|【偏移】命令，如图4-27所示。

➢ 命令行：OFFSET或O。

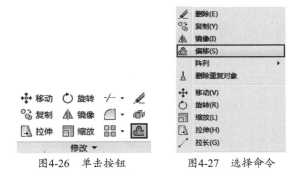

图4-26 单击按钮   图4-27 选择命令

b. 操作步骤

【偏移】操作需要输入的参数有偏移的源对象、偏移距离和偏移方向。只要在需要偏移的一侧的任意位置单击即可确定偏移方向，也可以指定偏移对象通过已知的点。

执行上述任意一种方法后，调用【偏移】命令，操作过程如图4-28所示。命令行提示如下。

命令：O✓   //调用【偏移】命令

OFFSET

当前设置：删除源=否   图层=源   OFFSETGAPTYPE=0

指定偏移距离或 [通过(T)/删除(E)/图层(L)] <50.0000>： 10   //输入距离参数

选择要偏移的对象，或 [退出(E)/放弃(U)] <退出>：   //选择对象

指定要偏移的那一侧上的点，或 [退出(E)/多个(M)/放弃(U)] <退出>：   //指定偏移位置

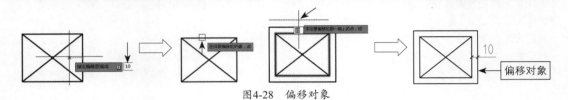

图4-28　偏移对象

c.选项说明

在执行【偏移】命令的过程中，命令行中各选项的含义如下。

- ➤ 通过（T）：指定一个通过点定义偏移的距离和方向。
- ➤ 删除（E）：偏移源对象后将其删除。
- ➤ 图层（L）：确定将偏移对象创建在当前图层上还是源对象所在的图层上。

【练习4-2】：绘制综合布线配线架	
	介绍绘制综合布线配线架的方法，难度：☆
	素材文件路径：无
	效果文件路径：素材\第4章\4-2 绘制综合布线配线架-OK.dwg
	视频文件路径：视频\第4章\4-2 绘制综合布线配线架.MP4

下面介绍绘制综合布线配线架的操作步骤。

01 单击【绘图】面板中的【矩形】按钮▭，绘制长为570、宽为460的矩形，如图4-29所示。

02 调用X【分解】命令，将刚绘制的矩形分解；调用O【偏移】命令，将矩形的长边向内偏移72，将短边向内偏移140，结果如图4-30所示。

03 调用L【直线】命令，连接内部矩形的四角，如图4-31所示。

04 调用TR【修剪】命令，修剪多余线段，如图4-32所示。

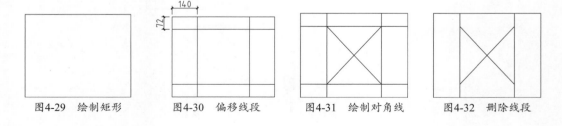

图4-29　绘制矩形　　　图4-30　偏移线段　　　图4-31　绘制对角线　　　图4-32　删除线段

4.2.3　镜像对象

【镜像】命令是指将图形绕指定轴（镜像线）镜像复制，常用于绘制结构规则且有对称特点的图形。AutoCAD 2018通过指定临时镜像线镜像对象，镜像时可选择删除或保留源对象。

a. 执行方式

执行【镜像】命令的方法有以下几种。

➢ 功能区：在【默认】选项卡中，单击【修改】面板中的【镜像】按钮▲▲，如图4-33所示。

➢ 菜单栏：选择菜单【修改】|【镜像】命令，如图4-34所示。

➢ 命令行：MIRROR或MI。

图4-33　单击按钮　　　　　　图4-34　选择命令

b. 操作步骤

执行上述任意一种方法后，调用【镜像】命令，操作过程如图4-35所示。命令行提示如下。

命令: MI↙	//调用【镜像】命令
MIRROR	
选择对象: 找到 1 个	//选择对象
选择对象: 指定镜像线的第一点:	//指定第一点
指定镜像线的第二点:	//指定第二点
要删除源对象吗? [是(Y)/否(N)] <否>: N↙	//选择【否】选项

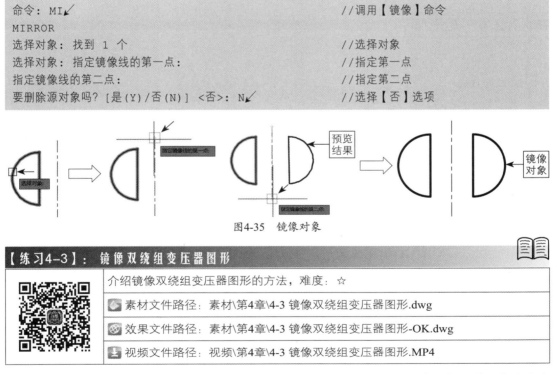

图4-35　镜像对象

【练习4-3】：　镜像双绕组变压器图形

	介绍镜像双绕组变压器图形的方法，难度：☆
	素材文件路径：素材\第4章\4-3 镜像双绕组变压器图形.dwg
	效果文件路径：素材\第4章\4-3 镜像双绕组变压器图形-OK.dwg
	视频文件路径：视频\第4章\4-3 镜像双绕组变压器图形.MP4

　　双绕组是变压器包括两组绕有导线的线圈，并且彼此以电感方式耦合在一起。当一交流电流（具有某一已知频率）流入其中的一组线圈时，在另一组线圈中将感应到具有相同频率的交流电压。双绕组变压器用于连接电力系统中的两个电压等级。

01 单击快速访问工具栏中的【打开】按钮，打开本书配备资源中的"素材\第4章\4-3 镜像双绕组变压器图形.dwg"文件，如图4-36所示。

02 单击【修改】面板中的【镜像】按钮🔺，镜像图形，如图4-37所示。命令行操作如下。

```
命令：MIRROR ✓                                        //调用【镜像】命令
选择对象：指定对角点：找到 6 个                        //选择左侧图形
选择对象：指定镜像线的第一点：指定镜像线的第二点：       //指定中间垂直直线上下端点
要删除源对象吗？[是(Y)/否(N)] <N>：                    //按Enter键结束
```

图4-36　打开素材　　　图4-37　操作结果

:::::::::::::::: 提 示 ::::::::::::::::::

对于水平或垂直的对称轴，更简便的方法是使用【正交】功能。确定了对称轴的第一点后，打开正交开关。此时光标只能在经过第一点的水平或垂直路径上移动，此时任取一点作为对称轴上的第二点即可。

4.2.4　矩形阵列

矩形阵列是按照矩形排列方式创建多个对象的副本。

a. 执行方式

执行【矩形阵列】命令的方法有以下几种。

➤ 功能区：在【默认】选项卡中，单击【修改】面板中的【矩形阵列】按钮🔳，如图4-38所示。

➤ 菜单栏：选择菜单【修改】|【阵列】|【矩形阵列】命令，如图4-39所示。

➤ 命令行：ARRAYRECT。

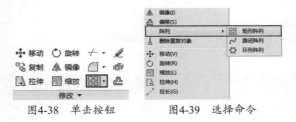

图4-38　单击按钮　　　　图4-39　选择命令

b. 操作步骤

矩形阵列可以控制行数、列数以及行距和列距，或添加倾斜角度。

执行上述任意一种方法后，调用【矩形阵列】命令，进入【阵列创建】选项卡，如图4-40所示。

图4-40　【阵列创建】选项卡

阵列复制图形的结果如图4-41所示。命令行操作如下。

```
命令: _arrayrect↙                                    //调用【矩形阵列】命令
选择对象: 指定对角点: 找到 3 个                        //选择对象
选择对象:
类型 = 矩形   关联 = 是
选择夹点以编辑阵列或  [关联(AS)/基点(B)/计数(COU)/间距(S)/列数(COL)/行数(R)/层数(L)/
退出(X)] <退出>: COU↙                                //输入COU,选择【计数】选项
输入列数或  [表达式(E)] <4>: 3↙                        //设置列数
输入行数或  [表达式(E)] <3>: 3↙                        //设置行数
选择夹点以编辑阵列或  [关联(AS)/基点(B)/计数(COU)/间距(S)/列数(COL)/行数(R)/层数(L)/
退出(X)] <退出>: S↙                                   //输入S,选择【间距】选项
指定列之间的距离或  [单位单元(U)] <34.7093>: 121↙       //设置列间距
指定行之间的距离  <34.7093>:108↙                       //设置行间距
选择夹点以编辑阵列或  [关联(AS)/基点(B)/计数(COU)/间距(S)/列数(COL)/行数(R)/层数(L)/
退出(X)] <退出>:                                      //按Enter键退出命令
```

图4-41 阵列复制对象

c.选项说明

在执行【矩形阵列】命令的过程中,命令行中各选项的含义如下。

➤ 关联（AS）：指定阵列中的对象是关联的还是独立的。

➤ 基点（B）：定义阵列基点。

➤ 计数（COU）：指定行数和列数并使用户在移动光标时可以动态观察结果（一种比【行】和
【列】选项更快捷的方法）。

➤ 间距（S）：指定行间距和列间距并使用户在移动光标时可以动态观察结果。

➤ 列数（OL）：编辑列数和列间距。

➤ 行数（R）：指定阵列中的行数、距离以及行之间的增量标高。

➤ 层数（L）：指定三维阵列的层数、层间距。

【练习4-4】: 矩形阵列试验接线柱

介绍矩形阵列试验接线柱的方法,难度: ☆

| 素材文件路径: 素材\第4章\4-4 矩形阵列试验接线柱.dwg |
| 效果文件路径: 素材\第4章\4-4 矩形阵列试验接线柱-OK.dwg |
| 视频文件路径: 视频\第4章\4-4 矩形阵列试验接线柱.MP4 |

试验接线柱指装于功率放大器和音箱上专供与音箱线连接的接线端子,主要由【直线】、
【矩形】、【偏移】、【圆】以及【矩形阵列】命令绘制而成。

01 单击快速访问工具栏中的【打开】按钮，打开本书配备资源中的"素材\第4章\4-4 矩形阵列试验接线柱.dwg"文件，如图4-42所示。

02 单击【修改】面板中的【矩形阵列】按钮▦，矩形阵列图形，如图4-43所示。命令行操作如下。

```
命令: _arrayrect↙                                           //调用【矩形阵列】命令
选择对象: 找到 1 个                                          //选择圆对象
选择对象:
类型 = 矩形  关联 = 是
选择夹点以编辑阵列或 [关联(AS)/基点(B)/计数(COU)/间距(S)/列数(COL)/行数(R)/层数(L)/
退出(X)] <退出>: col↙                                       //选择【列数】选项
输入列数或 [表达式(E)] <4>: 2↙                              //输入列数参数值
指定列数之间的距离或 [总计(T)/表达式(E)] <76.6516>: 365↙    //输入列数距离值
选择夹点以编辑阵列或 [关联(AS)/基点(B)/计数(COU)/间距(S)/列数(COL)/行数(R)/层数(L)/
退出(X)] <退出>: r↙                                         //选择【行数】选项
输入行数或 [表达式(E)] <3>: 4↙                              //输入行数参数值
指定行数之间的距离或 [总计(T)/表达式(E)] <76.6516>: -182.5↙  //输入行距，按Enter键
                                                            结束
```

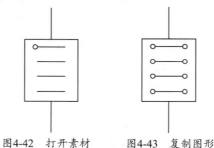

图4-42　打开素材　　　图4-43　复制图形

4.2.5　路径阵列

路径阵列可沿曲线轨迹复制图形，通过设置不同的基点，能够得到不同的阵列结果。

a. 执行方式

执行【路径阵列】命令的方法有以下几种。

➤ 功能区：在【默认】选项卡中，单击【修改】面板中的【路径阵列】按钮▱，如图4-44所示。

➤ 菜单栏：选择菜单【修改】|【阵列】|【路径阵列】命令，如图4-45所示。

➤ 命令行：ARRAYPATH。

图4-44　单击按钮　　　图4-45　选择命令

b. 操作步骤

路径阵列可以控制阵列路径、阵列对象、阵列数量、方向等。

执行上述任意一种方法后，进入【阵列创建】选项卡，如图4-46所示。

图4-46 【阵列创建】选项卡

阵列复制图形的结果如图4-47所示。命令行操作如下。

```
命令: _arraypath↙                                    //调用【路径阵列】命令
选择对象: 找到1个                                     //选择对象
选择对象:
类型 = 路径  关联 = 是
选择路径曲线:                                         //选择路径
选择夹点以编辑阵列或 [关联(AS)/方法(M)/基点(B)/切向(T)/项目(I)/行(R)/层(L)/对齐项目
(A)/z 方向(Z)/退出(X)] <退出>: I↙                   //选择【项目】选项
指定沿路径的项目之间的距离或 [表达式(E)] <9.924>: 15↙   //指定项目间距
最大项目数 = 8                                       //系统自动计算最大项目数
指定项目数或 [填写完整路径(F)/表达式(E)] <8>:          //按Enter键，表示不更改项目数
选择夹点以编辑阵列或 [关联(AS)/方法(M)/基点(B)/切向(T)/项目(I)/行(R)/层(L)/对齐项目
(A)/z 方向(Z)/退出(X)] <退出>:                       //按Enter键，退出命令
```

图4-47 阵列复制对象

c. 选项说明

在执行【路径阵列】命令的过程中，命令行中各选项的含义如下。

➢ 关联（AS）：指定是否创建阵列对象，或者是否创建选定对象的非关联副本。

➢ 方法（M）：控制如何沿路径分布项目，包括定数等分（D）和定距等分（M）。

➢ 基点（B）：定义阵列的基点。路径阵列中的项目相对于基点放置。

➢ 切向（T）：指定阵列中的项目如何相对于路径的起始方向对齐。

➢ 项目（I）：根据【方法】设置，指定项目数或项目之间的距离。

➢ 行（R）：指定阵列中的行数、距离以及行之间的增量标高。

➢ 层（L）：指定三维阵列的层数和层间距。

➢ 对齐项目（A）：指定是否对齐每个项目以与路径的方向相切。对齐是相对于第一个项目的方向。

➢ z方向（Z）：控制是否保持项目的原始z方向或沿三维路径自然倾斜项目。

【练习4-5】: 路径阵列加湿器	
	介绍路径阵列加湿器的方法，难度：☆
	素材文件路径：素材\第4章\4-5 路径阵列加湿器.dwg
	效果文件路径：素材\第4章\4-5 路径阵列加湿器-OK.dwg
	视频文件路径：视频\第4章\4-5 路径阵列加湿器.MP4

　　加湿器是一种增加房间湿度的家用电器。加湿器可以给指定房间加湿，也可以与锅炉或中央空调系统相连给整栋建筑加湿。

01 单击快速访问工具栏中的【打开】按钮，打开本书配备资源中的"素材\第4章\4-5 路径阵列加湿器.dwg"文件，如图4-48所示。

02 单击【修改】面板中的【路径阵列】按钮，路径阵列图形，如图4-49所示。命令行操作如下。

```
命令：_arraypath↙                                    //调用【路径阵列】命令
选择对象：指定对角点：找到 3 个↙                      //选择内部图形
类型 = 路径   关联 = 是
选择路径曲线：↙                                       //选择内部水平直线
选择夹点以编辑阵列或 [关联(AS)/方法(M)/基点(B)/切向(T)/项目(I)/行(R)/层(L)/对齐项目
(A)/Z 方向(Z)/退出(X)] <退出>：↙                      //按Enter键结束
```

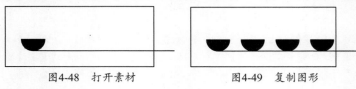

图4-48　打开素材　　　　　　　图4-49　复制图形

4.2.6　环形阵列

　　环形阵列又称为极轴阵列，是以某一点为中心点进行环形复制，阵列结果是阵列对象沿圆周均匀分布。

a. 执行方式

　　执行【环形阵列】命令的方法有以下几种。

➢ 功能区：在【默认】选项卡中，单击【修改】面板中的【环形阵列】按钮，如图4-50所示。

➢ 菜单栏：选择菜单【修改】|【阵列】|【环形阵列】命令，如图4-51所示。

➢ 命令行：ARRAYPOLAR。

图4-50　单击按钮　　　　图4-51　选择命令

b. 操作步骤

　　路径阵列可以设置的参数有阵列的源对象、项目总数、中心点位置和填充角度。

　　执行上述任意一种方法后，进入【阵列创建】选项卡，如图4-52所示。

图4-52　【阵列创建】选项卡

　　阵列复制图形的结果如图4-53所示。命令行操作如下。

```
命令：_arraypolar↙                                           //调用[环形阵列]命令
选择对象：找到 1 个                                           //选择对象
选择对象：
类型 = 极轴  关联 = 是
指定阵列的中心点或 [基点(B)/旋转轴(A)]：                      //指定中心点
选择夹点以编辑阵列或 [关联(AS)/基点(B)/项目(I)/项目间角度(A)/填充角度(F)/行(ROW)/层
(L)/旋转项目(ROT)/退出(X)] <退出>：I↙                        //选择[项目]选项
输入阵列中的项目数或 [表达式(E)] <6>：8↙                     //指定项目数
选择夹点以编辑阵列或 [关联(AS)/基点(B)/项目(I)/项目间角度(A)/填充角度(F)/行(ROW)/层
(L)/旋转项目(ROT)/退出(X)] <退出>：                          //按Enter键，退出命令
```

c. 选项说明

在执行【环形阵列】命令的过程中，命令行中各选项的含义如下。

➤ 基点（B）：指定阵列的基点。

➤ 项目（I）：指定阵列中的项目数。

➤ 项目间角度（A）：设置相邻的项目间的角度，操作结果如图4-54所示。命令行操作如下。

```
命令：_arraypolar↙                                           //调用【环形阵列】命令
选择对象：找到 1 个                                           //选择对象
选择对象：
类型 = 极轴  关联 = 是
指定阵列的中心点或 [基点(B)/旋转轴(A)]：                      //指定中心点
选择夹点以编辑阵列或 [关联(AS)/基点(B)/项目(I)/项目间角度(A)/填充角度(F)/行(ROW)/层
(L)/旋转项目(ROT)/退出(X)] <退出>：A↙                        //选择【项目间角度】选项
指定项目间的角度或 [表达式(EX)] <60>：30↙                    //输入角度值
选择夹点以编辑阵列或 [关联(AS)/基点(B)/项目(I)/项目间角度(A)/填充角度(F)/行(ROW)/层
(L)/旋转项目(ROT)/退出(X)] <退出>：                          //按Enter键，退出命令
```

➤ 填充角度（F）：对象环形阵列的总角度，操作结果如图4-55所示。命令行操作如下。

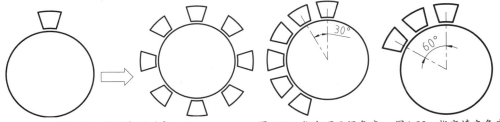

图4-53　阵列复制对象　　　　图4-54　指定项目间角度　　图4-55　指定填充角度

```
命令：_arraypolar↙                                           //调用【环形阵列】命令
选择对象：找到1个                                            //选择对象
选择对象：
类型=极轴  关联=是
指定阵列的中心点或[基点(B)/旋转轴(A)]：                       //指定中心点
选择夹点以编辑阵列或[关联(AS)/基点(B)/项目(I)/项目间角度(A)/填充角度(F)/行(ROW)/层
(L)/旋转项目(ROT)/退出(X)]<退出>：I↙                         //选择【项目】选项
输入阵列中的项目数或[表达式(E)]<6>：3↙                       //输入项目数
```

选择夹点以编辑阵列或[关联(AS)/基点(B)/项目(I)/项目间角度(A)/填充角度(F)/行(ROW)/层
(L)/旋转项目(ROT)/退出(X)] <退出>: F✓　　　　　　　　　//选择【填充角度】选项
指定填充角度(+=逆时针、-=顺时针)或 [表达式(EX)] <360>: 60✓ //设置角度值
选择夹点以编辑阵列或 [关联(AS)/基点(B)/项目(I)/项目间角度(A)/填充角度(F)/行(ROW)/层
(L)/旋转项目(ROT)/退出(X)] <退出>:　　　　　　　　　　　//按Enter键,退出命令

➤ 旋转项目(ROT):控制在阵列项目时是否旋转项目。

【练习4-6】: 环形阵列专用电路事故照明灯 📖📖

介绍环形阵列专用电路事故照明灯的方法,难度: ☆	
🖼 素材文件路径:	素材\第4章\4-6 环形阵列专用电路事故照明灯.dwg
⚙ 效果文件路径:	素材\第4章\4-6 环形阵列专用电路事故照明灯-OK.dwg
⬇ 视频文件路径:	视频\第4章\4-6 环形阵列专用电路事故照明灯.MP4

专用电路的事故照明灯主要用于检修专用电路时使用,在设计图中是通过【圆】、【图案填充】、【多段线】以及【环形阵列】命令绘制而成。

01 单击快速访问工具栏中的【打开】按钮,打开本书配备资源中的"素材\第4章\4-6 环形阵列专用电路事故照明灯.dwg"文件,如图4-56所示。

02 单击【修改】面板中的【环形阵列】按钮⊞,环形阵列图形,如图4-57所示。命令行操作如下。

命令: _arraypolar✓　　　　　　　　　　　　　　//调用【环形阵列】命令
选择对象: 指定对角点: 找到 1 个　　　　　　　　//选择直线对象
选择对象:
类型 = 极轴　关联 = 是
指定阵列的中心点或 [基点(B)/旋转轴(A)]:　　　　//捕捉圆心点
选择夹点以编辑阵列或 [关联(AS)/基点(B)/项目(I)/项目间角度(A)/填充角度(F)/行(ROW)/层
(L)/旋转项目(ROT)/退出(X)] <退出>: i✓　　　　//选择【项目】选项
输入阵列中的项目数或 [表达式(E)] <6>: 4✓　　　//输入项目参数
选择夹点以编辑阵列或 [关联(AS)/基点(B)/项目(I)/项目间角度(A)/填充角度(F)/行(ROW)/层
(L)/旋转项目(ROT)/退出(X)] <退出>:✓　　　　　//按Enter键结束即可

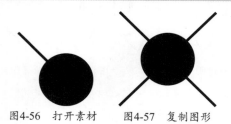

图4-56　打开素材　　　图4-57　复制图形

4.3　改变图形的大小及位置

对于已经绘制好的图形对象,有时需要改变图形的大小以及它们的位置,改变的方式有很多种,例如移动、旋转、拉伸、缩放等。下面将做详细介绍。

4.3.1 移动图形

移动图形是指将图形从一个位置平移到另一个位置，移动过程中图形的大小、形状和角度都不会发生改变。

a. 执行方式

执行【移动】命令的方法有以下几种。

➢ 功能区：在【修改】面板中单击【移动】按钮✛，如图4-58所示。

➢ 菜单栏：选择菜单【修改】|【移动】命令，如图4-59所示。

➢ 命令行：MOVE或M。

图4-58　单击按钮　　　图4-59　选择命令

b. 操作步骤

执行上述任意一种方法后，调用【移动】命令，操作过程如图4-60所示。命令行提示如下。

命令：M↙	//调用【移动】命令
MOVE	
选择对象：找到 1 个	//选择对象
选择对象：	
指定基点或 [位移(D)] <位移>：	//指定基点
指定第二个点或 <使用第一个点作为位移>：	//指定第二点

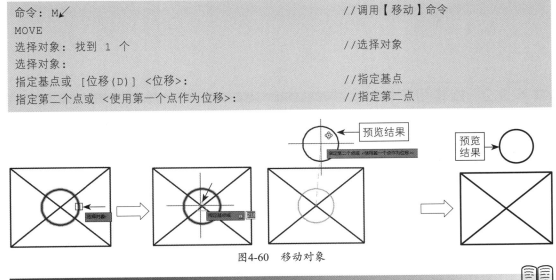

图4-60　移动对象

【练习4-7】： **通过移动修改低压电气图**

介绍通过移动修改低压电气图的方法，难度：☆
📁 素材文件路径：素材\第4章\4-7 通过移动修改低压电气图.dwg
💿 效果文件路径：素材\第4章\4-7 通过移动修改低压电气图-OK.dwg
▶ 视频文件路径：视频\第4章\4-7 通过移动修改低压电气图.MP4

下面介绍通过移动修改低压电气图的操作步骤。

01 单击快速访问工具栏中的【打开】按钮，打开本书配备资源中的"素材\第4章\4-7 通过移动修改低压电气图.dwg"文件，如图4-61所示。

02 单击【修改】面板中的【移动】按钮 ✛，移动图形，如图4-62所示。命令行操作如下。

```
命令：_move↙                                    //调用【移动】命令
选择对象：指定对角点：找到 48 个                 //选择右下方所有图形
选择对象：
指定基点或 [位移(D)] <位移>：                    //捕捉选择图形的左上方端点
指定第二个点或 <使用第一个点作为位移>：@-55,52↙  //输入第二点坐标，完成移动
```

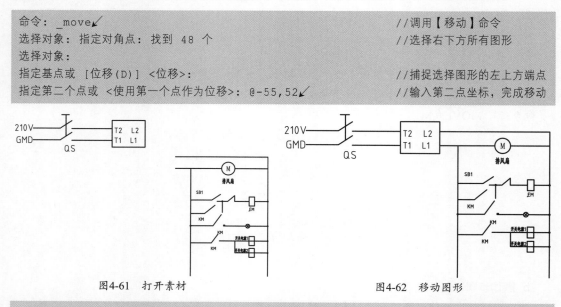

图4-61　打开素材　　　　　　　　　　　　　　　图4-62　移动图形

·············· **注 意** ··············

使用Move【移动】命令移动图形时，将改变图形的实际位置，从而使图形产生物理上的变化；使用Pan【实时平移】命令移动图形时，只能在视觉上调整图形的显示位置，并不能改变图形的显示样式。

4.3.2　旋转图形

旋转图形是将图形绕某个基点旋转一定的角度。

a. 执行方式

执行【旋转】命令的方法有以下几种。

➢ 功能区：单击【修改】面板中的【旋转】按钮 ○，如图4-63所示。

➢ 菜单栏：选择菜单【修改】|【旋转】命令，如图4-64所示。

➢ 命令行：ROTATE或RO。

图4-63　单击按钮　　　　　图4-64　选择命令

b. 操作步骤

执行上述任意一种方法后，调用【旋转】命令，操作过程如图4-65所示。命令行提示如下。

```
命令: RO↙                                              //调用[旋转]命令
ROTATE
UCS 当前的正角方向:  ANGDIR=逆时针   ANGBASE=0
选择对象: 找到 1 个                                      //选择对象
选择对象:
指定基点:                                               //指定旋转基点
指定旋转角度, 或 [复制(C)/参照(R)] <0>:  90↙            //输入角度, 旋转图形
```

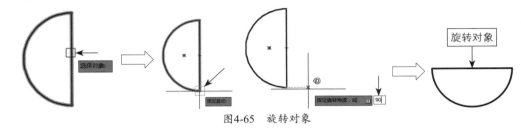

图4-65　旋转对象

c. 选项说明

在执行【旋转】命令的过程中，命令行中各选项的含义如下。

➢ 旋转角度：逆时针旋转的角度为正值，顺时针旋转的角度为负值。

➢ 复制：创建要旋转的对象的副本，即保留源对象，效果如图4-66所示。命令行提示如下。

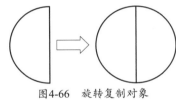

图4-66　旋转复制对象

```
命令: RO↙                                              //调用【旋转】命令
ROTATE
UCS 当前的正角方向:  ANGDIR=逆时针   ANGBASE=0
选择对象: 找到 1 个                                      //选择对象
选择对象:
指定基点:                                               //指定旋转基点
指定旋转角度, 或 [复制(C)/参照(R)] <0>:  C↙             //选择【复制】选项
旋转一组选定对象。
指定旋转角度, 或 [复制(C)/参照(R)] <0>:  180↙           //指定旋转角度
```

➢ 参照（R）：按参照角度和指定的新角度旋转对象。

【练习4-8】：旋转带隔离变压器的电源插座

介绍旋转带隔离变压器的电源插座的方法，难度：☆

■ 素材文件路径：素材\第4章\4-8 旋转带隔离变压器的电源插座.dwg

◎ 效果文件路径：素材\第4章\4-8 旋转带隔离变压器的电源插座-OK.dwg

⬇ 视频文件路径：视频\第4章\4-8 旋转带隔离变压器的电源插座.MP4

电源插座上带隔离变压器是在使用某些电器时为了人身安全而加设的。其接入的方法是：先把隔离变压器的一边接头接入电源插座，另一边接一个插座，再从隔离变压器接入的插座上插接家用电器即可。

01 单击快速访问工具栏中的【打开】按钮，打开本书配备资源中的"素材\第4章\4-8 旋转带隔离变压器的电源插座.dwg"文件，如图4-67所示。

02 单击【修改】面板中的【旋转】按钮◎，旋转图形，如图4-68所示。命令行操作如下。

```
命令: _rotate↙                                      //调用【旋转】命令
UCS 当前的正角方向: ANGDIR=逆时针  ANGBASE=0
选择对象: 指定对角点: 找到 4 个                      //选择右侧的图形
选择对象:
指定基点:                                           //捕捉选择图形的上方交点
指定旋转角度, 或 [复制(C)/参照(R)] <0>: -30↙        //输入角度参数, 完成旋转操作
```

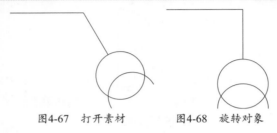

图4-67　打开素材　　　图4-68　旋转对象

4.3.3　缩放图形

缩放图形是将图形对象以指定的缩放基点，放大或缩小一定比例，与【旋转】命令类似，可以选择【复制】选项，在生成缩放对象时保留源对象。

a. 执行方式

执行【缩放】命令的方法有以下几种。

➢ 功能区：单击【修改】面板中的【缩放】按钮🔲，如图4-69所示。
➢ 菜单栏：选择菜单【修改】|【缩放】命令，如图4-70所示。
➢ 命令行：SCALE或SC。

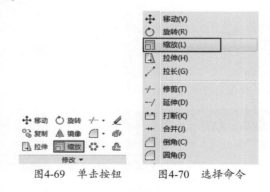

图4-69　单击按钮　　　图4-70　选择命令

b. 操作步骤

执行上述任意一种方法后，调用【缩放】命令，操作过程如图4-71所示。命令行提示如下。

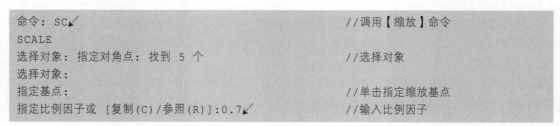

```
命令: SC↙                                          //调用【缩放】命令
SCALE
选择对象: 指定对角点: 找到 5 个                      //选择对象
选择对象:
指定基点:                                           //单击指定缩放基点
指定比例因子或 [复制(C)/参照(R)]:0.7↙               //输入比例因子
```

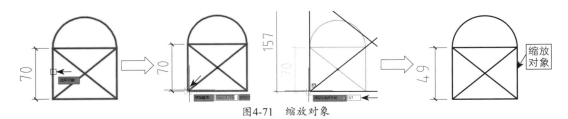

图4-71 缩放对象

c.选项说明

在执行【缩放】命令的过程中，命令行中各选项的含义如下。

- ➢ 比例因子：缩小或放大的比例值，比例因子大于1时，缩放结果是放大图形；比例因子小于1时，缩放结果是缩小图形；比例因子为1时，图形不变。
- ➢ 复制（C）：缩放时保留源对象。
- ➢ 参照（R）：需用户输入参照长度和新长度数值，由系统自动算出两长度之间的比例数值，确定缩放的比例因子，然后对图形进行缩放操作。

【练习4-9】： 缩放聚光灯图形	
	介绍缩放聚光灯图形的方法，难度：☆
	素材文件路径： 素材\第4章\4-9 缩放聚光灯图形.dwg
	效果文件路径： 素材\第4章\4-9 缩放聚光灯图形-OK.dwg
	视频文件路径： 视频\第4章\4-9 缩放聚光灯图形.MP4

聚光灯的特点是照度强、照幅窄，因为方便对场景中的特定区域集中照明，所以是摄影棚和演播室内用得最多的一种灯。

01 单击快速访问工具栏中的【打开】按钮，打开本书配备资源中的"素材\第4章\4-9 缩放聚光灯图形.dwg"文件，如图4-72所示。

02 单击【修改】面板中的【缩放】按钮，缩放图形，如图4-73所示。命令行操作如下。

图4-72 打开素材　　图4-73 缩放图形

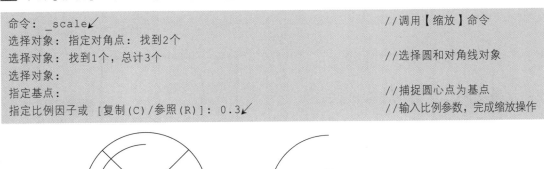

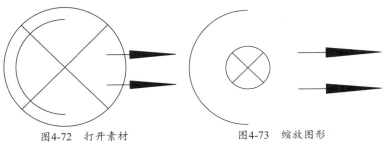

4.3.4　拉伸图形

拉伸图形是将图形的一部分线条沿指定矢量方向拉长。

a. 执行方式

执行【拉伸】命令的方法有以下几种。

➢ 功能区：单击【修改】面板中的【拉伸】按钮，如图4-74所示。

➢ 菜单栏：选择菜单【修改】|【拉伸】命令，如图4-75所示。

➢ 命令行：STRETCH或S。

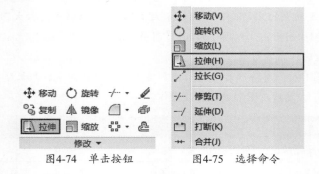

图4-74　单击按钮　　　　图4-75　选择命令

b. 操作步骤

执行上述任意一种方法后，调用【拉伸】命令，操作过程如图4-76所示。命令行提示如下。

```
命令：S↙                                        //调用【拉伸】命令
STRETCH
以交叉窗口或交叉多边形选择要拉伸的对象...
选择对象：指定对角点：找到 2 个                    //选择对象
选择对象：
选择对象：
指定基点或 [位移(D)] <位移>：                      //指定基点
指定第二个点或 <使用第一个点作为位移>：100↙        //指定拉伸距离
```

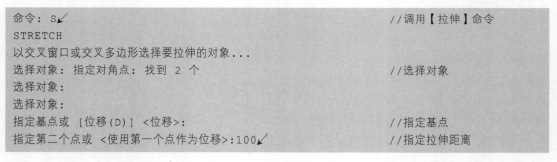

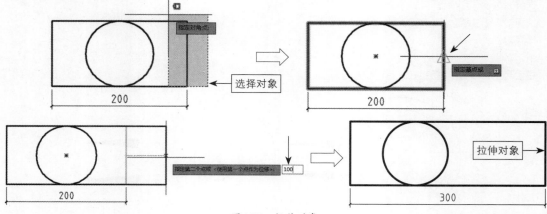

图4-76　拉伸对象

【练习4-10】： 拉伸立式明装风机盘管	
介绍拉伸立式明装风机盘管的方法，难度：☆	
📁 素材文件路径：素材\第4章\4-10 拉伸立式明装风机盘管.dwg	
📀 效果文件路径：素材\第4章\4-10 拉伸立式明装风机盘管-OK.dwg	
⬇ 视频文件路径：视频\第4章\4-10 拉伸立式明装风机盘管.MP4	

立式明装风机盘管具有效率高、能量足、风量大、噪音低、安全可靠以及寿命长等特点，广泛应用于酒店、写字楼、商场、医院、餐厅、展览厅等低噪声场所，更能满足人们对舒适性的要求。

01 单击快速访问工具栏中的【打开】按钮，打开本书配备资源中的"素材\第4章\4-10 拉伸立式明装风机盘管.dwg"文件，如图4-77所示。

02 单击【修改】面板中的【拉伸】按钮，拉伸图形，如图4-78所示。命令行操作如下。

```
命令：_stretch↵                                    //调用【拉伸】命令
以交叉窗口或交叉多边形选择要拉伸的对象...
选择对象：指定对角点：找到 9 个                      //选择图形
选择对象：
指定基点或 [位移(D)] <位移>：                        //指定图形右上方端点
指定第二个点或 <使用第一个点作为位移>：293.5↵        //输入参数值，按Enter键结束
```

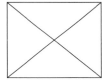 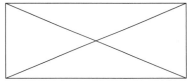

图4-77 打开素材 　　　　图4-78 拉伸对象

▪▪▪▪▪▪▪▪▪▪▪▪ 提 示 ▪▪▪▪▪▪▪▪▪▪▪▪

在使用【拉伸】命令进行拉伸时，STRETCH仅移动位于交叉选择内的顶点和端点，不更改位于交叉选择外的顶点和端点，不修改三维实体等信息。

4.4 辅助绘图

图形绘制完成后，有时还需要对细节部分做一定的处理，这些细节处理包括倒角、圆角的调整等；此外，部分图形可能还需要分解或打断进行二次编辑，如矩形、多边形等。

4.4.1 修剪对象

【修剪】命令是指将超出边界的多余部分删除。修剪操作可以修剪直线、圆、弧、多段线、样条曲线、射线等。在调用【修剪】命令的过程中，需要设置的参数有【修剪边界】和【修剪对象】两类。

a. 执行方式

执行【修剪】命令的方法有以下几种。

➤ 功能区：在【默认】选项卡中，单击【修改】面板中的【修剪】按钮 ⫰，如图4-79所示。

➤ 菜单栏：选择菜单【修改】|【修剪】命令，如图4-80所示。

➤ 命令行：TRIM或TR。

图4-79　单击按钮　　　　　图4-80　选择命令

b. 操作步骤

执行上述任意一种方法后，调用【修剪】命令，命令行提示如下。

```
命令：TR↙                                        //调用【修剪】命令
TRIM
当前设置：投影=UCS，边=延伸
选择剪切边...
选择对象或 <全部选择>：                           //选择对象
选择要修剪的对象，或按住 Shift 键选择要延伸的对象，或
[栏选(F)/窗交(C)/投影(P)/边(E)/删除(R)/放弃(U)]：
```

执行【修剪】命令后，在图形的右下角单击鼠标左键，指定起点；按住左键不放，向左上角移动鼠标，绘制虚线选框。释放鼠标左键，边界内与选框相交的图形被修剪，如图4-81所示。

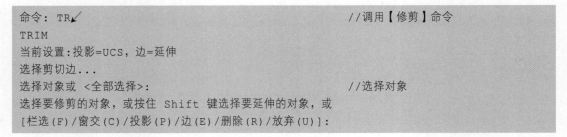

图4-81　修剪图形

执行【修剪】命令后，选择边界，在边界内部指定对角点，绘制虚线选框，选择修剪对象。与选框相交的图形被修剪，未相交的图形被保留，结果如图4-82所示。

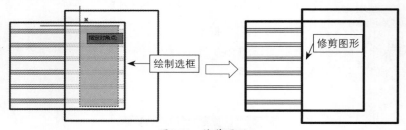

图4-82　修剪边界内部图形

执行【修剪】命令后，选择边界，在边界之外指定对角点，绘制虚线选框选择图形。与选框相交的图形被修剪，其他图形保留，如图4-83所示。

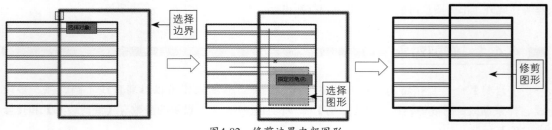

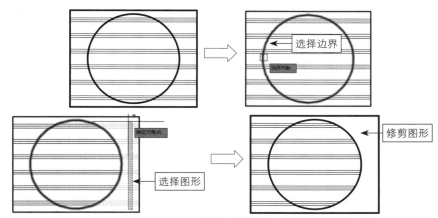

图4-83　修剪边界外部图形

c. 选项说明

在执行【修剪】命令的过程中，命令行中部分选项的含义如下。

➢ 投影（P）：可以指定执行修剪的空间，主要应用于三维空间中两个对象的修剪，可将对象投影到某一平面上执行修剪操作。

➢ 边（E）：选择该选项后，命令行显示【输入隐含边延伸模式[延伸(E)/不延伸(N)]<延伸>：】提示信息。如果选择【延伸】选项，则当剪切边太短而且没有与被修剪对象相交时，可延伸修剪边，然后进行修剪；如果选择【不延伸】选项，只有当剪切边与被修剪对象真正相交时，才能进行修剪。

➢ 删除（R）：删除选定的对象。

➢ 放弃（U）：取消上一次操作。

【练习4-11】：绘制硅电池图例	
	介绍绘制硅电池图例的方法，难度：☆☆
	📁 素材文件路径：无
	💿 效果文件路径：素材\第4章\4-11 绘制硅电池图例-OK.dwg
	⬇ 视频文件路径：视频\第4章\4-11 绘制硅电池图例.MP4

下面使用【椭圆】、【直线】等绘图命令来绘制硅电池图例，然后使用【修剪】命令进行编辑。

01 新建一个空白文档，并单击【绘图】面板中的【椭圆】按钮⬭，在绘图区域中绘制一个短轴为5、长轴为10的椭圆，如图4-84所示。

02 命令行操作如下。

```
命令：EL↙                                              //调用【椭圆】命令
ELLIPSE
指定椭圆的轴端点或 [圆弧(A)/中心点(C)]：            //任意拾取一点
指定轴的另一个端点：@5,0↙
指定另一条半轴长度或 [旋转(R)]：5↙
```

03 单击【绘图】面板中的【直线】按钮╱，经过椭圆中心绘制十字相交线，如图4-85所示。

04 单击【修改】面板中的【偏移】按钮⬰，偏移距离为1，将直线分别左右、上下偏移，如

图4-86所示。

05 单击【修改】面板中的【修剪】按钮 ⊁，修剪多余的线段，如图4-87所示。

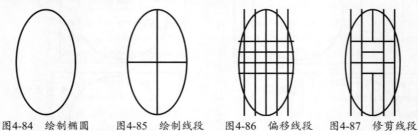

图4-84 绘制椭圆   图4-85 绘制线段   图4-86 偏移线段   图4-87 修剪线段

06 调用E【删除】命令，删除多余的线段，如图4-88所示。

07 调用L【直线】命令，绘制高度为3的垂直线段，如图4-89所示。

08 单击【注释】面板中的【单行文字】按钮 **A**，添加硅电池正极符号，如图4-90所示。

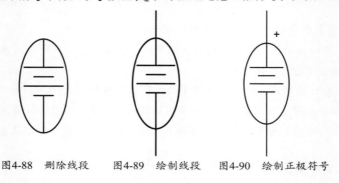

图4-88 删除线段   图4-89 绘制线段   图4-90 绘制正极符号

4.4.2 删除图形

【删除】命令是常用的命令，它的作用是将多余的线条删除。

a. 执行方式

执行【删除】命令的方法有以下几种。

➢ 功能区：在【默认】选项卡中，单击【修改】面板中的【删除】按钮 ✐，如图4-91所示。

➢ 菜单栏：选择菜单【修改】|【删除】命令，如图4-92所示。

➢ 命令行：在ERASE或E。

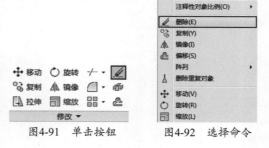

图4-91 单击按钮   图4-92 选择命令

b. 操作步骤

执行上述任意一种方法后，调用【删除】命令，命令行提示如下。

```
命令：E↙                                    //调用【删除】命令
ERASE
选择对象：找到 1 个                          //选择对象，按Enter键，删除对象
```

【练习4-12】： 删除示例素材

介绍删除示例素材的方法，难度：☆
素材文件路径： 素材\第4章\4-12 删除示例素材.dwg
效果文件路径： 素材\第4章\4-12 删除示例素材-OK.dwg
视频文件路径： 视频\第4章\4-12 删除示例素材.MP4

任何设计都难免会出现错误或疏漏，因此【删除】命令使用非常频繁。

01 打开本书配备资源中的"素材\第4章\4-12 删除示例素材.dwg"文件，如图4-93所示。

02 调用TR【修剪】命令，修剪圆形外部的对角线。

03 调用E【删除】命令，选择矩形，按Enter键，即可将其删除，如图4-94所示。

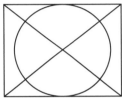

图4-93 打开素材   图4-94 最终结果

::::::::::::::::::: 提 示 :::::::::::::::::::

选中要删除的对象后按Delete键，也可以将对象删除。

4.4.3 延伸图形

【延伸】命令的使用方法与【修剪】命令的使用方法相似，先选择延伸的边界，然后选择要延伸的对象。在使用【延伸】命令时，如果在按住Shift键的同时选择对象，则执行【修剪】命令。

a. 执行方式

执行【延伸】命令的方法有以下几种。

➤ 功能区：在【默认】选项卡中，单击【修改】面板中的【延伸】按钮，如图4-95所示。

➤ 菜单栏：选择菜单【修改】|【延伸】命令，如图4-96所示。

➤ 命令行：EXTEND或EX。

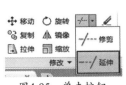

图4-95 单击按钮   图4-96 选择命令

b. 操作步骤

执行上述任意一种方法后，调用【延伸】命令，操作结果如图4-97所示。命令行提示如下。

```
命令: EX↙                                    //调用【延伸】命令
EXTEND
当前设置:投影=UCS，边=延伸
选择边界的边...
选择对象或 <全部选择>： 找到 1 个             //选择边界
选择要延伸的对象，或按住Shift键选择要修剪的对象，或[栏选(F)/窗交(C)/投影(P)/边(E)/放弃
(U)]:                                        //按Enter键，选择要延伸的对象
```

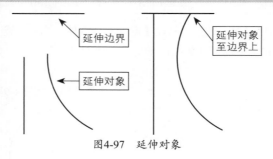

图4-97 延伸对象

c. 选项说明

在执行【延伸】命令的过程中，命令行中各选项的含义如下。

➤ 栏选（F）：使用栏选的方式选择要延伸的对象。

➤ 窗交（C）：使用窗交的方式选择要延伸的对象。

➤ 投影（P）：在编辑过程中选择对象延伸的空间。

➤ 边（E）：指定是将对象延伸到另一个对象的隐含边，或是延伸到三维空间中与其相交的对象。

➤ 放弃（U）：放弃上一次的延伸操作。

【练习4-13】：	延伸云台摄像机中的直线	
	介绍延伸云台摄像机中的直线的方法，难度：☆	
	素材文件路径：素材\第4章\4-13 延伸云台摄像机中的直线.dwg	
	效果文件路径：素材\第4章\4-13 延伸云台摄像机中的直线-OK.dwg	
	视频文件路径：视频\第4章\4-13 延伸云台摄像机中的直线.MP4	

云台摄像机就是带有云台的摄像机。它带有承载摄像机进行水平和垂直两个方向转动的装置，把摄像机安装在云台上能使摄像机从多个角度进行摄像。

01 单击快速访问工具栏中的【打开】按钮，打开本书配备资源中的"素材\第4章\4-13 延伸云台摄像机中的直线.dwg"文件，如图4-98所示。

02 单击【修改】面板中的【延伸】按钮 ，延伸图形，如图4-99所示。命令行操作如下。

```
命令: _extend↙                              //调用【延伸】命令
当前设置:投影=UCS，边=无
选择边界的边...
选择对象或 <全部选择>： 找到1个             //选择要作为边界的对象
选择对象:
```

选择要延伸的对象，或按住 Shift 键选择要修剪的对象，或
[栏选(F)/窗交(C)/投影(P)/边(E)/放弃(U)]:   //选择要延伸的边

 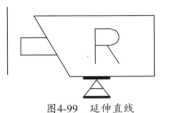

图4-98　打开素材　　　　　　图4-99　延伸直线

4.4.4　打断图形

打断图形是指将单一线条在指定点分割为两段。根据打断点数量的不同，可分为【打断】和
【打断于点】两种命令。

1. 打断

【打断】命令是指在线条上创建两个打断点，从而将线条断开。

a. 执行方式

执行【打断】命令的方法有以下几种。

➢ 功能区：在【默认】选项卡中，单击【修改】面板中的【打断】按钮▮▮，如图4-100所示。
➢ 菜单栏：选择菜单【修改】|【打断】命令，如图4-101所示。
➢ 命令行：BREAK或BR。

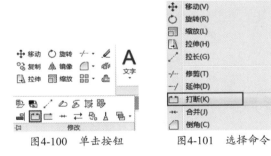

图4-100　单击按钮　　　　　图4-101　选择命令

b. 操作步骤

执行上述任意一种方法后，调用【打断】命令，命令行提示如下。

命令: _break↙   //调用【打断】命令
选择对象: //选择图形
指定第二个打断点 或 [第一点(F)]:   //指定打断点

默认情况下，系统会以选择对象时的拾取点作为第一个打断点，接着选择第二个打断点，即
可在两点之间打断线段。

如果不希望以拾取点作为第一个打断点，则可在命令行中选择【第一点】选项，重新指定第
一个打断点。

如果在对象之外指定一点为第二个打断点，系统将以该点到被打断对象的垂直点位置为第二
个打断点，除去两点间的线段，如图4-102所示。

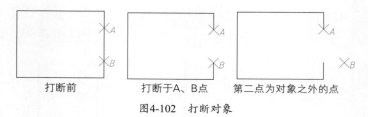

打断前　　　　　打断于A、B点　　第二点为对象之外的点

图4-102　打断对象

2. 打断于点

【打断于点】命令是在一个点上将对象断开，因此不产生间隙。

a. 执行方式

执行【打断于点】命令的方法如下。

➢ 功能区：单击【修改】面板中的【打断于点】按钮⊏，如图4-103所示。

图4-103　单击按钮

b. 操作步骤

执行【打断于点】命令，操作过程如图4-104所示。命令行提示如下。

```
命令：_break↙                                  //调用【打断】命令
选择对象：
指定第二个打断点 或 [第一点(F)]：_f↙          //系统自动选择【第一点】选项
指定第一个打断点：                             //指定打断点
指定第二个打断点：@↙
```

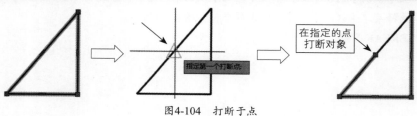

指定第一个打断点:

在指定的点
打断对象

图4-104　打断于点

4.4.5　合并图形

【合并】命令用于将独立的图形对象合并为一个整体。它可以将多个对象进行合并，包括圆弧、椭圆弧、直线、多段线、样条曲线等。

a. 执行方式

执行【合并】命令的方法有以下几种。

➢ 功能区：在【默认】选项卡中，单击【修改】面板中的【合并】按钮↦，如图4-105所示。

➢ 菜单栏：选择菜单【修改】|【合并】命令，如图4-106所示。

➢ 命令行：JOIN或J。

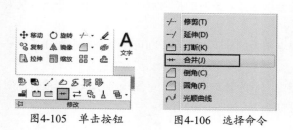

图4-105　单击按钮　　　图4-106　选择命令

b. 操作步骤

执行上述任意一种方法后，调用【合并】命令，操作过程如图4-107所示。命令行提示如下。

```
命令：J↙                                          //调用【合并】命令
JOIN
选择源对象或要一次合并的多个对象：指定对角点：找到 3 个       //选择对象
选择要合并的对象：
2 条线段已合并为 1 条多段线
```

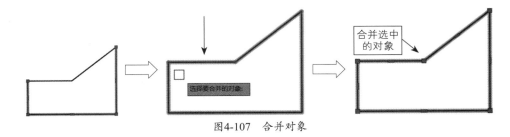

图4-107　合并对象

4.4.6　倒角图形

【倒角】命令用于在两条非平行直线上生成斜线相连，常用在机械制图中。

a. 执行方式

执行【倒角】命令的方法有以下几种。

➤ 功能区：在【默认】选项卡中，单击【修改】面板中的【倒角】按钮◻，如图4-108所示。
➤ 菜单栏：选择菜单【修改】|【倒角】命令，如图4-109所示。
➤ 命令行：CHAMFER或CHA。

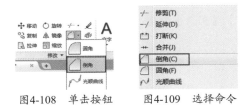

图4-108　单击按钮　　图4-109　选择命令

b. 操作步骤

执行上述任意一种方法后，调用【倒角】命令，命令行操作如下。

```
命令：CHA↙                                        //调用【倒角】命令
CHAMFER
("修剪"模式) 当前倒角距离 1 = 0.0000，距离 2 = 0.0000
选择第一条直线或 [放弃(U)/多段线(P)/距离(D)/角度(A)/修剪(T)/方式(E)/多个(M)]：D↙
                                                 //选择【距离】选项
指定 第一个 倒角距离 <0.0000>：50↙               //输入距离值
指定 第二个 倒角距离 <50.0000>：                  //按Enter键
选择第一条直线或 [放弃(U)/多段线(P)/距离(D)/角度(A)/修剪(T)/方式(E)/多个(M)]：
选择第二条直线，或按住 Shift 键选择直线以应用角点或 [距离(D)/角度(A)/方法(M)]：
                                                 //选择线段
```

c. 选项说明

在执行【倒角】命令的过程中，命令行中各选项的含义如下。

➢ 放弃（U）：放弃上一次的倒角操作。

➢ 多段线（P）：对整个多段线每个顶点处的相交直线进行倒角，并且倒角后的线段将成为多段线的新线段。

➢ 距离（D）：通过设置两个倒角边的倒角距离来进行倒角操作，如图4-110所示。

➢ 角度（A）：通过设置一个角度和一个距离来进行倒角操作，如图4-111所示。

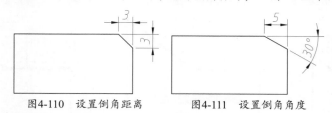

图4-110　设置倒角距离　　　图4-111　设置倒角角度

➢ 修剪（T）：设定是否对倒角进行修剪。

➢ 方式（E）：选择倒角方式，与选择【距离(D)】或【角度(A)】的作用相同。

➢ 多个（M）：选择该选项，可以对多组对象进行倒角。

4.4.7　圆角图形

圆角图形是将两条相交的直线通过一个圆弧连接起来。【圆角】命令的使用分为两步：第一步，确定圆角大小，通过半径选项输入数值；第二步，选定两条需要圆角的边。

a. 执行方式

执行【圆角】命令的方法有以下几种。

➢ 功能区：在【默认】选项卡中，单击【修改】面板中的【圆角】按钮，如图4-112所示。

➢ 菜单栏：选择菜单【修改】|【圆角】命令，如图4-113所示。

➢ 命令行：FILLET或F。

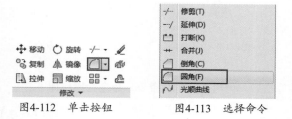

图4-112　单击按钮　　　图4-113　选择命令

b. 操作步骤

执行上述任意一种方法后，调用【圆角】命令，操作过程如图4-114所示。命令行操作如下。

```
命令: F↙                                                         //调用【圆角】命令
FILLET
当前设置: 模式 = 修剪，半径 = 0.0000
选择第一个对象或 [放弃(U)/多段线(P)/半径(R)/修剪(T)/多个(M)]: R↙       //选择【半径】选项
指定圆角半径 <0.0000>: 50↙                                       //输入参数
选择第一个对象或 [放弃(U)/多段线(P)/半径(R)/修剪(T)/多个(M)]:
选择第二个对象，或按住 Shift 键选择对象以应用角点或 [半径(R)]:          //选择对象
```

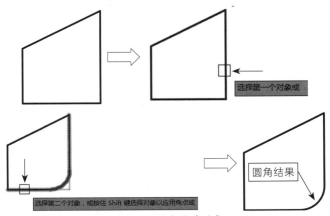

图4-114　圆角修剪对象

c. 选项含义

在执行【圆角】命令的过程中，命令行中各选项的含义如下。

- ➤ 放弃（U）：放弃上一次的圆角操作。
- ➤ 多段线（P）：选择该选项，将对多段线中每个顶点处的相交直线进行圆角，并且圆角后的圆弧线段将成为多段线的新线段。
- ➤ 半径（R）：选择该选项，设置圆角的半径。
- ➤ 修剪（T）：选择该选项，设置是否修剪对象。
- ➤ 多个（M）：选择该选项，可以在依次调用命令的情况下对多个对象进行圆角。

d. 延伸讲解：圆角修剪平行线段

在AutoCAD 2018中，两条平行直线也可进行圆角，圆角直径为两条平行线的距离，如图4-115所示。

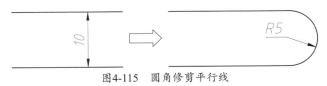

图4-115　圆角修剪平行线

> **提　示**
>
> 重复【圆角】命令后，圆角的半径和修剪选项无须重新设置，直接选择圆角对象即可，系统默认以上一次圆角的参数创建之后的圆角。

4.4.8　分解图形

对于由多个对象组成的组合对象（如矩形、多边形、多段线、块和阵列等），如果需要对其中的单个对象进行编辑操作，就需要先利用【分解】命令将这些对象分解成单个的图形对象。

a. 执行方式

执行【分解】命令的方法有以下几种。

- ➤ 功能区：在【默认】选项卡中，单击【修改】面板中的【分解】按钮 ，如图4-116所示。
- ➤ 菜单栏：选择菜单【修改】|【分解】命令，如图4-117所示。
- ➤ 命令行：EXPLODE或X。

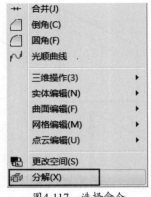

图4-116　单击按钮　　　　　　　　　图4-117　选择命令

b. 操作步骤

执行上述任意一种方法后，调用【分解】命令，操作结果如图4-118所示。命令行提示如下。

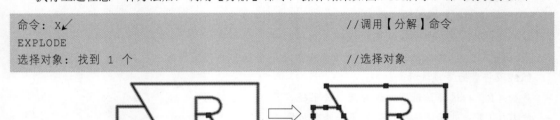

命令：X↙	//调用【分解】命令
EXPLODE	
选择对象：找到 1 个	//选择对象

图4-118　分解对象

:::::::::::::::: 提　示 ::::::::::::::::

　　【分解】命令不能分解使用MINSERT和外部参照插入的块以及外部参照依赖的块。分解一个包含属性的块，将删除属性值并重新显示属性定义。

【练习4-14】：　绘制方形垫片

| 介绍绘制方形垫片的方法，难度：☆☆ |
| 素材文件路径：无 |
| 效果文件路径：素材\第4章\4-14 绘制方形垫片-OK.dwg |
| 视频文件路径：视频\第4章\4-14 绘制方形垫片.MP4 |

　　垫片是放置在两电器零件之间以加强密封的物体，为防止流体泄漏设置在封面之间的密封元件。垫片通常由片状材料制成，如垫纸、橡胶、硅橡胶、金属、软木、毛毡、氯丁橡胶、丁腈橡胶、玻璃纤维或塑料聚合物（如聚四氟乙烯）。特定应用的垫片可能含有石棉。垫片的外形没有统一标准，属于非标件，需要根据具体的使用情况进行设计。

01 新建一个空白文档。单击【绘图】面板中的【矩形】按钮，绘制如图4-119所示的矩形。

02 单击【修改】面板中的【分解】按钮，分解矩形，结果如图4-120所示。

03 单击【修改】面板中的【倒角】按钮，输入两个倒角距离为5，结果如图4-121所示。

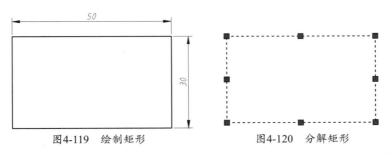

图4-119　绘制矩形　　　　　　　　　　　图4-120　分解矩形

04 单击【修改】面板中的【圆角】按钮，输入圆角半径为5，结果如图4-122所示。

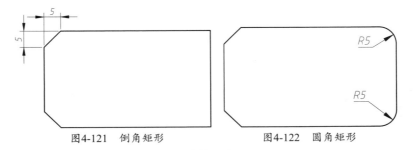

图4-121　倒角矩形　　　　　　　　　　　图4-122　圆角矩形

05 调用L【直线】命令，绘制如图4-123所示的辅助线。

06 单击【绘图】面板中的【圆】按钮，绘制连接孔，结果如图4-124所示。

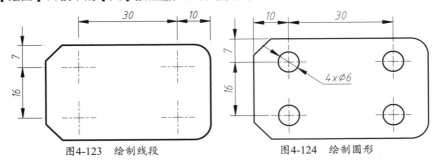

图4-123　绘制线段　　　　　　　　　　　图4-124　绘制圆形

4.5　图案填充

　　使用AutoCAD的图案填充功能，可以方便地对图案进行填充，以区别不同形体的各个组成部分。在图案填充过程中，用户可以根据实际需求选择不同的填充样式，也可以对已填充的图案进行编辑。

4.5.1　创建图案填充

a. 执行方式

　　执行【图案填充】命令的方法有以下几种。

➤ 功能区：在【默认】选项卡中，单击【绘图】面板中的【图案填充】按钮，如图4-125所示。

➤ 菜单栏：选择菜单【绘图】|【图案填充】命令，如图4-126所示。

➤ 命令行：BHATCH或CH或H。

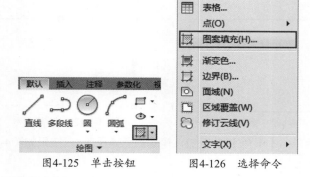

图4-125 单击按钮 图4-126 选择命令

b. 操作步骤

执行上述任意一种方法后，调用【图案填充】命令，进入【图案填充创建】选项卡，如图4-127所示。

图4-127 【图案填充创建】选项卡

c. 选项说明

【图案填充创建】选项卡中各选项的含义如下。

➤ 【边界】面板：主要包括【拾取点】按钮 和【选择】按钮 ，用来选择填充对象的工具。

➤ 【图案】面板：该面板显示所有预定义和自定义图案的预览图案，如图4-128所示，以供用户快速选择。

➤ 【图案填充类型】按钮 ：在下拉列表中包括【实体】、【图案】、【渐变色】和【用户定义】4个选项，如图4-129所示。

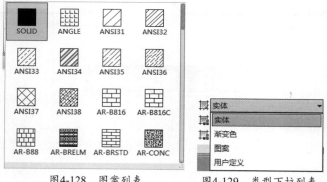

图4-128 图案列表 图4-129 类型下拉列表

➤ 【图案填充颜色】按钮 ：单击该按钮，弹出颜色下拉面板，如图4-130所示。选择颜色，定义填充图案的颜色。或者单击【更多颜色】按钮，弹出【选择颜色】对话框，如图4-131所示，提供更多类型的颜色供选择。

➤ 【背景色】按钮 ：单击该按钮，在弹出的下拉面板中选择背景颜色。

➤ 【图案填充透明度】选项：通过拖动滑块，可以设置填充图案的透明度。但需单击状态栏中的【显示/隐藏透明度】按钮 ，透明度才能显示出来。

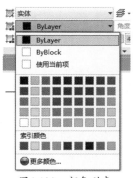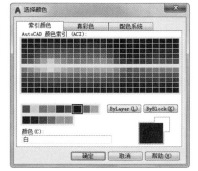

图4-130　颜色列表　　　　图4-131　【选择颜色】对话框

> 【角度】选项：设置填充图案的角度。

> 【比例】选项：设置填充图案的比例。

> 【原点】面板：该面板指定原点的位置有【左下】、【右下】、【左上】、【右上】、【中心】和【使用当前原点】6种方式。

> 【选项】面板：主要包括关联按钮▦（控制当用户修改当前图案时是否自动更新图案填充）、注释性按钮▲（指定图案填充为可注释特性。单击信息图标了解有关注释性对象的更多信息）和特性匹配按钮▦。单击下拉按钮▼，在下拉列表中包括【使用当前原点】和【使用原图案原点】。

> 【关闭】面板：单击面板上的【关闭图案填充创建】按钮，可退出图案填充。也可按Esc键代替此按钮操作。

d. 初学解答：如何使用旧版的【图案填充和渐变色】对话框进行填充

如果用户使用过旧版的AutoCAD，那可能会不习惯【图案填充创建】选项卡式的操作方式。此时可在AutoCAD中执行【图案填充】命令后，命令行提示【拾取内部点或 [选择对象（S）/放弃（U）/设置（T）]:】时，选择【设置（T）】选项，弹出【图案填充和渐变色】对话框，单击【图案】选项右侧的▦按钮，弹出【填充图案选项板】对话框，如图4-132所示。这样就方便惯使用对话框操作的用户了。

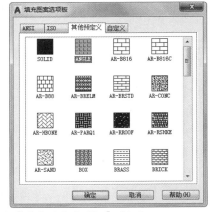

图4-132　【图案填充和渐变色】对话框和【填充图案选项板】对话框

【练习4-15】：创建自带照明的应急照明灯

介绍创建自带照明的应急照明灯的方法，难度：☆☆
📁 素材文件路径：无
◎ 效果文件路径：素材\第4章\4-15 创建自带照明的应急照明灯-OK.dwg
⬇ 视频文件路径：视频\第4章\4-15 创建自带照明的应急照明灯.MP4

应急照明灯是一种能够在正常照明电源发生故障时，有效地照明和显示疏散通道，或能够持续照明而不间断工作的一类灯具。

01 新建一个空白文档。调用REC【矩形】命令，绘制一个7×7的矩形；调用O【偏移】命令，将新绘制的矩形向内偏移1，如图4-133所示。

02 调用L【直线】命令，结合【端点捕捉】功能，绘制内部矩形的对角线，尺寸如图4-134所示。

03 调用E【删除】命令，删除内部矩形，如图4-135所示。

04 调用C【圆】命令，捕捉对角线的交点为圆心，绘制半径为1的圆，如图4-136所示。

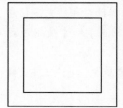
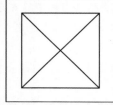
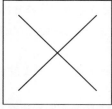
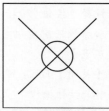

图4-133　绘制矩形　　　图4-134　绘制对角线　　　图4-135　删除矩形　　　图4-136　绘制圆形

05 调用H【图案填充】命令，在【图案填充创建】选项卡中，选择SOLID图案，如图4-137所示。

06 在绘制的圆内单击鼠标，即可创建图案填充，如图4-138所示。

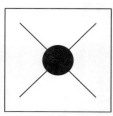

图4-137　选择图案　　　　图4-138　填充图案

4.5.2　编辑图案填充

在为图形填充了图案后，如果对填充效果不满意，还可以通过【编辑图案填充】命令对其进行编辑。可编辑内容包括填充比例、旋转角度、填充图案等。AutoCAD 2018增强了图案填充的编辑功能，可以同时选择并编辑多个图案填充对象。

a. 执行方式

执行【编辑图案填充】命令的方法有以下几种。

➢ 功能区：在【默认】选项卡中，单击【修改】面板中的【编辑图案填充】按钮▨，如图4-139

所示。

- ➢ 菜单栏：选择菜单【修改】|【对象】|【图案填充】命令，如图4-140所示。

图4-139　单击按钮　　　　　　图4-140　选择命令

- ➢ 右键快捷方式：在要编辑的对象上右击，在弹出的快捷菜单中选择【图案填充编辑】命令，如图4-141所示。
- ➢ 快捷操作：在绘图区域双击要编辑的图案填充对象，弹出如图4-142所示的选项板。

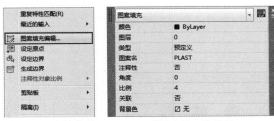

图4-141　右键菜单　　　　　　图4-142　选项板

- ➢ 快捷键：选择填充图案，按Ctrl+1快捷键，弹出【特性】选项板，如图4-143所示。
- ➢ 选项卡：选择填充图案，进入【图案填充编辑器】选项卡，如图4-144所示。
- ➢ 命令行：HATCHEDIT或HE。

图4-143　【特性】选项板

图4-144　【图案填充编辑器】选项卡

b. 操作步骤

以【特性】选项板为例，介绍编辑图案的填充。

选择图案，按Ctrl+1快捷键，弹出【特性】选项板，展开【图案】卷展栏，显示图案参数，包括【类型】、【图案名】、【角度】、【比例】等。单击【类型】选项后的按钮，如图4-145所示。

弹出【填充图案类型】对话框，在其中显示图案的类型与名称，如图4-146所示。单击【图案】按钮，弹出【填充图案选项板】对话框。

图4-145 【特性】选项板

图4-146 【填充图案类型】对话框

在该对话框中选择图案，如图4-147所示。单击【确定】按钮，返回到【特性】选项板。此时【图案名】已更新，显示为在【填充图案选项板】对话框中所选择的图案的名称。

修改图案参数，例如，重新定义【比例】选项的值，如图4-148所示。根据需要，还可以修改其他选项的值。

图4-147 选择图案

图4-148 修改参数

在【特性】选项板中修改参数，可以在绘图区域中实时预览修改结果，如图4-149所示。

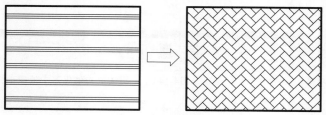

图4-149 修改结果

c. 延伸讲解：如何解决拾取填充区域时出现的错误

使用图案填充命令时，系统常常会提醒【无法确定闭合的边界】，如图4-150所示。同时，在所指定的填充区域中显示标志，如图4-151所示，提醒用户出错的部位。

出现错误的情况有很多种，除对话框中提到边界对象之间可能存在间隔，或者边界对象可能位于显示区域之外，还有可能是图形文件较大，图形图层、线型复杂，无法明确边界。

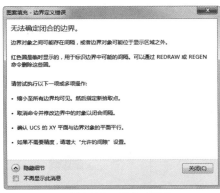

图4-150　提示对话框　　　　　　图4-151　显示标志

【练习4-16】：编辑预作用报警阀图形

介绍编辑预作用报警阀图形的方法，难度：☆☆

素材文件路径：素材\第4章\4-16 编辑预作用报警阀图形.dwg

效果文件路径：素材\第4章\4-16 编辑预作用报警阀图形-OK.dwg

视频文件路径：视频\第4章\4-16 编辑预作用报警阀图形.MP4

预作用报警阀是由两阀叠加而成，故它同时兼备湿式阀与雨淋阀的功能，其预作用系统通常由供水设施（消防水泵）、预作用装置（侧腔压力控制系统通常采用电动控制系统）、信号蝶阀、水流指示器及装有闭式喷头的闭式管网等组成。

01 打开本书配备资源中的"素材\第4章\4-16 编辑预作用报警阀图形.dwg"文件，如图4-152所示。

02 单击【修改】面板中的【编辑填充图案】按钮 ，选择填充图案，弹出【图案填充编辑】对话框，如图4-153所示。

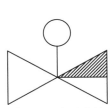

图4-152　打开素材　　　图4-153　【图案填充编辑】对话框

03 单击【样例】右侧的按钮，弹出【填充图案选项板】对话框，选择SOLID图案，如图4-154所示。

04 依次单击【确定】按钮，即可编辑图案填充，最终图形效果如图4-155所示。

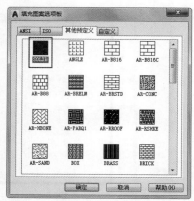

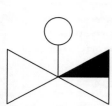

图4-154 选择图案 　　　　图4-155 编辑结果

4.6 通过夹点编辑图形

所谓"夹点"，指的是图形对象上的一些特征点，如端点、顶点、中点、中心点等，图形的位置和形状通常是由夹点的位置决定的。在AutoCAD中，夹点是一种集成的编辑模式，利用夹点可以编辑图形的大小、位置、方向以及对图形进行镜像复制操作等。

4.6.1 利用夹点拉伸对象

在不执行任何命令的情况下选择对象，显示其夹点。然后单击其中一个夹点，进入编辑状态。系统自动执行默认的【拉伸】编辑模式，将其作为拉伸的基点，命令行提示如下。

指定拉伸点或 [基点(B)/复制(C)/放弃(U)/退出(X)]：

命令行中各选项的含义如下。

➢ 基点（B）：重新确定拉伸基点。

➢ 复制（C）：允许确定一系列的拉伸点，以实现多次拉伸。

➢ 放弃（U）：取消上一次操作。

➢ 退出（X）：退出当前操作。

通过移动夹点，可以将图形对象拉伸至新的位置，如图4-156所示。

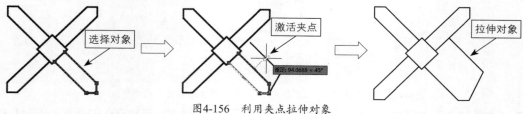

图4-156 利用夹点拉伸对象

•••••••••••••••••••• 提 示 ••••••••••••••••••••

对于某些夹点，移动时只能移动对象而不能拉伸对象，如文字、块、直线中点、圆心、椭圆中心和点对象上的夹点。

4.6.2 利用夹点移动对象

在夹点编辑模式下确定基点后，在命令提示下输入MO并按Enter键，进入移动模式，命令行提示如下。

```
** MOVE **
指定移动点或 [基点(B)/复制(C)/放弃(U)/退出(X)]:
```

通过输入点的坐标或拾取点的方式来确定平移对象的目标点后，即可将所选对象平移到新位置，如图4-157所示。

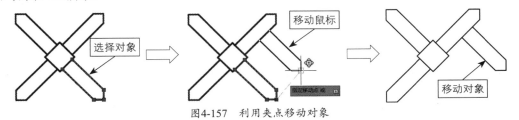

图4-157 利用夹点移动对象

提 示

对夹点进行编辑操作时，可以在命令行中输入S、M、CO、SC、MI等基本修改命令，也可以按Enter键或空格键在不同的修改命令间切换。

4.6.3 利用夹点旋转对象

在夹点编辑模式下确定基点后，在命令提示下输入RO并按Enter键，进入旋转模式，命令行提示如下。

```
** 旋转 **
指定旋转角度或 [基点(B)/复制(C)/放弃(U)/参照(R)/退出(X)]:
```

默认情况下，输入旋转角度值或通过拖动方式确定旋转角度后，即可将对象绕基点旋转指定的角度。也可以选择【参照】选项，以参照方式旋转对象。

利用夹点旋转对象如图4-158所示。

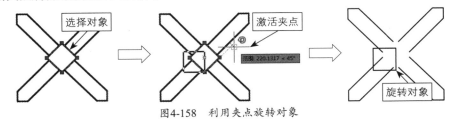

图4-158 利用夹点旋转对象

4.6.4 利用夹点缩放对象

在夹点编辑模式下确定基点后，在命令提示下输入SC并按Enter键，进入缩放模式，命令行提示如下。

＊＊ 比例缩放 ＊＊
指定比例因子或 [基点(B)/复制(C)/放弃(U)/参照(R)/退出(X)]:

　　默认情况下,当确定了缩放的比例因子后,AutoCAD将相对于基点进行缩放对象操作。当比例因子大于1时放大对象;当比例因子大于0而小于1时缩小对象。利用夹点缩放对象如图4-159所示。

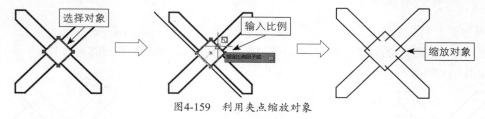

图4-159　利用夹点缩放对象

4.6.5　利用夹点镜像对象

　　在夹点编辑模式下确定基点后,在命令提示下输入MI并按Enter键,进入镜像模式,命令行提示如下。

＊＊ 镜像 ＊＊
指定第二点或 [基点(B)/复制(C)/放弃(U)/退出(X)]:

　　指定镜像线上的第二点后,系统将以基点作为镜像线上的第一点,将对象进行镜像操作并删除源对象,如图4-160所示。

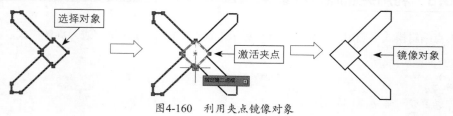

图4-160　利用夹点镜像对象

4.6.6　多功能夹点编辑

　　在直线类型是多段线的情况下,在夹点编辑模式下确定基点后,鼠标放置不动,系统将弹出快捷菜单,选择【转换为圆弧】命令,进入转换圆弧模式,命令行提示如下。

＊＊ 转换为圆弧 ＊＊
指定圆弧段中点:

　　指定圆弧段中点后,将对象转换为圆弧操作,如图4-161所示。

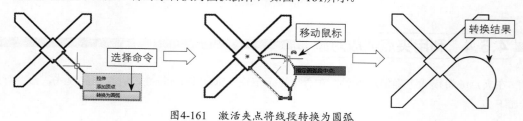

图4-161　激活夹点将线段转换为圆弧

4.7 思考与练习

1. 选择题

（1）【删除】命令的快捷键是（ ）。

A. C　　　　　　　　B. L　　　　　　　　C. E　　　　　　　　D. A

（2）【修剪】命令的工具按钮是（ ）。

A. ⫻　　　　　　　　B. ↦　　　　　　　　C. ✎　　　　　　　　D. ⬚

（3）调用【圆角】命令编辑图形对象，需要设置圆角的（ ）参数。

A. 半径　　　　　　　B. 数目　　　　　　　C. 角度　　　　　　　D. 范围

（4）在使用【旋转】命令编辑图形时，输入（ ），选择【复制】选项，可以旋转复制对象。

A. N　　　　　　　　B. W　　　　　　　　C. Y　　　　　　　　D. C

（5）使用【拉伸】命令拉伸对象，必须（ ）拖出选框选择待编辑的部分。

A. 从右至左　　　　　B. 从左至右　　　　　C. 从上到下　　　　　D. 从下到上

2. 操作题

照明指示回路一般指由电源、开关、照明灯具等构成的电流通路。通过绘制如图4-162所示的照明指示回路设计图形，主要学习【多段线】、【复制】以及【直线】命令的应用方法。

提示步骤如下。

（1）新建一个空白文档。调用C【圆】命令和L【直线】命令，结合【极轴追踪】和【对象捕捉】功能，绘制电气元件1，如图4-163所示。

（2）调用REC【矩形】命令，结合【对象捕捉】功能，绘制电气元件2，如图4-164所示。

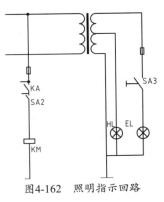

图4-162 照明指示回路

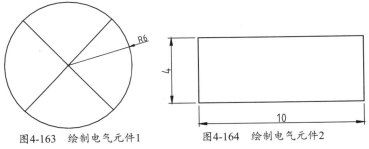

图4-163 绘制电气元件1　　　　　图4-164 绘制电气元件2

（3）调用PL【多段线】命令和MI【镜像】命令，结合【对象捕捉】功能，绘制电气元件3，如图4-165所示。

（4）调用REC【矩形】命令，结合【对象捕捉】功能，绘制电气元件4，如图4-166所示。

（5）调用L【直线】命令，结合【对象捕捉】功能，绘制电气元件5，如图4-167所示。

（6）调用L【直线】命令，结合【对象捕捉】功能，绘制电气元件6，如图4-168所示。

（7）调用L【直线】命令，绘制线路图，如图4-169所示。

（8）调用CO【复制】命令、M【移动】命令等，将绘制的电气元件插入到线路图中，如图4-170所示。

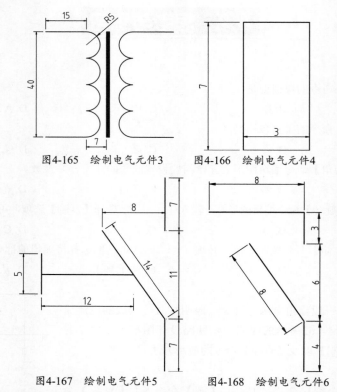

图4-165　绘制电气元件3　　　图4-166　绘制电气元件4

图4-167　绘制电气元件5　　　图4-168　绘制电气元件6

（9）调用C【圆】命令和H【图案填充】命令，绘制连接点；调用TR【修剪】命令，修剪图形，如图4-171所示。

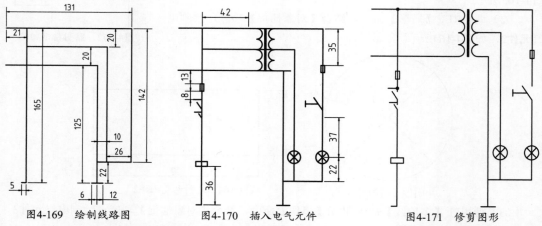

图4-169　绘制线路图　　　图4-170　插入电气元件　　　图4-171　修剪图形

（10）将【文字】图层置为当前。调用MT【多行文字】命令，在绘图区域中创建多行文字，见图4-162。

在图纸设计过程中，需要对绘制的图纸进行尺寸标注，以满足实际施工时放线的要求。本章将介绍尺寸标注的组成与规定、创建标注样式、修改标注样式、创建常用尺寸标注、创建高级尺寸标注、尺寸标注编辑等内容。

AutoCAD提供了一套完整、灵活、方便的尺寸标注系统，具有强大的尺寸标注和尺寸编辑功能。可以创建多种标注类型，还可以通过设置标注样式、编辑标注来控制尺寸标注的外观，创建符合标准的尺寸标注。

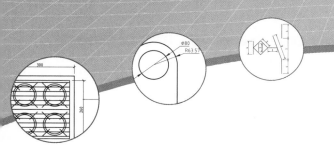

第 5 章
尺寸标注

5.1 认识尺寸标注

尺寸标注对表达有关设计元素的尺寸、材料等信息有着非常重要的作用。在对图形进行尺寸标注之前，需要对标注的基础（组成、规则、类型及步骤等知识）有一个初步的了解与认识。

5.1.1 了解尺寸标注组成

通常情况下，一个完整的尺寸标注是由尺寸线、尺寸界线、尺寸文字、尺寸箭头组成的，有时还要用到圆心标记和中心线，如图5-1所示。

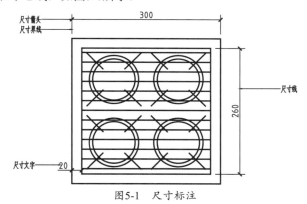

图5-1　尺寸标注

各组成部分的作用与含义分别如下。

➢ 尺寸界线：也称投影线，用于标注尺寸的界限，由图样中的轮廓线、轴线或对称中心线引出。标注时尺寸界线从所标注的对象上自动延伸出来，它的端点与所标注的对象接近但并未连接到对象上。

➢ 尺寸线：通常与所标注的对象平行，放在两尺寸界线之间，用于指示标注的方向和范围。通常尺寸线为直线，但在角度标注时，尺寸线则为一段圆弧。

➢ 标注文本：通常位于尺寸线上方或中断处，用以表示所限标注对象的具体尺寸大小。在进行尺寸标注时，AutoCAD会自动生成所标注的对象的尺寸数值，用户也可对标注文本进行修改、添加等编辑操作。

➢ 箭头：在尺寸线两端，用以表明尺寸线的起始位置，用户可为标注箭头指定不同的尺寸大小和样式。

➢ 圆心标记：标记圆或圆弧的中心点。

5.1.2　了解尺寸标注规则

在AutoCAD 2018中，对绘制的图形进行尺寸标注时，应遵守以下规则。

➢ 图样上所标注的尺寸数为工程图形的真实大小，与绘图比例和绘图的准确度无关。

➢ 图形中的尺寸以系统默认值mm（毫米）为单位时，不需要标注计量单位代号或名称。如果采用其他单位，则必须注明相应计量单位的代号或名称，如符号度（°）、英寸（″）等。

➢ 图样上所标注的尺寸数值应为工程图形完工后的实际尺寸，否则需另加说明。

➢ 工程图对象中的每个尺寸一般只标注一次，并标注在最能清晰表现该图形结构特征的视图上。

➢ 尺寸的配置要合理，功能尺寸应该直接标注；同一要素的尺寸应尽可能集中标注，如孔的直径和深度、槽的深度和宽度等；尽量避免在不可见的轮廓线上标注尺寸，数字之间不允许任何图线穿过，必要时可以将图线断开。

5.1.3　了解尺寸标注类型

尺寸标注分为线性标注、对齐标注、坐标标注、弧长标注、半径标注、折弯标注、直径标注、角度标注、引线标注、基线标注、连续标注等。其中，线性标注又分为水平标注、垂直标注和旋转标注3种。在AutoCAD 2018中，提供了各类尺寸标注的工具按钮与命令。图5-2所示为常见的尺寸标注类型。

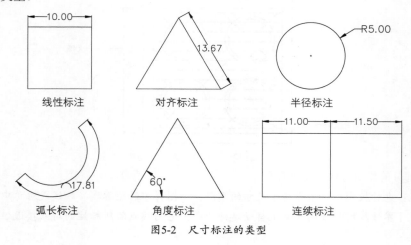

图5-2　尺寸标注的类型

5.1.4 认识标注样式管理器

通过【标注样式管理器】对话框，可以进行新建和修改标注样式等操作。

a. 执行方式

打开【标注样式管理器】对话框的方法有以下几种。

➤ 菜单栏：选择菜单【格式】|【标注样式】命令，如图5-3所示。

➤ 【默认】选项卡：在【默认】选项卡中，单击【标注】面板中的【标注样式】按钮，如图5-4所示。

➤ 【注释】选项卡：在【注释】选项卡中，单击【标注】面板右下角的按钮，如图5-5所示。

➤ 命令行：DIMSTYLE或D。

图5-3　选择命令　　　　　　图5-4　单击按钮

b. 操作步骤

执行上述任意一种方法后，弹出【标注样式管理器】对话框，如图5-6所示。在该对话框中可以创建新的尺寸标注样式。

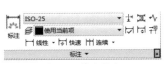

图5-5　单击按钮

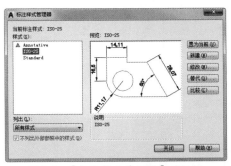

图5-6　【标注样式管理器】对话框

c. 选项说明

在【标注样式管理器】对话框中，各选项的含义如下。

➤ 【样式】列表框：该列表框用于显示所设置的标注样式。

➤ 【置为当前】按钮：单击该按钮，可以将【样式】列表框中所选择的标注样式显示于当前标注样式处。

➤ 【新建】按钮：单击该按钮，弹出【创建新标注样式】对话框，可以创建新标注样式。

➤ 【修改】按钮：单击该按钮，将弹出【修改标注样式】对话框，可以在其中修改已有的标注样式。

➤ 【替代】按钮：单击该按钮后，在选中标注样式的基础上创建样式副本。

➤ 【比较】按钮：单击该按钮，可以用于标注样式之间的比较。

	介绍新建标注样式的方法，难度：☆
素材文件路径：	无
效果文件路径：	素材\第5章\5-1 新建标注样式-OK.dwg
视频文件路径：	视频\第5章\5-1 新建标注样式.MP4

下面介绍新建标注样式的操作步骤。

01 在新建文件中按上述方法操作，弹出【标注样式管理器】对话框。

02 在该对话框中单击【新建】按钮，弹出【创建新标注样式】对话框，在【新样式名】文本框中输入新标注样式的名称，如【电气标注】，如图5-7所示。

图5-7　设置样式名称

03 在【创建新标注样式】对话框中单击【继续】按钮，弹出【新建标注样式:电气标注】对话框，如图5-8所示。在该对话框中可以设置标注样式的各种参数。

04 单击【确定】按钮，结束设置，新建的样式便会在【标注样式管理器】对话框的【样式】列表框中出现，单击【置为当前】按钮即可选择为当前的标注样式，如图5-9所示。

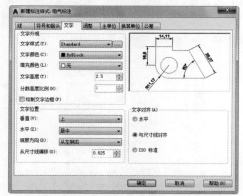

图5-8　【新建标注样式:电气标注】对话框

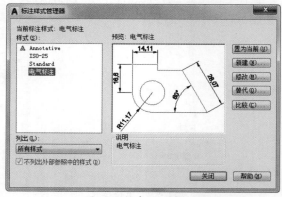

图5-9　新建标注样式

5.1.5　设置标注样式

在【新建标注样式】对话框中可以设置尺寸标注的各种特性。该对话框中有【线】、【符号和箭头】、【文字】、【调整】、【主单位】、【换算单位】和【公差】共7个选项卡，如图5-10所示，每一个选项卡对应一种特性的设置，分别介绍如下。

1.【线】选项卡

切换到【新建标注样式】对话框中的【线】选项卡，该选项卡中包括【尺寸线】和【尺寸界线】两个选项组。在该选项卡中可以设置尺寸线、尺寸界线的格式和特性。

1）【尺寸线】选项组

➢ 颜色：用于设置尺寸线的颜色，一般保持默认值为ByBlock（随块）即可。也可以使用变量DIMCLRD设置。

➢ 线型：用于设置尺寸线的线型，一般保持默认值为ByBlock（随块）即可。

➢ 线宽：用于设置尺寸线的线宽，一般保持默认值为ByBlock（随块）即可。也可以使用变量DIMLWD设置。

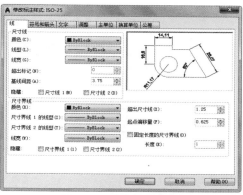

图5-10　【线】选项卡

➢ 超出标记：用于设置尺寸线超出量。若尺寸线两端是箭头，则此框无效；若在对话框的【符号和箭头】选项卡中设置了箭头的形式是【倾斜】和【建筑标记】，可以设置尺寸线超过尺寸界线外的距离，如图5-11所示。

➢ 基线间距：用于设置基线标注中尺寸线之间的间距。

➢ 隐藏：【尺寸线1】和【尺寸线2】分别控制了第一条和第二条尺寸线的可见性，如图5-12所示。

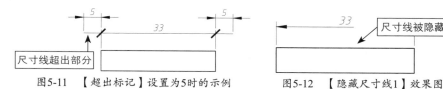

图5-11　【超出标记】设置为5时的示例　　图5-12　【隐藏尺寸线1】效果图

2）【尺寸界线】选项组

➢ 颜色：用于设置延伸线的颜色，一般保持默认值为ByBlock（随块）即可。也可以使用变量DIMCLRD设置。

➢ 线型：分别用于设置【尺寸界线1】和【尺寸界线2】的线型，一般保持默认值为ByBlock（随块）即可。

➢ 线宽：用于设置延伸线的宽度，一般保持默认值为ByBlock（随块）即可。也可以使用变量DIMLWD设置。

➢ 隐藏：【尺寸界线1】和【尺寸界线2】分别控制了第一条和第二条尺寸界线的可见性。

➢ 超出尺寸线：控制尺寸界线超出尺寸线的距离，如图5-13所示。

➢ 起点偏移量：控制尺寸界线起点与标注对象端点的距离，如图5-14所示。

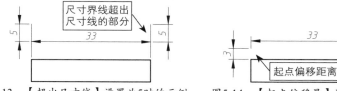

图5-13　【超出尺寸线】设置为5时的示例　　图5-14　【起点偏移量】设置为3时的示例

2. 【符号和箭头】选项卡

【符号和箭头】选项卡中包括【箭头】、【圆心标记】、【折断标注】、【弧长符号】、【半径折弯标注】和【线性折弯标注】共6个选项组，如图5-15所示。

图5-15 【符号和箭头】选项卡

1)【箭头】选项组

➤ 第一个、第二个：用于选择尺寸线两端的箭头样式。在建筑绘图中通常设为【建筑标注】或【倾斜】样式，如图5-16所示。电气制图按常规标准，通常设为【箭头】样式，如图5-17所示。

➤ 引线：用于设置快速引线标注（命令：LE）中的箭头样式，如图5-18所示。

➤ 箭头大小：用于设置箭头的大小。

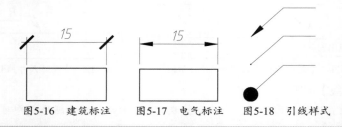

图5-16 建筑标注　　图5-17 电气标注　　图5-18 引线样式

::::::::::::: **提 示** :::::::::::::

AutoCAD中提供了19种箭头，如果选择了第一个箭头的样式，第二个箭头会自动选择和第一个箭头一样的样式。也可以在第二个箭头下拉列表中选择不同的样式。

2)【圆心标记】选项组

圆心标记是一种特殊的标注类型，在使用圆心标记（命令：DIMCENTER）时，可以在圆弧中心生成一个标注符号。【圆心标记】选项组用于设置圆心标记的样式。各选项的含义如下。

➤ 无：使用【圆心标记】命令时，无圆心标记，如图5-19所示。

➤ 标记：创建圆心标记。在圆心位置将会出现小十字标记，如图5-20所示。

➤ 直线：创建中心线。在使用【圆心标记】命令时，十字标记将会延伸到圆或圆弧外边，如图5-21所示。

图5-19 圆心标记为【无】　　图5-20 标记样式　　图5-21 【直线】标记

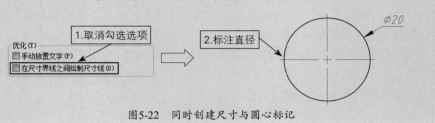

图5-22　同时创建尺寸与圆心标记

3）【折断标注】选项组

其中的【折断大小】文本框可以设置标注折断时标注线的长度。

4）【弧长符号】选项组

在该选项组中可以设置弧长符号的显示位置，包括【标注文字的前缀】、【标注文字的上方】和【无】3种方式，如图5-23所示。

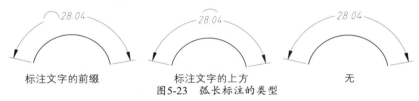

图5-23　弧长标注的类型

5）【半径折弯标注】选项组

其中的【折弯角度】文本框可以确定折弯半径标注中尺寸线的横向角度，其值不能大于90°。

6）【线性折弯标注】选项组

其中的【折弯高度因子】文本框可以设置折弯标注打断时折弯线的高度。

3.【文字】选项卡

【文字】选项卡包括【文字外观】、【文字位置】和【文字对齐】3个选项组，如图5-24所示。

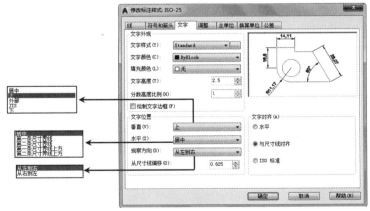

图5-24　【文字】选项卡

1）【文字外观】选项组

➢ 文字样式：用于选择标注的文字样式。也可以单击其后面的 按钮，系统弹出【文字样式】对话框，如图5-25所示。用于选择文字样式或新建文字样式。

➢ 文字颜色：用于设置文字的颜色，一般保持默认值为ByBlock（随块）即可。也可以使用变量DIMCLRT设置。

➢ 填充颜色：用于设置标注文字的背景色，默认为【无】。如果图纸中尺寸标注很多，就会出现图形轮廓线、中心线、尺寸线与标注文字相重叠的情况，这时若将【填充颜色】设置为【背景】，即可有效改善图形。

➢ 文字高度：设置文字的高度，也可以使用变量DIMCTXT设置。

➢ 分数高度比例：设置标注文字的分数相对于其他标注文字的比例，AutoCAD将该比例值与标注文字高度的乘积作为分数的高度。

➢ 绘制文字边框：设置是否给标注文字加边框，如图5-26所示。

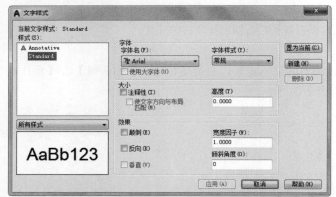

图5-25　【文字样式】对话框

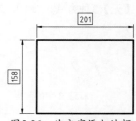

图5-26　为文字添加边框

2）【文字位置】选项组

➢ 垂直：用于设置标注文字相对于尺寸线在垂直方向的位置。【垂直】下拉列表中有【居中】、【上】、【外部】和JIS等选项。选择【居中】选项可以把标注文字放在尺寸线中间；选择【上】选项将把标注文字放在尺寸线的上方；选择【外部】选项可以把标注文字放在远离第一定义点的尺寸线一侧；选择JIS选项则按JIS规则（日本工业标准）放置标注文字。设置标注文字后的各种效果如图5-27所示。

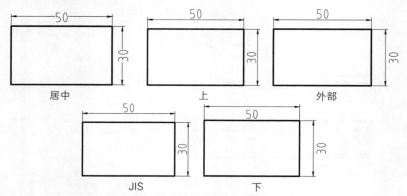

图5-27　文字在垂直方向上的位置效果

➢ 水平：用于设置标注文字相对于尺寸线和延伸线在水平方向的位置。其中水平放置位置有【居中】、【第一条尺寸界线】、【第二条尺寸界线】、【第一条尺寸界线上方】和【第二条尺寸界线上方】，各种效果如图5-28所示。

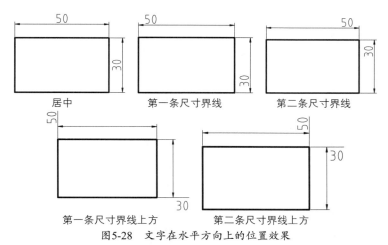

图5-28　文字在水平方向上的位置效果

➢ 从尺寸线偏移：设置标注文字与尺寸线之间的距离，如图5-29所示。

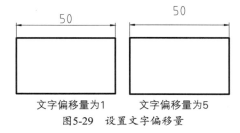

图5-29　设置文字偏移量

3）【文字对齐】选项组

在【文字对齐】选项组中可以设置标注文字的对齐方式，如图5-30所示。各选项的含义如下。

➢ 【水平】单选按钮：无论尺寸线的方向如何，文字始终水平放置。

➢ 【与尺寸线对齐】单选按钮：文字的方向与尺寸线平行。

➢ 【ISO标准】单选按钮：按照ISO标准对齐文字。当文字在尺寸界线内时，文字与尺寸线对齐。当文字在尺寸界线外时，文字水平排列。

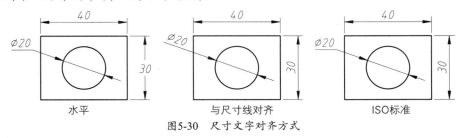

图5-30　尺寸文字对齐方式

4.【调整】选项卡

【调整】选项卡包括【调整选项】、【文字位置】、【标注特征比例】和【优化】4个选项组，可以设置标注文字、尺寸线、尺寸箭头的位置，如图5-31所示。

1）【调整选项】选项组

在【调整选项】选项组中，可以设置当尺寸界线之间没有足够的空间同时放置标注文字和箭头时，应从尺寸界线之间移出的对象，如图5-32所示。各选项的含义如下。

图5-31　【调整】选项卡

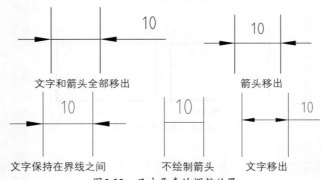

图5-32　尺寸要素的调整效果

➢ 【文字或箭头（最佳效果）】单选按钮：表示由系统选择一种最佳方式来安排尺寸文字和尺寸箭头的位置。

➢ 【箭头】单选按钮：表示将尺寸箭头放置在尺寸界线外侧。

➢ 【文字】单选按钮：表示将标注文字放置在尺寸界线外侧。

➢ 【文字和箭头】单选按钮：表示将标注文字和尺寸线都放置在尺寸界线外侧。

➢ 【文字始终保持在尺寸界线之间】单选按钮：表示标注文字始终放置在尺寸界线之间。

➢ 【若箭头不能放在尺寸界线内，则将其消除】复选框：表示当尺寸界线之间不能放置箭头时，不显示标注箭头。

2）【文字位置】选项组

在【文字位置】选项组中，可以设置当标注文字不在默认位置时应放置的位置，如图5-33所示。各选项的含义如下。

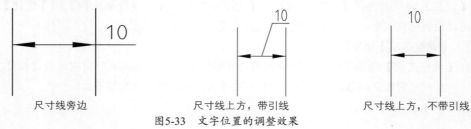

图5-33　文字位置的调整效果

> 【尺寸线旁边】单选按钮：表示当标注文字在尺寸界线外部时，将文字放置在尺寸线旁边。

> 【尺寸线上方，带引线】单选按钮：表示当标注文字在尺寸界线外部时，将文字放置在尺寸线上方并加一条引线相连。

> 【尺寸线上方，不带引线】单选按钮：表示当标注文字在尺寸界线外部时，将文字放置在尺寸线上方，不加引线。

3）【标注特征比例】选项组

在【标注特征比例】选项组中，可以设置标注尺寸的特征比例以便通过设置全局比例来调整标注的大小。各选项的含义如下。

> 【注释性】复选框：勾选该复选框，可以将标注定义成可注释性对象。

> 【将标注缩放到布局】单选按钮：选中该单选按钮，可以根据当前模型空间视口与图纸之间的缩放关系设置比例。

> 【使用全局比例】单选按钮：选中该单选按钮，可以对全部尺寸标注设置缩放比例，该比例不改变尺寸的测量值。

4）【优化】选项组

在【优化】选项组中，可以对标注文字和尺寸线进行细微调整。该选项组包括以下两个复选框。

> 【手动放置文字】复选框：表示忽略所有水平对正设置，并将文字手动放置在尺寸线位置的相应位置。

> 【在尺寸界线之间绘制尺寸线】复选框：表示在标注对象时，始终在尺寸界线间绘制尺寸线。

5.【主单位】选项卡

【主单位】选项卡包括【线性标注】、【测量单位比例】、【消零】、【角度标注】和【消零】5个选项组，如图5-34所示。在该选项卡中，可以对标注尺寸的精度进行设置，并能给标注文本加入前缀或者后缀等。

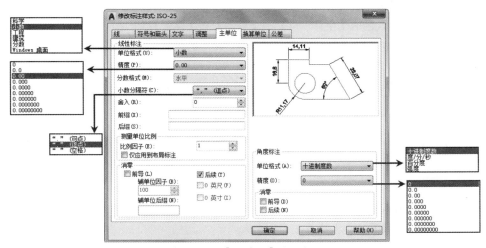

图5-34　【主单位】选项卡

1）【线性标注】选项组

> 单位格式：设置除角度标注之外的其余各标注类型的尺寸单位，包括【科学】、【小数】、

【工程】、【建筑】、【分数】等选项。

➢ 精度：设置除角度标注之外的其他标注的尺寸精度。

➢ 分数格式：当单位格式是分数时，可以设置分数的格式，包括【水平】、【对角】和【非堆叠】3种方式。

➢ 小数分隔符：设置小数的分隔符，包括【逗点】、【句点】和【空格】3种方式。

➢ 舍入：用于设置除角度标注外的尺寸测量值的舍入值。

➢ 前缀/后缀：设置标注文字的前缀和后缀，在相应的文本框中输入字符即可。

2）【测量单位比例】选项组

使用【比例因子】文本框可以设置测量尺寸的缩放比例，AutoCAD的实际标注值为测量值与该比例的积。选中【仅应用到布局标注】复选框，可以设置该比例关系仅适用于布局。

3）【消零】选项组

可以设置是否显示尺寸标注中的前导和后续零，如图5-35所示。

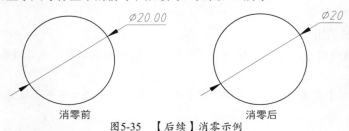

消零前　　　　　　　　　　消零后
图5-35　【后续】消零示例

4）【角度标注】选项组

➢ 单位格式：在此下拉列表中设置标注角度时的单位。

➢ 精度：在此下拉列表中设置标注角度的尺寸精度。

5）【消零】选项组

该选项组中包括【前导】和【后续】两个复选框，设置是否消除角度尺寸的前导和后续零。

6.【换算单位】选项卡

【换算单位】选项卡包括【换算单位】、【消零】和【位置】3个选项组，如图5-36所示。

【换算单位】可以方便地改变标注的单位，通常使用的就是公制单位与英制单位的互换。

勾选【显示换算单位】复选框后，该选项卡中的其他选项才可用，可以在【换算单位】选项组中设置换算单位的【单位格式】、【精度】、【换算单位倍数】、【舍入精度】、【前缀】及【后缀】等，方法与设置【主单位】选项卡的方法相同，在此不一一讲解。

7.【公差】选项卡

【公差】选项卡可以设置公差的标注格式，包括【公差格式】、【公差对齐】、【消零】、【换算单位公差】和【消零】5个选项组，如图5-37所示。在该选项卡中，各主要选项的含义如下。

➢ 方式：在此下拉列表中有表示标注公差的几种方式。

➢ 上偏差和下偏差：设置尺寸上偏差、下偏差值。

➢ 高度比例：确定公差文字的高度比例因子。确定后，AutoCAD将该比例因子与尺寸文字高度之积作为公差文字的高度。

➢ 垂直位置：控制公差文字相对于尺寸文字的位置，包括【上】、【中】和【下】3种方式。

➢ 换算单位公差：当标注换算单位时，可以设置换算单位精度和是否消零。

图5-36 【换算单位】选项卡

图5-37 【公差】选项卡

【练习5-2】：**编辑尺寸标注样式**

介绍编辑尺寸标注样式的方法，难度：☆☆	
素材文件路径：素材\第5章\5-1 新建标注样式-OK.dwg	
效果文件路径：素材\第5章\5-2 编辑标注样式-OK.dwg	
视频文件路径：视频\第5章\5-2 编辑标注样式.MP4	

下面介绍编辑尺寸标注样式的操作步骤。

01 打开本书配备资源中的"素材\第5章\5-1 新建标注样式-OK.dwg"文件。

02 调用D【标注样式】命令，弹出【标注样式管理器】对话框，在【样式】列表框中选择【电气标注】样式，单击【修改】按钮，进入【新建标注样式:电气标注】对话框。

03 选择【线】选项卡，设置【超出尺寸线】、【起点偏移量】选项值，如图5-38所示。

04 选择【符号和箭头】选项卡，设置【箭头】样式及【箭头大小】选项值，如图5-39所示。

图5-38 【线】选项卡

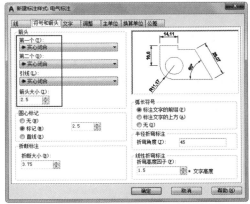

图5-39 【符号和箭头】选项卡

05 选择【文字】选项卡，单击【文字样式】选项后的 按钮，如图5-40所示。

06 在弹出的【文字样式】对话框中单击【新建】按钮，弹出【新建文字样式】对话框，设置【样式名】，如图5-41所示。单击【确定】按钮，关闭对话框。

图5-40 【文字】选项卡

图5-41 设置名称

07 在【文字样式】对话框中设置字体样式，如图5-42所示。单击【应用】按钮，接着单击【关闭】按钮。

08 在【文字样式】下拉列表框中选择【电气标注文字】样式，修改【文字高度】、【从尺寸线偏移】选项值，如图5-43所示。

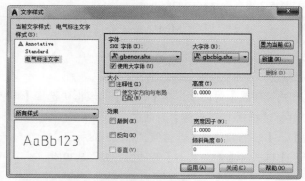

图5-42 选择字体

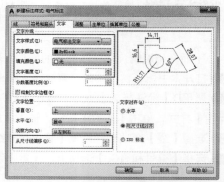

图5-43 设置参数

09 选择【调整】选项卡，设置参数如图5-44所示。

10 选择【主单位】选项卡，设置【单位格式】为【小数】，修改【精度】类型，如图5-45所示。

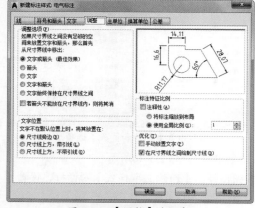

图5-44 【调整】选项卡

图5-45 【主单位】选项卡

11 单击【确定】按钮，返回到【标注样式管理器】对话框。选择【电气标注】样式，单击【置为当前】按钮，如图5-46所示。

12 单击【关闭】按钮，关闭对话框，结束编辑操作。

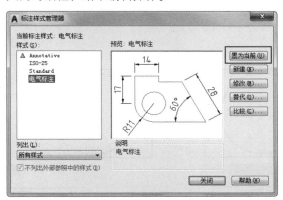

图5-46 【标注样式管理器】对话框

5.2 尺寸的标注

针对不同类型的图形对象，AutoCAD 2018提供了【智能标注】、【线性标注】、【径向标注】、【角度标注】和【多重引线标注】等多种标注类型。

5.2.1 智能标注

【智能标注】命令可以根据选定的对象类型自动创建相应的标注。可自动创建的标注类型包括【垂直标注】、【水平标注】、【对齐标注】、【旋转的线性标注】、【角度标注】、【半径标注】、【直径标注】、【折弯半径标注】、【弧长标注】、【基线标注】、【连续标注】等。如果需要，可以使用命令行选项更改标注类型。

a. 执行方式

执行【智能标注】命令的方法有以下几种。

➤ 【默认】选项卡：在【默认】选项卡中，单击【注释】面板中的【标注】按钮，如图5-47所示。

➤ 【注释】选项卡：在【注释】选项卡中，单击【标注】面板中的【标注】按钮，如图5-48所示。

➤ 命令行：DIM。

图5-47 【注释】面板　　　图5-48 【标注】面板

b. 操作步骤

执行上述任意一种方法后，调用【智能标注】命令，操作过程如图5-49所示。命令行提示如下。

```
命令：_dim↙                                    //调用【智能标注】命令
选择对象或指定第一个尺寸界线原点或 [角度(A)/基线(B)/连续(C)/坐标(O)/对齐(G)/分发(D)/图层(L)/放弃(U)]：
```

指定第一个尺寸界线原点或 ［角度(A)/基线(B)/继续(C)/坐标(O)/对齐(G)/分发(D)/图层(L)/放弃(U)］： //指定第一个尺寸界线原点
指定第二个尺寸界线原点或 ［放弃(U)］： //指定第二个尺寸界线原点
指定尺寸界线位置或第二条线的角度 ［多行文字(M)/文字(T)/文字角度(N)/放弃(U)］：
//指定尺寸界线位置

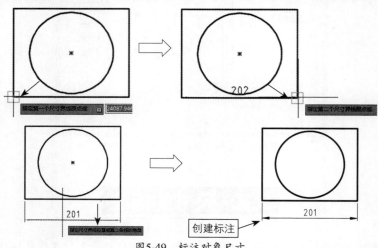

图5-49 标注对象尺寸

c.选项说明

在执行【智能标注】命令的过程中，命令行中各选项的含义如下。

➤ 角度（A）：创建一个角度标注来显示3个点或两条直线之间的角度，操作方法基本同【角度标注】。

➤ 基线（B）：从上一个或选定标准的第一条界线创建线性、角度或坐标标注，操作方法基本同【基线标注】。

➤ 连续（C）：从选定标注的第二条尺寸界线创建线性、角度或坐标标注，操作方法基本同【连续标注】。

➤ 坐标（O）：创建坐标标注，提示选取部件上的点，如端点、交点或对象中心点。

➤ 对齐（G）：将多个平行、同心或同基准的标注对齐到选定的基准标注。

➤ 分发（D）：指定可用于分发一组选定的孤立线性标注或坐标标注的方法。

➤ 图层（L）：为指定的图层指定新标注，以替代当前图层。输入Use Current或【.】以使用当前图层。

将鼠标指针置于对应的图形对象上，就会自动创建出相应的标注，如图5-50所示。

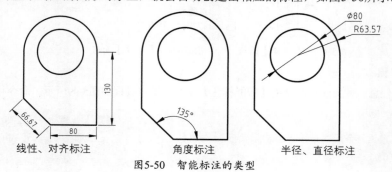

图5-50 智能标注的类型

5.2.2 线性标注

线性标注用于标注任意两点之间的水平或竖直方向的距离。

a. 执行方式

执行【线性标注】命令的方法有以下几种。

➢ 【注释】选项卡：在【注释】选项卡中，单击【标注】面板中的【线性】按钮🔲，如图5-51所示。

➢ 【默认】选项卡：在【默认】选项卡中，单击【注释】面板上的【线性】按钮🔲，如图5-52所示。

➢ 菜单栏：选择菜单【标注】|【线性】命令，如图5-53所示。

➢ 命令行：DIMLINEAR或DLI。

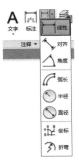

图5-51 单击按钮 　　 图5-52 单击按钮 　　 图5-53 选择命令

b. 操作步骤

执行上述任意一种方法后，调用【线性标注】命令，命令行提示如下。

```
命令：DLI↙                               //调用【线性标注】命令
DIMLINEAR
指定第一个尺寸界线原点或 <选择对象>：
指定第二个尺寸界线原点：
指定尺寸线位置或
[多行文字(M)/文字(T)/角度(A)/水平(H)/垂直(V)/旋转(R)]：
标注文字 = 163
```

在命令行中，可以选择通过【指定原点】或是【选择对象】进行标注。

c. 【指定原点】创建线性标注

默认情况下，在命令行提示下指定第一条尺寸界线的原点，并在【指定第二条尺寸界线原点】提示下指定第二条尺寸界线原点后，命令行提示如下。

```
指定尺寸线位置或[多行文字(M)/文字(T)/角度(A)/水平(H)/垂直(V)/旋转(R)]：
```

因为线性标注有水平和竖直方向两种可能，因此指定尺寸线的位置后，尺寸文字才能够完全确定。以上命令行中各选项的含义如下。

➢ 多行文字：选择该选项，将进入多行文字编辑模式，可以使用【多行文字编辑器】对话框输入并设置标注文字。其中，文字输入窗口中的尖括号（<>）表示系统测量值。

➢ 文字：以单行文字形式输入尺寸文字。

➢ 角度：设置标注文字的旋转角度。

➢ 水平和垂直：指定标注的水平尺寸和垂直尺寸。

➢ 旋转：旋转标注对象的尺寸线。

【指定原点】创建线性标注的操作方法示例如图5-54所示。命令行的操作如下。

```
命令：_dimlinear↙                              //执行【线性标注】命令
指定第一个尺寸界线原点或 <选择对象>：          //选择矩形一个顶点
指定第二个尺寸界线原点：                        //选择矩形另一侧边的顶点
指定尺寸线位置或
[多行文字(M)/文字(T)/角度(A)/水平(H)/垂直(V)/旋转(R)]：    //向上拖动指针，在合适位置
                                                            单击放置尺寸线
标注文字 = 50                                  //生成尺寸标注
```

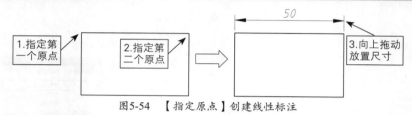

图5-54　【指定原点】创建线性标注

d.【选择对象】创建线性标注

执行【线性标注】命令后，直接按Enter键，则要求选择标注尺寸的对象。选择了对象之后，系统便以对象的两个端点作为两条尺寸界线的起点。

【选择对象】创建线性标注的操作方法示例如图5-55所示。命令行的操作如下。

```
命令：_dimlinear↙                              //执行【线性标注】命令
指定第一个尺寸界线原点或 <选择对象>：          //按Enter键
选择标注对象：                                  //单击直线AB
指定尺寸线位置或
[多行文字(M)/文字(T)/角度(A)/水平(H)/垂直(V)/旋转(R)]：
                    //水平向右拖动指针，在合适位置放置尺寸线（若上下拖动，则生成水平尺寸）
标注文字 = 30
```

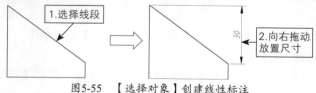

图5-55　【选择对象】创建线性标注

【练习5-3】：标注感温探测器

介绍标注感温探测器的方法，难度：☆	
📄 素材文件路径：素材\第5章\5-3 标注感温探测器.dwg	
◎ 效果文件路径：素材\第5章\5-3 标注感温探测器-OK.dwg	
⬇ 视频文件路径：视频\第5章\5-3 标注感温探测器.MP4	

在火灾发生时物质的燃烧产生大量的热量，使周围温度发生变化。因此，感温探测器是对警戒范围中某一点或某一线路周围温度变化时响应的火灾探测器，它可将温度的变化转换为电信

号，从而达到报警的目的。

01 打开本书配备资源中的"素材\第5章\5.2.3线性标注感温探测器.dwg"文件，如图5-56所示。

02 调用D【标注样式管理器】命令，弹出【标注样式管理器】对话框，设置【标注1】样式为当前样式。

03 调用DLI【线性标注】命令，对感温探测器进行线性标注，命令行操作如下。

```
命令：  DIMLINEAR1                            //启动【线性标注】命令
指定第一个尺寸界线原点或 <选择对象>：          //拾取端点作为标注原点
指定第二个尺寸界线原点：                       //拾取端点作为标注原点
指定尺寸线位置或                               //移动鼠标指定尺寸线位置
[多行文字(M)/文字(T)/角度(A)/水平(H)/垂直(V)/旋转(R)]：
标注文字 = 500                                //标注结果如图5-57所示
```

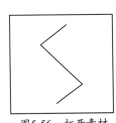
图5-56　打开素材

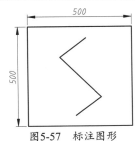
图5-57　标注图形

5.2.3　对齐标注

使用线性标注无法创建对象在倾斜方向上的尺寸，这时可以使用对齐标注。

a. 执行方式

执行【对齐标注】命令的方法有以下几种。

➤ 【注释】选项卡：在【注释】选项卡中，单击【标注】面板中的【已对齐】按钮，如图5-58所示。

➤ 【默认】选项卡：在【默认】选项卡中，单击【注释】面板中的【对齐】按钮，如图5-59所示。

➤ 菜单栏：选择菜单【标注】|【对齐】命令，如图5-60所示。

➤ 命令行：DIMALIGNED或DAL。

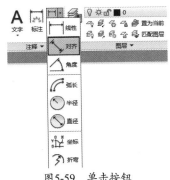

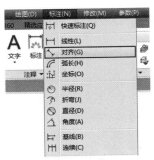

图5-58　单击按钮　　　　图5-59　单击按钮　　　　图5-60　选择命令

b. 执行方式

执行上述任意一种方法后，调用【对齐标注】命令，操作过程如图5-61所示。命令行提示如下。

```
命令：_dimalignedl                          //调用【对齐标注】命令
指定第一个尺寸界线原点或 <选择对象>：
指定第二个尺寸界线原点：                       //依次指定尺寸界线原点

指定尺寸线位置或
[多行文字(M)/文字(T)/角度(A)]：               //指定尺寸线位置
标注文字 = 183
```

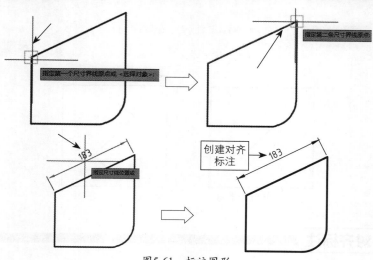

图5-61　标注图形

介绍标注敏感开关图形的方法，难度：☆
素材文件路径：素材\第5章\5-4 标注敏感开关图形.dwg
效果文件路径：素材\第5章\5-4 标注敏感开关图形-OK.dwg
视频文件路径：视频\第5章\5-4 标注敏感开关图形.MP4

下面介绍标注敏感开关图形的操作步骤。

01 单击快速访问工具栏中的【打开】按钮📂，打开本书配备资源中的"素材\第5章\5-5 标注敏感开关图形.dwg"文件，如图5-62所示。

02 在【默认】选项卡中，单击【注释】面板中的【对齐】按钮，标注对齐尺寸，如图5-63所示。命令行提示如下。

```
命令：_dimaligned↙                         //调用【对齐标注】命令
指定第一个尺寸界线原点或 <选择对象>：          //指定标注对象起点
指定第二个尺寸界线原点：                       //指定标注对象终点
指定尺寸线位置或
[多行文字(M)/文字(T)/角度(A)]：               //单击鼠标左键，指定尺寸线位置即可
标注文字 = 8
```

03 使用同样的方法，标注其他对齐尺寸，标注完成后结果如图5-64所示。

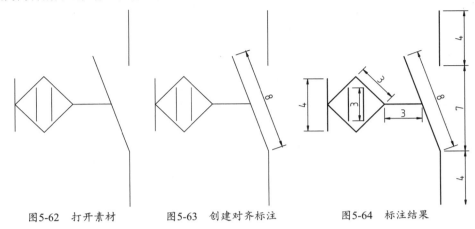

图5-62 打开素材　　　　图5-63 创建对齐标注　　　　图5-64 标注结果

5.2.4 角度标注

利用【角度标注】命令不仅可以标注两条相交直线间的角度，还可以标注3个点之间的夹角和圆弧的圆心角。

a. 执行方式

执行【角度标注】命令的方法有以下几种。

➤ 【注释】选项卡：在【注释】选项卡中，单击【标注】面板中的【角度】按钮△，如图5-65所示。

➤ 【默认】选项卡：在【默认】选项卡中，单击【注释】面板中的【角度】按钮△，如图5-66所示。

➤ 菜单栏：选择菜单【标注】|【角度】命令，如图5-67所示。

➤ 命令行：DIMANGULAR或DAN。

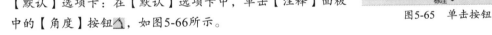

图5-65 单击按钮

图5-66 单击按钮　　　　图5-67 选择命令

b. 操作步骤

执行上述任意一种方法后，调用【角度标注】命令，操作过程如图5-68所示。命令行提示如下。

```
命令：_dimangular↙                              //调用【角度标注】命令
选择圆弧、圆、直线或 <指定顶点>：
```

```
选择第二条直线:                                              //依次选择两条线段
指定标注弧线位置或 [多行文字(M)/文字(T)/角度(A)/象限点(Q)]:  //拖动鼠标,指定弧线位置
标注文字 = 52
```

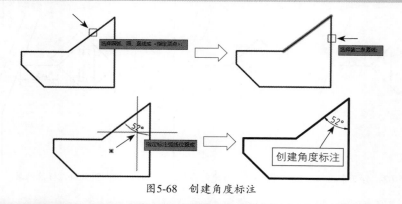

图5-68　创建角度标注

【练习5-5】:　标注熔断式隔离开关

	介绍标注熔断式隔离开关的方法,难度: ☆
	素材文件路径: 素材\第5章\5-5 标注熔断式隔离开关.dwg
	效果文件路径: 素材\第5章\5-5 标注熔断式隔离开关-OK.dwg
	视频文件路径: 视频\第5章\5-5 标注熔断式隔离开关.MP4

　　熔断式隔离开关是根据电流超过规定值一定时间后,以其自身产生的热量使熔体熔化,从而使电路断开的原理制成的一种电流保护器。

01 单击快速访问工具栏中的【打开】按钮📂,打开本书配备资源中的"素材\第5章\5-6 标注熔断式隔离开关.dwg"文件,如图5-69所示。

02 在【默认】选项卡中,单击【注释】面板中的【角度】按钮△,标注熔断式隔离开关的角度尺寸,如图5-70所示。命令行提示如下。

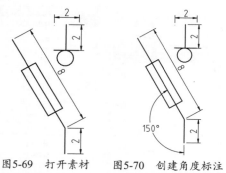

图5-69　打开素材　　　图5-70　创建角度标注

```
命令: _dimangular↙                                        //调用【角度标注】命令
选择圆弧、圆、直线或 <指定顶点>:                            //指定第一条直线
选择第二条直线:                                            //指定第二条直线
指定标注弧线位置或 [多行文字(M)/文字(T)/角度(A)/象限点(Q)]: //指定尺寸线位置即可
标注文字 = 150
```

5.2.5 弧长标注

弧长标注用于标注圆弧、椭圆弧或者其他弧线的长度。

a. 执行方式

执行【弧长标注】命令的方法有以下几种。

图5-71 单击按钮

- ➤ 【注释】选项卡：在【注释】选项卡中，单击【标注】面板中的【弧长】按钮 ，如图5-71所示。
- ➤ 【默认】选项卡：在【默认】选项卡中，单击【注释】面板中的【弧长】按钮 ，如图5-72所示。
- ➤ 菜单栏：选择菜单【标注】|【弧长】命令，如图5-73所示。
- ➤ 命令行：DIMARC。

图5-72 单击按钮　　　　图5-73 选择命令

b. 操作步骤

执行上述任意一种方法后，调用【弧长标注】命令，操作过程如图5-74所示。命令行提示如下。

```
命令: _dimarc↙                              //执行【弧长标注】命令
选择弧线段或多段线圆弧段:                     //单击选择要标注的圆弧
指定弧长标注位置或 [多行文字(M)/文字(T)/角度(A)/部分(P)/引线(L)]:
                                            //在合适的位置放置标注
标注文字 = 67
```

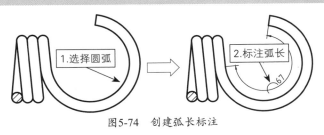

图5-74 创建弧长标注

5.2.6 半径标注与直径标注

径向标注一般用于标注圆或圆弧的直径或半径。标注径向尺寸需要选择圆或圆弧，然后确定尺寸线的位置。在默认情况下，系统自动在标注值前添加尺寸符号，包括半径（R）或直径（Ø）。

1. 半径标注

利用半径标注可以快速标注圆或圆弧的半径大小。

a. 执行方式

执行【半径】标注命令的方法有以下几种。

图5-75 单击按钮

➤ 【注释】选项卡：在【注释】选项卡中，单击【标注】面板中的【半径】按钮◎，如图5-75所示。

➤ 【默认】选项卡：在【默认】选项卡中，单击【注释】面板中的【半径】按钮◎，如图5-76所示。

➤ 菜单栏：选择菜单【标注】|【半径】命令，如图5-77所示。

➤ 命令行：DIMRADIUS或DRA。

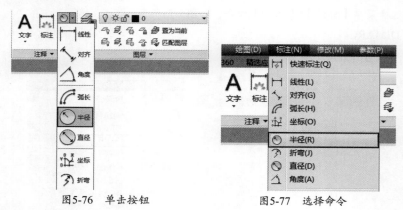

图5-76 单击按钮   图5-77 选择命令

b. 操作步骤

执行上述任意一种方法后，命令行提示选择需要标注的对象，单击圆或圆弧即可生成半径标注，拖动鼠标在合适的位置放置尺寸线。【半径】标注方法的操作示例如图5-78所示。命令行操作如下。

```
命令: _dimradius↙                              //执行【半径】标注命令
选择圆弧或圆:                                   //单击选择圆弧A
标注文字 = 150
指定尺寸线位置或 [多行文字(M)/文字(T)/角度(A)]:   //在圆弧内侧合适位置放置尺寸线
```

再重复【半径】标注命令，按此方法标注圆弧B的半径即可。

在系统默认情况下，自动加注半径符号R。但如果在命令行中选择【多行文字】和【文字】选项重新确定尺寸文字时，只有在输入的尺寸文字加前缀，才能使标注出的半径尺寸有半径符号R，否则没有该符号。

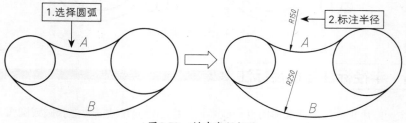

图5-78 创建半径标注

2. 直径标注

利用直径标注可以标注圆或圆弧的直径大小。

a. 执行方式

执行【直径】标注命令的方法有以下几种。

图5-79 单击按钮

➢ 【注释】选项卡：在【注释】选项卡中，单击【标注】面板中的【直径】按钮◎，如图5-79所示。

➢ 【默认】选项卡：在【默认】选项卡中，单击【注释】面板中的【直径】按钮◎，如图5-80所示。

➢ 菜单栏：选择菜单【标注】|【直径】命令，如图5-81所示。

➢ 命令行：DIMDIAMETER或DDI。

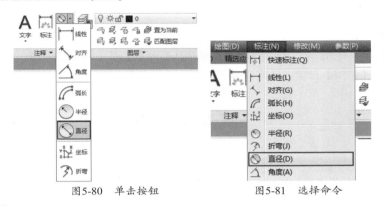

图5-80 单击按钮   图5-81 选择命令

b. 操作步骤

执行上述任意一种方法后，调用【直径】标注命令，操作过程如图5-82所示。命令行提示如下。

```
命令：_dimdiameter↙                                    //调用【直径】标注命令
选择圆弧或圆：                                          //选择对象
标注文字 = 146
指定尺寸线位置或 [多行文字(M)/文字(T)/角度(A)]：        //移动鼠标，指定尺寸线位置
```

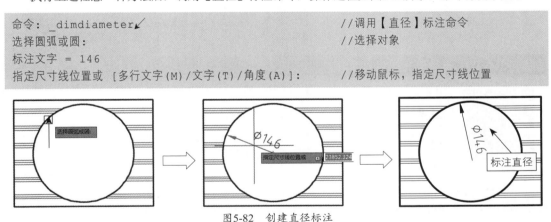

图5-82 创建直径标注

5.3 多重引线标注

使用【多重引线】命令可以引出文字注释、倒角标注、标注零件号、引出公差等。引线的标注样式由多重引线样式控制。

5.3.1 管理多重引线样式

通过【多重引线样式管理器】对话框可以设置多重引线的箭头、引线、文字等特征。

图5-83　单击按钮

a. 执行方式

打开【多重引线样式管理器】对话框的方法有以下几种。

➢ 【注释】选项卡：在【注释】选项卡中，单击【引线】面板右下角的【多重引线样式管理器】按钮▣，如图5-83所示。

➢ 【默认】选项卡：在【默认】选项卡中，单击【注释】面板中的【多重引线样式管理器】按钮◪，如图5-84所示。

➢ 菜单栏：选择菜单【格式】|【多重引线样式】命令，如图5-85所示。

➢ 命令行：MLEADERSTYLE或MLS。

b. 操作步骤

执行上述任意一种方法后，弹出【多重引线样式管理器】对话框，如图5-86所示。选择已有的引线样式，单击【修改】按钮，修改样式参数。或者单击【新建】按钮，设置样式名称，创建新的引线样式。

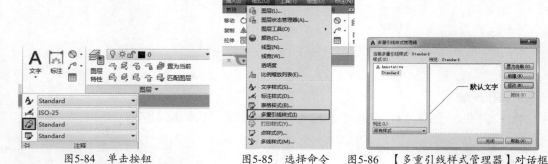

图5-84　单击按钮　　　图5-85　选择命令　　　图5-86　【多重引线样式管理器】对话框

【练习5-6】：创建电气制图引线样式

	介绍创建电气制图引线样式的方法，难度：☆☆
素材文件路径：	素材\第5章\5-2 编辑标注样式-OK.dwg
效果文件路径：	素材\第5章\5-6 创建电气制图引线样式-OK.dwg
视频文件路径：	视频\第5章\5-6 创建电气制图引线样式.MP4

下面介绍创建电气制图引线样式的操作步骤。

01 打开本书配备资源中的"素材\第5章\5-2 编辑标注样式-OK.dwg"文件。

02 在命令行中输入MLS，弹出【多重引线样式管理器】对话框，单击【新建】按钮，设置样式名称，如图5-87所示。

03 单击【继续】按钮，进入【修改多重引线样式:电气引线标注】对话框，选择【引线格式】选项卡，选择【符号】样式为【实心闭合】，设置【大小】为4，如图5-88所示。

04 选择【引线结构】选项卡，设置参数如图5-89所示。

05 选择【内容】选项卡，单击【文字样式】下拉按钮，选择【电气标注文字】样式，设置【文字高度】为6，如图5-90所示。

06 单击【确定】按钮，返回到【多重引线样式管理器】对话框。选择【电气引线标注】样式，如图5-91所示，单击【置为当前】按钮。

图5-87　设置名称　　　　　　图5-88　【引线格式】选项卡

图5-89　【引线结构】选项卡

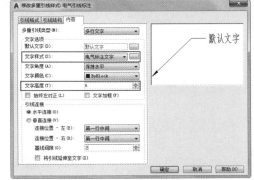

图5-90　【内容】选项卡

07 单击【关闭】按钮，关闭对话框。创建引线标注样式的结果如图5-92所示。

图5-91　单击按钮　　　　　　图5-92　创建结果

5.3.2　创建多重引线标注

调用【多重引线】命令，依次指定引线箭头、基线的位置，创建引线标注。

a. 执行方式

执行【多重引线】命令的方法有以下几种。

图5-93　单击按钮

➤ 【注释】选项卡：在【注释】选项卡中，单击【引线】面板中的
【多重引线】按钮，如图5-93所示。

➤ 【默认】选项卡：在【默认】选项卡中，单击【注释】面板中的【引线】按钮，如图5-94
所示。

> 菜单栏：选择菜单【标注】|【多重引线】命令，如图5-95所示。
> 命令行：MLEADER或MLD。

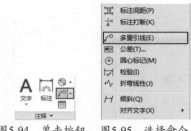

图5-94　单击按钮　图5-95　选择命令

b. 操作步骤

执行上述任意一种方法后，调用【多重引线】命令，操作过程如图5-96所示。命令行提示如下。

```
命令：MLD↙                                              //调用【多重引线】命令
MLEADER
指定引线箭头的位置或 [引线基线优先(L)/内容优先(C)/选项(O)] <选项>： //指定箭头位置
指定引线基线的位置：                                       //指定基线位置
```

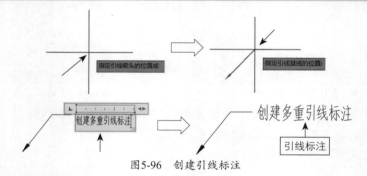

图5-96　创建引线标注

c. 选项说明

在执行【多重引线】命令的过程中，命令行中各选项的含义如下。

> 引线基线优先（L）:选择该选项，首先指定引线基线的位置，操作过程如图5-97所示。命令行提示如下。

```
命令：MLD↙                                              //调用【多重引线】命令
MLEADER
指定引线箭头的位置或 [引线基线优先(L)/内容优先(C)/选项(O)] <引线基线优先>： L↙
                                                       //选择【引线基线优先】选项
指定引线基线的位置或 [引线箭头优先(H)/内容优先(C)/选项(O)] <引线箭头优先>：
                                                       //指定引线位置
指定引线箭头的位置：                                       //指定箭头位置
```

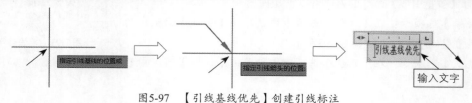

图5-97　【引线基线优先】创建引线标注

➢ 内容优先（C）：选择该选项，首先输入标注文字，再指定基线与箭头的位置，操作过程如
　图5-98所示。命令行提示如下。

```
命令：MLD↙                                              //调用【引线标注】命令
MLEADER
指定引线基线的位置或 [引线箭头优先(H)/内容优先(C)/选项(O)] <引线箭头优先>：C↙
                                                       //选择【内容优先】选项
指定文字的第一个角点或 [引线箭头优先(H)/引线基线优先(L)/选项(O)] <选项>：
指定对角点：                                            //依次指定角点，绘制矩形文本框
指定引线箭头的位置：                                    //指定箭头位置
```

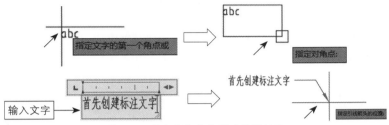

图5-98　【内容优先】创建引线标注

➢ 选项（O）：输入O，命令行提供若干选项。输入选项后的字母，选择该选项，更改引线标注
　的显示外观，命令行提示如下。

```
命令：MLD↙                                              //调用【引线标注】命令
MLEADER
指定文字的第一个角点或 [引线箭头优先(H)/引线基线优先(L)/选项(O)] <选项>：O↙
                                                       //选择【选项】选项
输入选项 [引线类型(L)/引线基线(A)/内容类型(C)/最大节点数(M)/第一个角度(F)/第二个角度
(S)/退出选项(X)] <退出选项>：
```

d.【文字编辑器】选项卡

在绘图区域中指定引线基线的位置后，进入【文字编辑器】选项卡，如图5-99所示。

图5-99　【文字编辑器】选项卡

【样式】面板中各选项的含义如下。

➢ 【样式】列表框：显示文字样式。

➢ 【注释性】按钮：单击该按钮，将引线标注设置为【注释性标注】。

➢ 【文字高度】选项：显示引线样式中文字的高度，修改选项值，重新定义字高。

➢ 【遮罩】按钮：单击该按钮，弹出【背景遮罩】对话框，如图5-100所示。设置背景遮罩颜
　色，在文字后放置不透明背景，如图5-101所示。

图5-100 【背景遮罩】对话框 图5-101 添加背景遮罩

【格式】面板中各选项的含义如下。

➤ 【匹配文字格式】按钮：单击该按钮，将选定文字的格式应用到相同多行文字对象中的其他字符。

➤ 【粗体】按钮：为选中的文字添加或禁用粗体格式，如图5-102所示。

➤ 【斜体】按钮：为选中的文字添加或禁用斜体格式，如图5-103所示。

➤ 【删除线】按钮：为选中的文字添加或者禁用删除线，如图5-104所示。

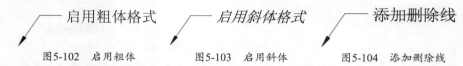

图5-102 启用粗体 图5-103 启用斜体 图5-104 添加删除线

➤ 【下画线】按钮：为选中的文字添加或删除下画线，如图5-105所示。

➤ 【上画线】按钮：为选中的文字添加或删除上画线，如图5-106所示。

➤ 【堆叠】按钮：堆叠分数和公差格式的文字。利用斜线（/）垂直堆叠分数，如图5-107所示。利用磅字符（#）沿对角方向堆叠分数。利用插入符号（^）堆叠公差。

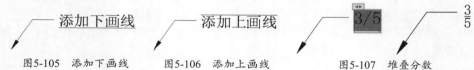

图5-105 添加下画线 图5-106 添加上画线 图5-107 堆叠分数

➤ 【上标】按钮：将选中的文字切换为【上标】格式，如图5-108所示。或者禁用【上标】格式。

➤ 【下标】按钮：将选中的文字切换为【下标】格式，如图5-109所示。或者禁用【下标】格式。

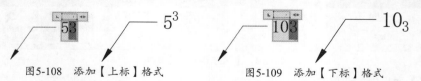

图5-108 添加【上标】格式 图5-109 添加【下标】格式

➤ 【改变大小写】按钮：单击该按钮，在【大写】与【小写】两个格式之间切换。

➤ 【字体】下拉列表：单击下拉按钮，弹出字体下拉列表，如图5-110所示。选择字体，更改选中文字的样式。

➤ 【颜色】下拉面板：在该下拉面板中选择颜色，如图5-111所示，重新定义选中文字的颜色。

➤ 【清除】按钮：单击该按钮，在弹出的下拉列表中选择选项，如图5-112所示。清除选中文字的格式。
【段落】面板中各选项的含义如下。

➤ 【对正】按钮：在下拉列表中提供多种对正方式，如图5-113所示。更改选中文字的对正方式。

➤ 【项目符号和编号】按钮：在下拉列表中显示多种编号方式，如图5-114所示。选择【关闭】选项，关闭显示文字中的符号和编号。

图5-110 【字体】下拉列表　　图5-111 【颜色】下拉面板

 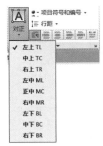

图5-112 【清除】下拉列表　　图5-113 【对正】下拉列表

> 【行距】按钮：在下拉列表中显示行距类型，如图5-115所示。选择【更多】选项，弹出【段落】对话框，如图5-116所示，在其中设置行距参数。

图5-114 【项目符号和编号】下拉列表　　图5-115 【行距】下拉列表

> 【对齐方式】按钮：单击相应的按钮，更改文字的对齐方式。

　【插入】面板中各选项的含义如下。

> 【列】按钮：单击该按钮，在弹出的下拉列表中选择选项，如图5-117所示，设置文字的分栏形式。

图5-116 【段落】对话框　　图5-117 【列】下拉列表

> 【符号】按钮：单击该按钮，弹出符号下拉列表，如图5-118所示。选择选项，在文本中添加符号，如图5-119所示。

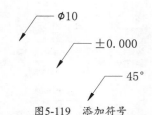

图5-118 【符号】列表   图5-119 添加符号

【练习5-7】：添加多重引线标注

| 介绍添加多重引线标注的方法，难度：☆☆ |
| 素材文件路径：素材\第5章\5-7 添加多重引线标注.dwg |
| 效果文件路径：素材\第5章\5-7 添加多重引线标注-OK.dwg |
| 视频文件路径：视频\第5章\5-7 添加多重引线标注.MP4 |

电气照明平面图是反映电气照明回路电源在平面上布置情况的图纸。下面将在一个简单电气平面图上为各电器元件添加引线，并标注文字说明。

01 打开本书配备资源中的"素材\第5章\5-7 添加多重引线标注.dwg"文件，如图5-120所示。

02 在【默认】选项卡中，单击【注释】面板中的【多重引线样式】按钮![按钮]，弹出【多重引线样式管理器】对话框，单击【修改】按钮，如图5-121所示。

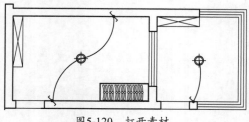

图5-120 打开素材   图5-121 单击按钮

03 弹出【修改多重引线样式:电气引线标注】对话框，在【引线格式】选项卡中修改符号大小为100，如图5-122所示。

04 在【引线结构】选项卡中，修改基线距离为300，如图5-123所示。

05 在【内容】选项卡中，修改文字高度为200，如图5-124所示。单击【确定】按钮，完成多重引线样式修改。

图5-122　更改符号大小

图5-123　设置基线距离

06 在【默认】选项卡中，单击【注释】面板中的【多重引线】按钮，创建多重引线，如图5-125所示。命令行提示如下。

```
命令：_mleader↙                                              //调用[多重引线]命令
指定引线箭头的位置或 [引线基线优先(L)/内容优先(C)/选项(O)] <选项>://指定引线箭头位置
指定引线基线的位置：                                          //指定引线基线位置即可
```

图5-124　更改文字高度

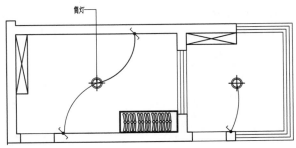
图5-125　绘制引线标注

07 按Enter键，再次调用【多重引线】命令，标注其他图形，最终效果如图5-126所示。

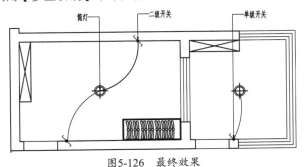
图5-126　最终效果

5.4　尺寸标注的编辑

在创建尺寸标注后，如未能达到预期的效果，还可以对尺寸标注进行编辑，例如修改尺寸标注文字的内容、编辑标注文字的位置、更新标注和关联标注等操作，而不必删除所标注的尺寸对象再重新进行标注。

5.4.1　标注打断

为了使图纸尺寸结构清晰，在与标注线交叉的位置可以执行【标注打断】操作。

a. 执行方式

执行【标注打断】命令的方法有以下几种。

➢ 功能区：在【注释】选项卡中，单击【标注】面板中的【打断】按钮 ，如图5-127所示。
➢ 菜单栏：选择菜单【标注】|【标注打断】命令，如图5-128所示。
➢ 命令行：DIMBREAK。

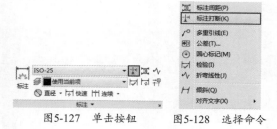

图5-127　单击按钮　　　图5-128　选择命令

b. 操作步骤

执行上述任意一种方法后，调用【标注打断】命令，操作过程如图5-129所示。命令行提示如下。

```
命令：_DIMBREAK↙                                        //执行【标注打断】命令
选择要添加/删除折断的标注或 [多个(M)]：                    //选择线性尺寸标注
选择要折断标注的对象或 [自动(A)/手动(M)/删除(R)] <自动>：M↙ //选择【手动】选项
指定第一个打断点：                                //在交点一侧单击指定第一个打断点
指定第二个打断点：                                //在交点另一侧单击指定第二个打断点
1 个对象已修改
```

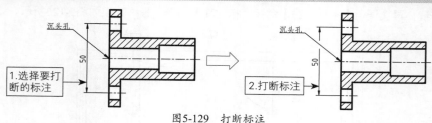

图5-129　打断标注

c. 选项说明

在执行【标注打断】命令的过程中，命令行中各选项的含义如下。

➢ 自动（A）：此选项是默认选项，用于在标注相交位置自动生成打断，打断的距离不可控制。
➢ 手动（M）：选择此选项，需要用户指定两个打断点，将两点之间的标注线打断。
➢ 删除（R）：选择此选项可以删除已创建的打断。

5.4.2　编辑标注

利用【编辑标注】命令可以一次修改一个或多个尺寸标注对象上的文字内容、方向、放置位置以及倾斜尺寸界线。

a. 执行方式

执行【编辑标注】命令的方法有以下几种。

➤ 功能区：在【注释】选项卡中，单击【标注】面板中的相应按钮（【文字角度】按钮、【左对正】按钮、【居中对正】按钮和【右对正】按钮），如图5-130所示。

图5-130　单击按钮

➤ 命令行：DIMEDIT或DED。

b. 操作步骤

执行上述任意一种方法后，调用【编辑标注】命令，命令行提示如下。

```
命令：DED✓                                    //调用【编辑标注】命令
DIMEDIT
输入标注编辑类型 [默认(H)/新建(N)/旋转(R)/倾斜(O)] <默认>：    //选择选项，编辑尺寸标注
```

c. 选项说明

在执行【编辑标注】命令的过程中，命令行中各选项的含义如下。

➤ 默认（H）：选择该选项并选择尺寸对象，可以按默认位置和方向放置尺寸文字。

➤ 新建（N）：选择该选项后，弹出文字编辑器，选中输入框中的所有内容，然后重新输入需要的内容。单击【确定】按钮，返回绘图区域，单击要修改的标注，按Enter键即可完成标注文字的修改。操作过程如图5-131所示。

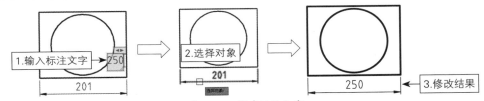

图5-131　新建标注文字

➤ 旋转（R）：选择该选项后，命令行提示【指定标注文字的角度】，此时，输入文字旋转角度后，单击要修改的文字对象，即可完成文字的旋转，如图5-132所示。

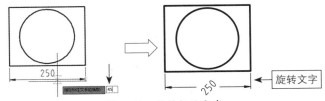

图5-132　旋转标注文字

➤ 倾斜（O）：用于修改尺寸界线的倾斜度。选择该选项后，命令行会提示选择修改对象，并要求输入倾斜角度。操作过程如图5-133所示。

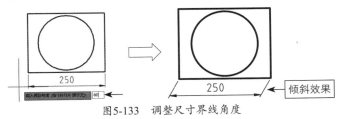

图5-133　调整尺寸界线角度

【练习5-8】：编辑标注文字内容

介绍编辑标注文字内容的方法，难度：☆
🔹 素材文件路径：素材\第5章\5-8 编辑标注文字内容.dwg
🔹 效果文件路径：素材\第5章\5-8 编辑标注文字内容-OK.dwg
🔹 视频文件路径：视频\第5章\5-8 编辑标注文字内容.MP4

下面介绍编辑标注文字内容的操作步骤。

01 打开本书配备资源中的"素材\第5章\5-8 编辑标注文字内容.dwg"文件，如图5-134所示。

02 在需要编辑的尺寸标注上，双击鼠标，弹出文本输入框，输入文字【尺寸总长度】，如图5-135所示。

03 在空白区域单击鼠标左键，修改文字内容的结果如图5-136所示。

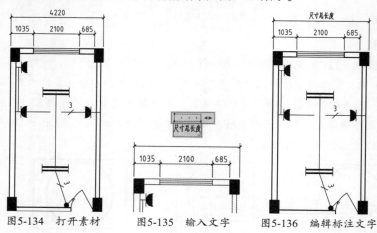

图5-134　打开素材　　　图5-135　输入文字　　　图5-136　编辑标注文字

5.4.3　编辑多重引线

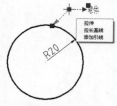

图5-137　快捷菜单

使用【多重引线】命令注释对象后，可以对引线的位置和注释内容进行编辑。选中创建的多重引线，引线对象以夹点模式显示，将光标移至夹点，系统弹出快捷菜单，如图5-137所示。可以执行拉伸、拉长基线操作，还可以添加引线。也可以单击夹点之后，拖动夹点调整转折的位置。

1. 添加引线

使用【添加引线】命令为现有的多重引线对象添加引线。

a. 执行方式

执行【添加引线】命令的方法有以下两种。

➢ 【默认】选项卡：在【默认】选项卡中，单击【注释】面板中的【添加引线】按钮，如图5-138所示。

➢ 【注释】选项卡：在【注释】选项卡中，单击【引线】面板中的【添加引线】按钮，如图5-139所示。

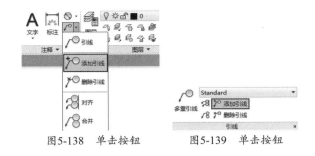

图5-138　单击按钮　　　图5-139　单击按钮

b. 操作步骤

执行上述任意一种方法后，调用【添加引线】命令。根据命令行的提示，首先选择多重引线标注，接着依次指定引线箭头的位置，即可添加引线。操作过程如图5-140所示。

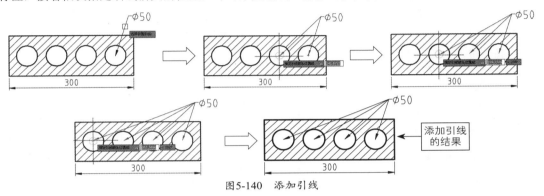

图5-140　添加引线

2. 删除引线

执行【删除引线】命令的方法有以下两种。

➤ 【默认】选项卡：在【默认】选项卡中，单击【注释】面板中的【删除引线】按钮，如图5-141所示。

➤ 【注释】选项卡：在【注释】选项卡中，单击【引线】面板中的【删除引线】按钮，如图5-142所示。

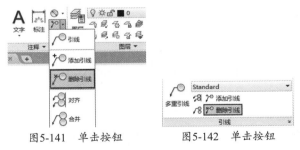

图5-141　单击按钮　　　图5-142　单击按钮

执行上述任意一种方法后，调用【删除引线】命令。首先选择多重引线标注，接着选择要删除的引线即可。

3. 对齐

使用【对齐】命令将多重引线对齐，并且按照一定的间距排列。

a. 执行方式

执行【对齐】命令的方法有以下两种。

➤ 【默认】选项卡：在【默认】选项卡中，单击【注释】面板中的【对齐】按钮，如图5-143所示。

➢ 【注释】选项卡：在【注释】选项卡中，单击【引线】面板中的【对齐】按钮，如图5-144所示。

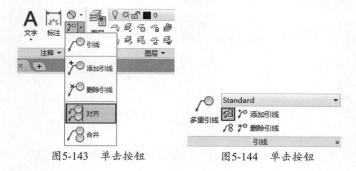

图5-143　单击按钮　　　　　　图5-144　单击按钮

b. 操作步骤

执行上述任意一种方法后，调用【对齐】命令。首先选择多重引线标注，例如②、③引线标注；接着选择要对齐到的多重引线标注，例如①引线标注。结果是②、③引线标注对齐于①引线标注。操作过程如图5-145所示。

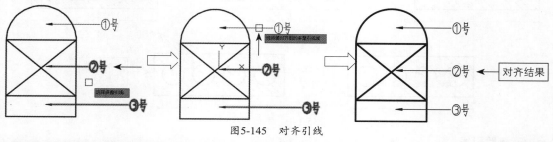

图5-145　对齐引线

【练习5-9】：添加引线

介绍添加引线的方法，难度：☆
素材文件路径：素材\第5章\5-9 添加引线.dwg
效果文件路径：素材\第5章\5-9 添加引线-OK.dwg
视频文件路径：视频\第5章\5-9 添加引线.MP4

下面介绍添加引线的操作步骤。

01 打开本书配备资源中的"素材\第5章\5-9 添加引线.dwg"文件，如图5-146所示。

02 在【默认】选项卡中，单击【注释】面板中的【添加引线】按钮，选择【双管荧光灯】引线标注。

03 移动鼠标，指定引线位置，添加引线的结果如图5-147所示。

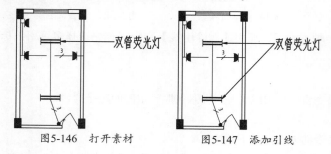

图5-146　打开素材　　　　　　图5-147　添加引线

5.4.4 更新尺寸标注

更新标注可以用当前标注样式更新标注对象，也可以将标注系统变量保存或恢复到选定的标注样式。

a. 执行方式

执行【更新】标注命令的方法有以下几种。

➢ 功能区：在【注释】选项卡中，单击【标注】面板中的【更新】按钮，如图5-148所示。

➢ 菜单栏：选择菜单【标注】|【更新】命令，如图5-149所示。

➢ 命令行：-DIMSTYLE。

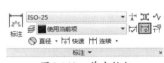 

图5-148　单击按钮　　　图5-149　选择命令

b. 操作步骤

执行上述任意一种方法后，调用【更新】标注命令，命令行提示如下。

```
命令： _-dimstyle↙                        //调用【更新】标注命令
当前标注样式： Standard    注释性： 否
输入标注样式选项
[注释性(AN)/保存(S)/恢复(R)/状态(ST)/变量(V)/应用(A)/?] <恢复>： _apply
选择对象： 找到 1 个                       //选择尺寸标注
```

c. 选项说明

在执行【更新】命令的过程中，命令行中各选项的含义如下。

➢ 注释性（AN）：用于创建注释性标注样式。

➢ 保存（S）：用于将标注系统变量的当前设置保存到标注样式。

➢ 恢复（R）：用于将标注系统变量设置恢复为选定标注样式的设置。

➢ 状态（ST）：用于显示图形中所有标注系统变量的当前值。

➢ 变量（V）：用于列出某个标注样式或选定标注的标注系统变量设置，但不修改当前设置。

➢ 应用（A）：将当前尺寸标注系统变量设置应用到选定标注对象，永久替代应用于这些对象的任何现有标注样式。

【练习5-10】： 更新尺寸标注	
	介绍更新尺寸标注的方法，难度：☆
	素材文件路径：素材\第5章\5-10 更新尺寸标注.dwg
	效果文件路径：素材\第5章\5-10 更新尺寸标注-OK.dwg
	视频文件路径：视频\第5章\5-10 更新尺寸标注.MP4

下面介绍更新尺寸标注的操作步骤。

01 单击快速访问工具栏中的【打开】按钮，打开本书配备资源中的"素材\第5章\5-10 更新尺寸标注.dwg"文件，如图5-150所示。

02 在命令行中输入DIMSTYLE命令，弹出【标注样式管理器】对话框，选择Standard样式，单击【置为当前】按钮，如图5-151所示。

03 在【注释】选项卡中，单击【标注】面板中的【更新】按钮**Fal**，更新标注，如图5-152所示。命令行操作如下。

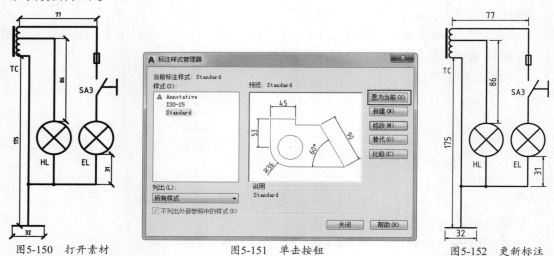

图5-150 打开素材   图5-151 单击按钮   图5-152 更新标注

```
命令：_-dimstyle✓                              //调用【更新】命令
当前标注样式：Standard    注释性：否
输入标注样式选项
[注释性(AN)/保存(S)/恢复(R)/状态(ST)/变量(V)/应用(A)/?] <恢复>：_apply✓
选择对象：找到 1 个
选择对象：找到 1 个，总计 2 个
选择对象：找到 1 个，总计 3 个
选择对象：找到 1 个，总计 4 个
选择对象：找到 1 个，总计 5 个                  //选择更新标注对象
选择对象：                                     //按Enter键结束
```

5.4.5 翻转箭头

当尺寸界线内的空间狭窄时，可使用翻转箭头将尺寸箭头翻转到尺寸界线之外，使尺寸标注更清晰。

选中需要翻转箭头的标注，则标注会以夹点形式显示，将鼠标指针移到尺寸线夹点上，弹出快捷菜单，选择【翻转箭头】命令即可翻转该侧的一个箭头。使用同样的操作翻转另一端的箭头，如图5-153所示。

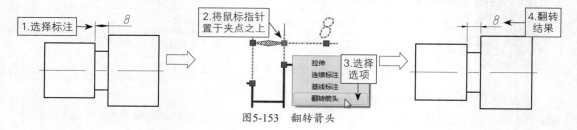

图5-153 翻转箭头

5.4.6 尺寸关联性

尺寸关联是指尺寸对象及其标注的对象之间建立了联系，当图形对象的位置、形状、大小等发生改变时，其尺寸对象也会随之动态更新。

1. 尺寸关联

在模型窗口中标注尺寸时，尺寸是自动关联的，无须用户进行关联设置。但是，如果在输入尺寸文字时不使用系统的测量值，而是由用户手工输入尺寸值，那么尺寸文字将不会与图形对象关联。

例如，一个长为50、宽为30的矩形，使用【缩放】命令将矩形等比放大两倍，不仅图形对象放大了两倍，而且尺寸标注也同时放大了两倍，尺寸值变为缩放前的两倍，如图5-154所示。

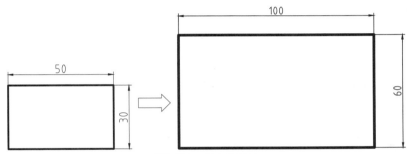

图5-154　尺寸关联性

2. 解除标注关联

对于已经建立了关联的尺寸对象及其图形对象，可以使用【解除关联】命令解除尺寸与图形的关联性。解除标注关联后，对图形对象进行修改，尺寸对象不会发生任何变化。因为尺寸对象已经和图形对象彼此独立，没有任何关联关系了。

在命令行中输入DDA命令并按Enter键，命令行提示如下。

```
命令: DDA↙                      //调用【解除关联】命令
DIMDISASSOCIATE
选择要解除关联的标注 ...
选择对象:                       //选择要解除关联的尺寸对象，按Enter键即可解除关联
```

3. 重建标注关联

对于没有关联或已经解除了关联的尺寸对象和图形对象，可以选择菜单【标注】|【重新关联标注】命令，或在命令行中输入DRE命令并按Enter键，重建关联。

执行【重新关联标注】命令后，命令行提示如下。

```
命令: _dimreassociate↙                              //执行【重新关联标注】命令
选择要重新关联的标注 ...
选择对象或 [解除关联(D)]: 找到 1 个                  //选择要建立关联的尺寸
选择对象或 [解除关联(D)]:
指定第一个尺寸界线原点或 [选择对象(S)] <下一个>:     //选择要关联的第一点
指定第二个尺寸界线原点 <下一个>:                     //选择要关联的第二点
```

5.4.7 调整标注间距

在AutoCAD中进行基线标注时，如果没有设置合适的基线间距，可能使尺寸线之间的间距过大或过小。利用【调整间距】命令可以调整互相平行的线性尺寸或角度尺寸之间的距离。

a. 执行方式

执行【标注间距】命令的方法有以下几种。

➤ 功能区：在【注释】选项卡中，单击【标注】面板中的【标注间距】按钮▥，如图5-155所示。

➤ 菜单栏：选择菜单【标注】|【标注间距】命令，如图5-156所示。

➤ 命令行：DIMSPACE。

图5-155　单击按钮

图5-156　选择命令

b. 操作步骤

执行上述任意一种方法后，调用【标注间距】命令，操作过程如图5-157所示。命令行提示如下。

命令：_DIMSPACE↙	//调用【标注间距】命令
选择基准标注：	//选择值为29的尺寸
选择要产生间距的标注:找到 1 个	//选择值为49的尺寸
选择要产生间距的标注:找到 1 个，总计 2 个	//选择值为69的尺寸
选择要产生间距的标注:↙	//结束选择
输入值或 [自动(A)] <自动>: 10↙	//输入间距值

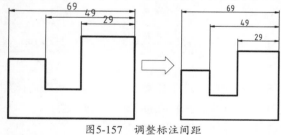

图5-157　调整标注间距

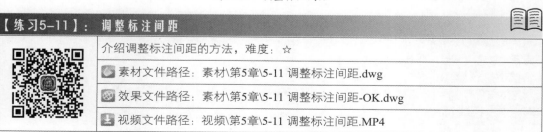

【练习5-11】：调整标注间距

介绍调整标注间距的方法，难度：☆
素材文件路径：素材\第5章\5-11 调整标注间距.dwg
效果文件路径：素材\第5章\5-11 调整标注间距-OK.dwg
视频文件路径：视频\第5章\5-11 调整标注间距.MP4

下面介绍调整标注间距的操作步骤。

01 打开本书配备资源中的"素材\第5章\5-11 调整标注间距.dwg"文件，如图5-158所示。

02 在【注释】选项卡中，单击【标注】面板中的【标注间距】按钮，命令行操作如下。

```
命令：DIMSPACE↙                          //调用【标注间距】命令
选择基准标注：                            //选择尺寸为26的标注
选择要产生间距的标注:找到 1 个           //选择尺寸为97的标注
选择要产生间距的标注:找到 1 个，总计2个  //选择尺寸为123的标注
选择要产生间距的标注：
输入值或 [自动(A)] <自动>：               //按Enter键
```

03 修改标注间距的结果如图5-159所示。

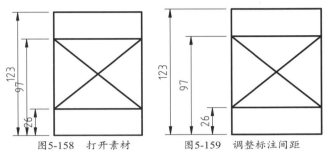

图5-158 打开素材   图5-159 调整标注间距

5.5 思考与练习

1. 选择题

（1）调出【标注样式管理器】对话框的快捷键是（　　）。

A. E   B. F   C. D   D. H

（2）【线性标注】命令相对应的工具按钮是（　　）。

A.   B.   C.   D.

（3）调用（　　）命令，可以创建与尺寸界线的原点对齐的线性标注。

A.【线性标注】   B.【快速标注】   C.【基线标注】   D.【对齐标注】

（4）直径标注的前缀是（　　）。

A. φ   B. μ   C. π   D. α

（5）对尺寸标注的编辑不包括（　　）。

A. 新建   B. 旋转   C. 复制   D. 倾斜

2. 操作题

医院七层配电平面图主要用来讲述如何在空间中布置配电箱以及配电箱线路走向的方法。通过绘制如图5-160所示的医院七层配电平面图，主要学习【多重引线】命令和【线性标注】命令的应用方法。

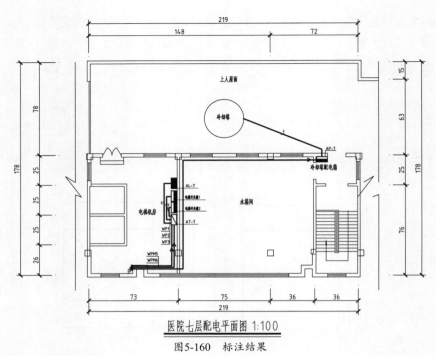

医院七层配电平面图 1:100

图5-160　标注结果

提示步骤如下。

（1）打开本书配备资源中的"素材\第5章\习题\5.5 绘制医院七层配电平面图.dwg"文件，
如图5-161所示。

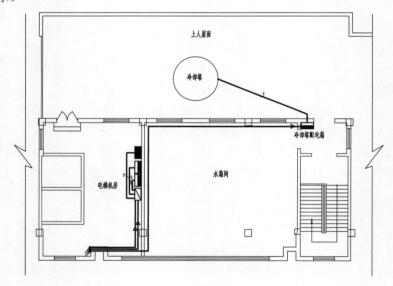

医院七层配电平面图 1:100

图5-161　打开素材

（2）将【标注】图层置为当前。调用MLD【多重引线】命令，标注多重引线，如图5-162
所示。

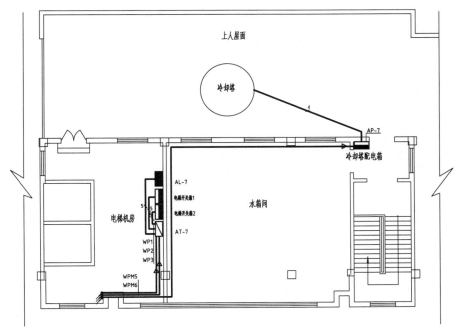

图5-162　绘制引线标注

（3）调用DLI【线性标注】命令和DCO【连续标注】命令，完善配电平面图，得到最终效果
见图5-160。

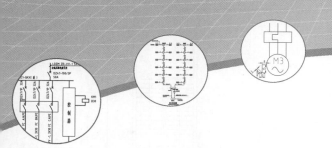

文字注释和图表是绘制图形过程中很重要的内容，进行各种设计时，不仅要绘制出图形，还要在图形中标注一些注释性的文字，或添加明细表和参数表等，对图形对象加以解释和说明。本章将详细介绍设置文字样式、创建与编辑单行文字、创建与编辑多行文字以及应用表格与表格样式等内容，供用户学习。

06
第 6 章
文字与表格

6.1　设置文字样式

文字样式包括字体和文字效果。AutoCAD中预置了样式名为Annotative、Standard的文字样式，用户也可以根据需要设置其他文字样式。

6.1.1　创建文字样式

文字样式是同一类文字的格式设置的集合，包括字体、字高、显示效果等。在AutoCAD中输入文字时，默认使用的是Standard文字样式。如果此样式不能满足注释的需要，可以根据需要设置新的文字样式或修改已有文字样式。

a. 执行方式

执行【文字样式】命令的方法有以下几种。

➢ 【注释】选项卡：在【注释】选项卡中，单击【文字】面板中的【文字样式】按钮，如图6-1所示。

图6-1　单击按钮

➢ 【默认】选项卡：在【默认】选项卡中，单击【注释】面板中的【文字样式】按钮，如图6-2所示。

➢ 菜单栏：选择菜单【格式】|【文字样式】命令，如图6-3所示。

➢ 命令行：STYLE或ST。

图6-2　单击按钮　　　　　　　图6-3　选择命令

b. 操作步骤

执行上述任意一种方法后，系统将弹出【文字样式】对话框，如图6-4所示。用户可以在其中新建文字样式或修改已有的文字样式。

图6-4　【文字样式】对话框

c. 选项说明

在【样式】列表框中显示系统已有文字样式的名称，中间界面显示文字的属性参数，右侧则有【置为当前】、【新建】和【删除】3个按钮。该对话框中常用选项的含义如下。

- ➤ 【样式】列表框：列出了当前可以使用的文字样式，默认文字样式为Standard（标准）。
- ➤ 【字体】选项组：选择一种字体类型作为当前文字类型，在AutoCAD 2018中存在两种类型的字体文件，即SHX字体文件和TrueType字体文件，这两类字体文件都支持英文显示，但显示中日韩等非ASCII码的亚洲文字时就会出现一些问题。因此一般需要勾选【使用大字体】复选框，才能够显示中文字体。只有对于后缀名为.shx的字体，才可以使用大字体。
- ➤ 【大小】选项组：可对文字注释性和高度进行设置。在【高度】文本框中输入数值可指定文字的高度，如果不进行设置，使用其默认值0，则可在插入文字时再设置文字高度。
- ➤ 【置为当前】按钮：单击该按钮，可以将选择的文字样式设置成当前的文字样式。
- ➤ 【新建】按钮：单击该按钮，弹出【新建文字样式】对话框，在【样式名】文本框中输入新建样式的名称，单击【确定】按钮，新建文字样式将显示在【样式】列表框中。
- ➤ 【删除】按钮：单击该按钮，可以删除所选的文字样式，但无法删除已经被使用了的文字样式和默认的Standard样式。

> **提　示**
>
> 如果要重命名文字样式，可在【样式】列表框中选择要重命名的文字样式，右击，在弹出的快捷菜单中选择【重命名】命令，但无法重命名默认的Standard样式。

【练习6-1】： 新建文字样式

介绍新建文字样式的方法，难度：☆
素材文件路径：无
效果文件路径：素材\第6章\6-1 新建文字样式-OK.dwg
视频文件路径：视频\第6章\6-1 新建文字样式.MP4

机械制图中所标注的文字都需要一定的文字样式，如果不希望使用系统的默认文字样式，在创建文字之前就应创建所需的文字样式。

`01` 新建文字样式。选择菜单【格式】|【文字样式】命令，弹出【文字样式】对话框。

`02` 单击【新建】按钮，弹出【新建文字样式】对话框，在【样式名】文本框中输入【文字说明】，如图6-5所示。

图6-5 【新建文字样式】对话框

`03` 单击【确定】按钮，返回到【文字样式】对话框，新建的样式出现在【样式】列表框中，如图6-6所示。

`04` 设置字体样式。在【SHX字体】下拉列表框中选择gbenor.shx样式，勾选【使用大字体】复选框，在【大字体】下拉列表框中选择gbcbig.shx样式，如图6-7所示。

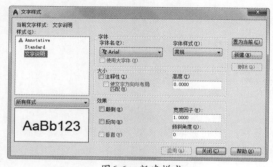

图6-6 新建样式

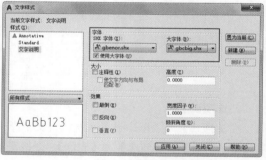

图6-7 选择字体

`05` 设置文字高度。在【大小】选项组的【高度】文本框中输入2.5，如图6-8所示。

`06` 设置宽度和倾斜角度。在【效果】选项组的【宽度因子】文本框中输入0.7，【倾斜角度】保持默认值，如图6-9所示。

`07` 单击【置为当前】按钮，将文字样式置为当前，关闭对话框，完成设置。

图6-8 设置字高

图6-9 设置宽度

6.1.2 应用文字样式

要应用文字样式，首先应将其设置为当前文字样式。

设置为当前文字样式的方法有以下几种。

➢ 在【文字样式】对话框的【样式】列表框中选择需要的文字样式，然后单击【置为当前】按钮，如图6-10所示。在弹出的提示对话框中单击【是】按钮，如图6-11所示。返回到【文字样式】对话框，单击【关闭】按钮。

图6-10　单击按钮　　　　　　　　　图6-11　提示对话框

➢ 在【注释】面板的【文字样式】下拉列表中选择要置为当前的文字样式，如图6-12所示。

图6-12　选择文字样式

➢ 在【文字样式】对话框的【样式】列表框中选择要置为当前的样式名，右击，在弹出的快捷菜单中选择【置为当前】命令，如图6-13所示。

图6-13　选择命令

6.1.3　删除文字样式

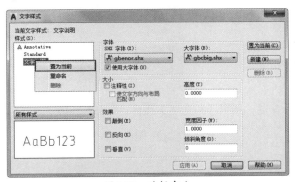

文字样式会占用一定的系统存储空间，可以将一些不需要的文字样式删除，以节约系统资源。删除文字样式的方法有以下几种。

➢ 在【文字样式】对话框中，选择要删除的文字样式名，单击【删除】按钮，如图6-14所示。
➢ 在【文字样式】对话框的【样式】列表框中选择要删除的样式名，右击，在弹出的快捷菜单中选择【删除】命令，如图6-15所示。

图6-14　单击按钮　　　　　　　　　　　图6-15　选择命令

●●●●●●●●●●●●●● 提 示 ●●●●●●●●●●●●●●

已经包含文字对象的文字样式不能被删除，当前文字样式也不能被删除，如果要删除当前文字样式，可以先将其他的文字样式设置为当前，然后再执行【删除】命令。

6.1.4　重命名文字样式

如果不满意文字样式的名称，可以进行重命名。打开【文字样式】对话框，在【样式】列表框中选择样式，右击，在弹出的快捷菜单中选择【重命名】命令，如图6-16所示。

此时进入在位编辑模式，输入新名称，如图6-17所示。

图6-16　选择命令　　　　　　　　　图6-17　输入名称

在空白区域单击鼠标左键，结束【重命名】操作，如图6-18所示。

●●●●●●●●●●●●●● 提 示 ●●●●●●●●●●●●●●

假如试图重命名系统默认创建的Standard样式，将会弹出如图6-19所示的提示对话框，提示用户【不能重命名STANDARD样式】。

图6-18　重命名　　　　　　　　　图6-19　提示对话框

6.1.5 设置文字效果

图6-20 【效果】选项组

在【文字样式】对话框中提供了设置文字效果的相关选项，如图6-20所示。通过修改选项参数，可以设置文字的显示效果。

各文字选项的含义如下。

➢ 效果：该选项组用于设置文字的颠倒、反向、垂直等特殊效果。

➢ 颠倒：勾选该复选框，文字方向将翻转，如图6-21所示。

图6-21 【颠倒】效果

➢ 反向：勾选【反向】复选框，文字的阅读顺序将与开始时相反，如图6-22所示。

图6-22 【反向】效果

➢ 宽度因子：该参数控制文字的宽度，正常情况下宽度比例为1。如果增大比例，那么文字将会变宽，如图6-23所示。

图6-23 不同【宽度】效果

➢ 倾斜角度：调整文字的倾斜角度，如图6-24所示。用户只能输入-85°～85°的角度值，超过这个区间将无效。

图6-24 不同【倾斜角度】的效果

··············· **提 示** ···············

只有使用【单行文字】命令输入的文字才能颠倒与反向。【宽度因子】只对用MTEXT命令输入的文字有效。

6.1.6 创建单行文字

AutoCAD提供了两种创建文字的方法，即单行文字和多行文字。对简短的注释文字输入一般使用单行文字。

a. 执行方式

执行【单行文字】命令的方法有以下几种。

➢ 【注释】选项卡：在【注释】选项卡中，单击【文字】面板中的【单行文字】按钮 **A**，如图6-25所示。

➢ 【默认】选项卡：在【默认】选项卡中，单击【注释】面板中的【单行文字】按钮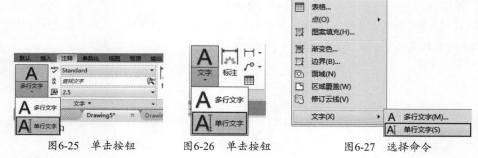，如图6-26所示。

➢ 菜单栏：选择菜单【绘图】|【文字】|【单行文字】命令，如图6-27所示。

➢ 命令行：DTEXT或DT。

图6-25　单击按钮　　　图6-26　单击按钮　　　图6-27　选择命令

b. 操作步骤

执行上述任意一种方法后，调用【单行文字】命令，操作过程如图6-28所示。命令行提示如下。

```
命令：_dtext↙                                    //调用【单行文字】命令
当前文字样式："Standard" 文字高度：88 注释性：否 对正：左
指定文字的起点 或 [对正(J)/样式(S)]：          //指定起点
指定高度 <88>：                                  //按Enter键
指定文字的旋转角度 <270>：0↙                    //输入角度值
```

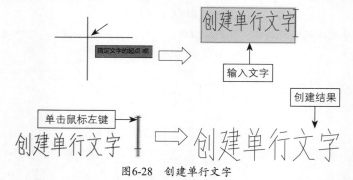

图6-28　创建单行文字

c. 选项说明

在执行【单行文字】命令的过程中，命令行中各选项的含义如下。

➢ 指定文字的起点：默认情况下，所指定的起点位置即是文字行基线的起点位置。在指定起点位置后，继续输入文字的旋转角度即可进行文字的输入。输入完成后，按两次Enter键或将鼠标指针移至图纸的其他任意位置并单击，然后按Esc键即可结束单行文字的输入。

➢ 对正（J）：可以设置文字的对正方式。

➢ 样式（S）：可以设置当前使用的文字样式。可以在命令行中直接输入文字样式的名称，也可以输入【？】，在【AutoCAD文本窗口】中显示当前图形已有的文字样式。

【练习6-2】：添加路灯照明系统图中的文字

介绍添加路灯照明系统图中文字的方法，难度：☆☆

素材文件路径：素材\第6章\6-2 添加路灯照明系统图中的文字.dwg

效果文件路径：素材\第6章\6-2 添加路灯照明系统图中的文字-OK.dwg

视频文件路径：视频\第6章\6-2 添加路灯照明系统图中的文字.MP4

下面介绍添加路灯照明系统图中文字的操作步骤。

01 单击快速访问工具栏中的【打开】按钮，打开本书配备资源中的"素材\第6章\6-2 添加路灯照明系统图中的文字.dwg"文件，如图6-29所示。

02 在【默认】选项卡中，单击【注释】面板中的【单行文字】按钮，创建单行文字如图6-30所示。命令行提示如下。

```
命令：_dtext↙                                              //调用【单行文字】命令
当前文字样式：Standard  文字高度：2.5000  注释性：否  对正：左
指定文字的起点 或 [对正(J)/样式(S)]：↙                      //任意指定一点为起点
指定高度 <2.5000>：800↙                                    //输入文字高度
指定文字的旋转角度 <0>：↙                                    //输入文字旋转角度
```

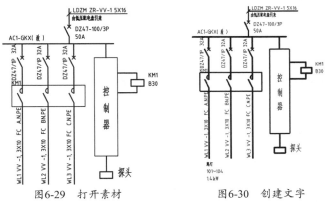

图6-29　打开素材　　　　　　　　　图6-30　创建文字

03 调用CO【复制】命令，将新创建的单行文字向右复制两份，如图6-31所示。

04 在命令行中输入DDEDIT【编辑文字】命令并按Enter键结束，根据命令行提示选择需要修改的文字，文字将变成可输入状态，如图6-32所示。

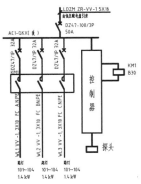

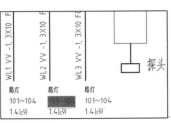

图6-31　复制标注文字　　　　　　图6-32　选择文字

05 重新输入需要的文字内容，然后按Enter键退出即可，如图6-33所示。

06 重新输入DDEDIT【编辑文字】命令并按Enter键结束，修改其他的文字，最终图形效果如图6-34所示。

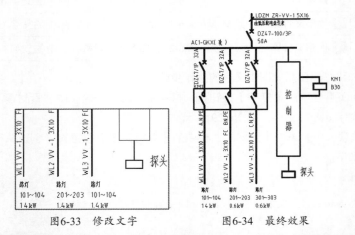

图6-33 修改文字　　　　　　　图6-34 最终效果

·········· 提 示 ··········

输入单行文字后，按Ctrl+Enter快捷键才可结束文字输入。按Enter键将执行换行，可输入另一行文字，但每一行文字为独立的对象。输入单行文字后，不退出的情况下，可在其他位置继续单击，创建其他文字。

6.1.7 创建多行文字

多行文字常用于标注图形的技术要求和说明等，与单行文字不同的是，多行文字整体是一个文字对象，每一单行不能单独编辑。多行文字的优点是有更丰富的段落和格式编辑工具，特别适合创建大篇幅的文字注释。

a. 执行方式

执行【多行文字】命令的方法有以下几种。

➤ 【注释】选项卡：在【注释】选项卡中，单击【文字】面板中的【多行文字】按钮A，如图6-35所示。

➤ 【默认】选项卡：在【默认】选项卡中，单击【注释】面板中的【多行文字】按钮A，如图6-36所示。

➤ 菜单栏：选择菜单【绘图】|【文字】|【多行文字】命令，如图6-37所示。

➤ 命令行：MTEXT或T。

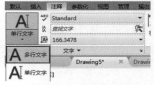

图6-35 单击按钮

图6-36 单击按钮　　　图6-37 选择命令

b. 执行方式

执行上述任意一种方法后，调用【多行文字】命令，操作过程如图6-38所示。命令行提示如下。

```
命令: _mtext↙                                              //调用【多行文字】命令
当前文字样式: "Standard"  文字高度: 166  注释性: 否
指定第一角点:
指定对角点或 [高度(H)/对正(J)/行距(L)/旋转(R)/样式(S)/宽度(W)/栏(C)]: //指定对角点
```

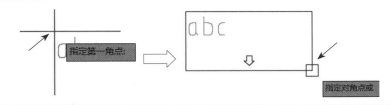

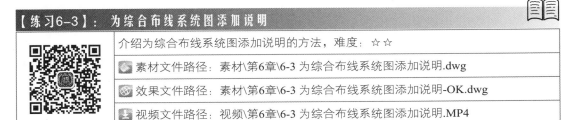

图6-38　创建多行文字

指定文本框的对角点后，系统进入【文字编辑器】选项卡。【文字编辑器】选项卡包含【样式】面板、【格式】面板、【段落】面板、【插入】面板、【拼写检查】面板、【工具】面板、【选项】面板和【关闭】面板。在文本框中输入文字内容，然后再在选项卡的各面板中设置字体、颜色、字高、对齐等文字格式，最后单击【文字编辑器】选项卡中的【关闭文字编辑器】按钮，或单击编辑器之外任何区域，便可以退出编辑器窗口，多行文字即创建完成。

【练习6-3】：　为综合布线系统图添加说明

介绍为综合布线系统图添加说明的方法，难度：☆☆

📄 素材文件路径：素材\第6章\6-3 为综合布线系统图添加说明.dwg

💿 效果文件路径：素材\第6章\6-3 为综合布线系统图添加说明-OK.dwg

📹 视频文件路径：视频\第6章\6-3 为综合布线系统图添加说明.MP4

下面介绍为综合布线系统图添加说明的操作步骤。

01 单击快速访问工具栏中的【打开】按钮📂，打开本书配备资源中的"素材\第6章\6-3 为综合布线系统图添加说明.dwg"文件，如图6-39所示。

02 在【默认】选项卡中，单击【注释】面板中的【多行文字】按钮🅰，根据命令行提示指定对角点，打开文本输入框，输入文字，如图6-40所示。

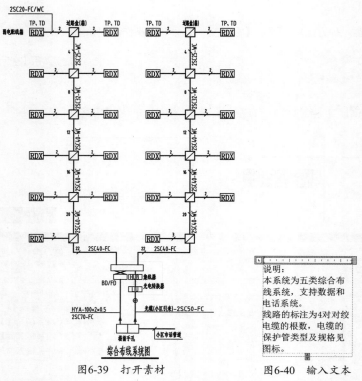

图6-39 打开素材   图6-40 输入文本

03 在【文字编辑器】选项卡中，单击【段落】面板中的【项目符号和编号】按钮右侧的三角下拉按钮，在弹出的下拉列表中选择【以数字标记】选项，选中需要添加编号的文字即可，如图6-41所示。

04 拖动最右侧的四边形图块，将输入框的范围加长，使带有序号的多行文字按两行显示，如图6-42所示。

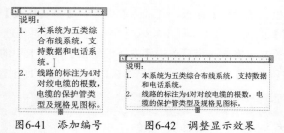

图6-41 添加编号   图6-42 调整显示效果

05 选择所有文字，在【样式】面板的下拉列表框中选择【样式1】，修改文字样式，如图6-43所示。

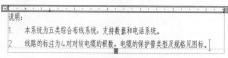

图6-43 更改文字样式

06 最后，在绘图区域空白位置单击鼠标左键，退出编辑，完成"说明"的创建，如图6-44所示。

说明：

1. 本系统为五类综合布线系统，支持数据和电话系统。

2. 线路的标注为4对对绞电缆的根数，电缆的保护管类型及规格见图标。

图6-44 创建结果

6.1.8　插入特殊符号

在电气绘图中，往往需要标注一些特殊的字符，这些特殊字符不能从键盘上直接输入，因此AutoCAD提供了插入特殊符号的功能。

1. 使用文字控制符

AutoCAD的控制符由"两个百分号（%%）＋ 一个字符"构成，当输入控制符时，这些控制符会临时显示在屏幕上，当结束文本创建命令时，这些控制符将从屏幕上消失，转换成相应的特殊符号。

如表6-1所示为电气制图中常用的控制符及其对应的含义。

表6-1　特殊符号的代码及含义

控 制 符	含 义
%%C	直径符号（Ø）
%%P	正负公差符号（±）
%%D	度（°）
%%O	上画线
%%U	下画线

图6-45　【符号】下拉菜单

2. 使用【文字编辑器】选项卡

在多行文字编辑过程中，单击【文字编辑器】选项卡中的【符号】按钮，弹出如图6-45所示的下拉菜单，选择某一符号即可插入该符号到文本中。

6.1.9　创建堆叠文字

如果要创建堆叠文字（一种垂直对齐的文字或分数），可先输入要堆叠的文字，然后在其间使用【/】、【#】或【^】分隔。选中要堆叠的字符，然后单击【文字编辑器】选项卡中【格式】面板中的【堆叠】按钮，文字按照要求自动堆叠。堆叠文字在电气绘图中应用很多，可以用来创建尺寸公差、分数等，如图6-46所示。需要注意的是，这些分割符号必须是英文格式的符号。

图6-46　堆叠文字的效果

6.1.10　编辑文字内容

通过执行编辑文字操作，可以修改已创建文字的显示样式、文字内容等。

a. 执行方式

执行编辑文字命令的方法有以下几种。

➢ 菜单栏：选择菜单【修改】|【对象】|【文字】|【编辑】命令，如图6-47所示，然后选择要编辑的文字。

➢ 命令行：DDEDIT或ED。

➢ 鼠标动作：双击要修改的文字。

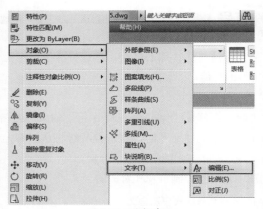

图6-47　选择命令

b. 操作步骤

图6-48　单行文字编辑模式

执行上述任意一种方法后，将进入文字的编辑模式。文字的可编辑特性与文字的类型有关，单行文字没有格式特性，只能编辑文字内容，如图6-48所示。

而多行文字除了可以修改文字内容，还可以在【文字编辑器】选项卡中修改文字的属性参数，如图6-49所示。修改文字之后，按Ctrl+Enter快捷键即完成文字编辑。

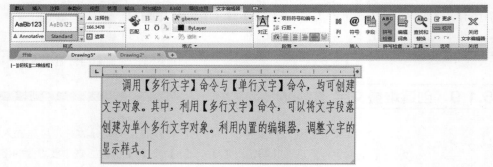

图6-49　多行文字编辑模式

6.1.11　文字的查找与替换

在一个图形文件中往往有大量的文字注释，有时需要查找某个词语，并将其替换，例如替换某个拼写上的错误，这时就可以使用【查找】命令查找到特定的词语。

a. 执行方式

执行【查找】命令的方法有以下几种。

➢ 功能区：在【注释】选项卡中，单击【文字】面板中的【查找】按钮 ，如图6-50所示。
➢ 菜单栏：选择菜单【编辑】|【查找】命令，如图6-51所示。
➢ 命令行：FIND。

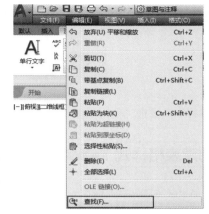

图6-50　单击按钮　　　　　　　　图6-51　选择命令

b. 操作步骤

执行上述任意一种方法后，弹出【查找和替换】对话框，在【查找内容】文本框中输入文本，在【替换为】文本框中设置取代旧文本的新文本。单击【查找】按钮，在绘图区域中高亮显示查找结果。

在该对话框中单击【替换】按钮，弹出提示对话框，提醒用户已完成操作，单击【确定】按钮。单击【完成】按钮，关闭对话框结束操作，如图6-52所示。

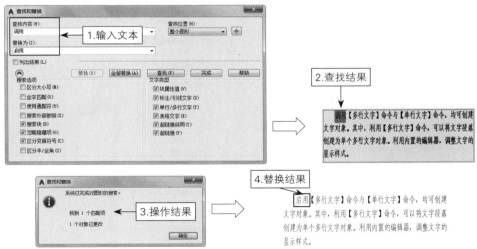

图6-52　查找和替换文字

c. 选项说明

【查找和替换】对话框中各选项的含义如下。

➢ 【查找内容】文本框：用于指定要查找的内容。

➢ 【替换为】文本框：指定用于替换查找内容的文字。

➢ 【查找位置】下拉列表框：用于指定查找范围是在整个图形中查找还是仅在当前选择中查找。

➢ 【搜索选项】选项组：用于指定搜索文字的范围和大小写区分等。

➢ 【文字类型】选项组：用于指定查找文字的类型。

➢ 【查找】按钮：输入查找内容后，此按钮变为可用，单击即可查找指定内容。

➢ 【替换】按钮：用于将当前选中的文字替换为指定文字。

➢ 【全部替换】按钮：将图形中所有的查找结果替换为指定文字。

6.2 创建表格

在电气设计过程中，表格主要用于标题栏、零件参数表、材料明细表等内容。

6.2.1 创建表格样式

与文字类似，AutoCAD中的表格也有一定样式，包括表格内文字的字体、颜色、高度以及表格的行高、行距等。在插入表格之前，应先创建所需的表格样式。

a. 执行方式

创建表格样式的方法有以下几种。

图6-53 单击按钮

➢ 【注释】选项卡：在【注释】选项卡中，单击【表格】面板右下角的按钮，如图6-53所示。

➢ 【默认】选项卡：在【默认】选项卡中，单击【注释】面板中的【表格样式】按钮，如图6-54所示。

➢ 菜单栏：选择菜单【格式】|【表格样式】命令，如图6-55所示。

➢ 命令行：TABLESTYLE或TS。

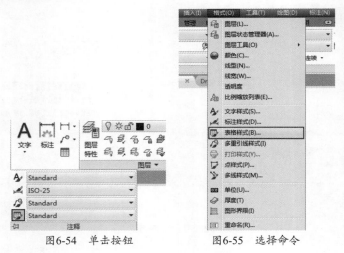

图6-54 单击按钮　　　　图6-55 选择命令

b. 操作步骤

执行上述任意一种方法后，弹出【表格样式】对话框，如图6-56所示。

通过该对话框可执行将表格样式【置为当前】、【修改】、【删除】或【新建】操作。单击【新建】按钮，系统弹出【创建新的表格样式】对话框，如图6-57所示。

在【新样式名】文本框中输入表格样式名称，在【基础样式】下拉列表框中选择一个表格样式为新的表格样式提供默认设置，单击【继续】按钮，弹出【新建表格样式：Standard副本】对话框，如图6-58所示，可以对样式进行具体设置。

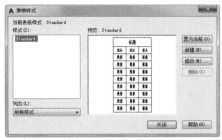

图6-56 【表格样式】对话框 　　　　图6-57 【创建新的表格样式】对话框

　　【新建表格样式：Standard副本】对话框由【起始表格】、【常规】、【单元样式】和【单元样式预览】4个选项组组成。

　　单击【新建表格样式：Standard副本】对话框中的【管理单元样式】按钮，弹出如图6-59所示的【管理单元样式】对话框，用户可以对单元格式进行添加、删除和重命名。

图6-58 【新建表格样式:Standard副本】对话框 　　图6-59 【管理单元样式】对话框

　　选择【文字】选项卡，设置文字属性参数，包括【文字样式】、【文字高度】、【文字颜色】和【文字角度】，如图6-60所示。

　　选择【边框】选项卡，设置表格边框显示样式，包括【线宽】、【线型】、【颜色】等，如图6-61所示。

图6-60 【文字】选项卡 　　　　　　　　图6-61 【边框】选项卡

6.2.2 插入表格

　　表格是在行和列中包含数据的对象，设置表格样式后，就能够在表格样式的基础上创建表格，还可以将表格链接至Microsoft Excel应用程序中。本节介绍插入表格的方法。

a. 执行方式

插入表格的方法有以下几种。

➢ 【注释】选项卡：在【注释】选项卡中，单击【表格】面板中的【表格】按钮▦，如图6-62所示。

➢ 【默认】选项卡：在【默认】选项卡中，单击【注释】面板中的【表格】按钮▦，如图6-63所示。

➢ 菜单栏：选择菜单【绘图】|【表格】命令，如图6-64所示。

➢ 命令行：TABLE或TB。

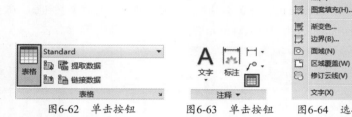

图6-62　单击按钮　　　图6-63　单击按钮　　　图6-64　选择命令

b. 操作步骤

执行上述任意一种方法后，弹出【插入表格】对话框，如图6-65所示。

设置表格样式、列数和列宽、行数和行高，单击【确定】按钮。在绘图区域中指定插入点，将会在当前位置按照表格样式插入一个表格，如图6-66所示。

图6-65　【插入表格】对话框

图6-66　插入表格

6.2.3　输入表格内容

将光标置于表格单元格之上，双击鼠标左键，进入编辑模式，如图6-67所示。在单元格内输入文本，如图6-68所示。选择文本，在【文字编辑器】选项卡中设置文字的属性。

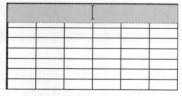

图6-67　进入编辑模式

图6-68　输入文本

移动光标，在空白区域单击鼠标左键，退出编辑操作。输入文本后的结果如图6-69所示。重复操作，输入标题文字，如图6-70所示。

图6-69　输入结果

图6-70　输入标题文字

接着输入表格内容文字，如图6-71所示。因为是制作电气图例表，所以应该在表格中添加电气图例，辅助说明。调用CO【复制】命令和M【移动】命令，从电气平面图中移动复制电气图例至单元格内，如图6-72所示。

图6-71　输入表格内容

图6-72　插入图例

操作技巧

在输入文本的过程中，按Enter键，可以换行。按键盘上的方向键，可以将光标向指定的方向移动。

6.2.4　设置表格

为了使表格的显示样式更加清晰与整齐，可以利用系统所提供的编辑工具来编辑表格。

1. 编辑表格

选中整个表格，右击，将弹出如图6-73所示的快捷菜单。可以对表格进行【剪切】、【复制】、【删除】、【移动】、【缩放】、【旋转】等简单操作，还可以均匀调整表格的行、列大小，删除所有特性替代。当选择【输出】命令时，弹出【输出数据】对话框，以.csv格式输出表格中的数据。

当选中表格后，也可以通过拖动夹点来编辑表格，其各夹点的含义如图6-74所示。

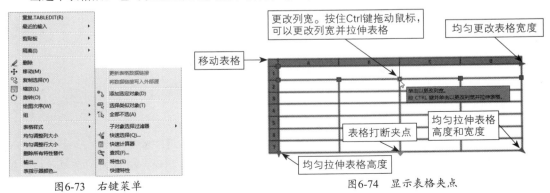

图6-73　右键菜单

图6-74　显示表格夹点

2. 编辑表格单元格

当选中表格单元格时，其右键快捷菜单如图6-75所示。

当选中表格单元格后，在表格单元格周围出现夹点，也可以通过拖动这些夹点来编辑单元格，其各夹点的含义如图6-76所示。

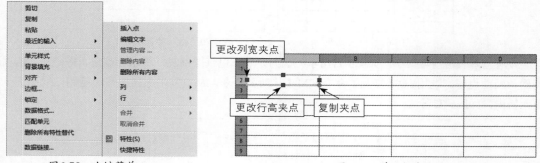

图6-75　右键菜单　　　　　　　　　　　　　　图6-76　单元格夹点

3. 编辑表行、表列

激活表格单元格，进入【表格单元】选项卡。在【行】面板和【列】面板中显示编辑工具，如图6-77所示。激活工具，可以执行【插入行】、【插入列】以及【删除行】、【删除列】等操作。

选择单元格，右击，在弹出的快捷菜单中选择【列】命令，弹出子菜单，选择命令，执行插入列或删除列的操作。或者在右键菜单中选择【行】命令，在弹出的子菜单中选择命令，编辑表行，如图6-78所示。

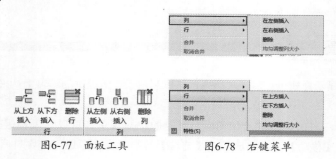

图6-77　面板工具　　　　　　　　图6-78　右键菜单

4. 合并单元格

选择多个单元格，如图6-79所示，激活【表格单元】选项卡中的【合并单元】按钮。单击该按钮，弹出下拉列表，显示3种合并方式，分别是【合并全部】、【按行合并】和【按列合并】，如图6-80所示。

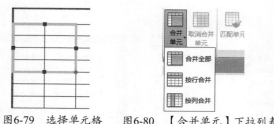

图6-79　选择单元格　　图6-80　【合并单元】下拉列表

选择【合并全部】选项，选择范围内的单元格之间的界线被删除，显示为一个单元格，如图6-81所示。

选择【按行合并】选项，表列界线被删除，保留表行界线，如图6-82所示。

选择【按列合并】选项，删除表行界线，仅显示表列界线，如图6-83所示。

执行合并操作后的单元格，激活【取消合并单元】按钮，如图6-84所示。单击该按钮，取消【合并】结果，恢复单元格的原本样式。

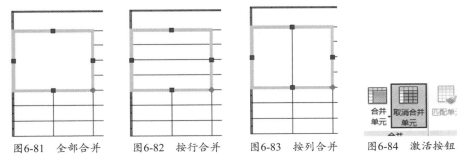

图6-81　全部合并　　　图6-82　按行合并　　　图6-83　按列合并　　　图6-84　激活按钮

5. 编辑单元格对齐方式

选择单元格，如图6-85所示，激活【单元样式】面板中的【对齐】按钮。单击该按钮，弹出对齐下拉列表，选择对正方式，如选择【正中】选项，如图6-86所示。

单元格内的文本调整对齐效果，以【正中】样式显示，如图6-87所示。

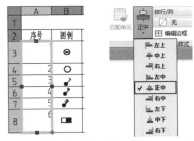

图6-85　选择单元格　　图6-86　选择选项　　　　图6-87　对齐效果

提　示

要选择多个单元格，可以按鼠标左键并在要选择的单元格上拖动；也可以按住Shift键并在要选择的单元格内单击鼠标左键，可以同时选中这两个单元格以及它们之间的所有单元格。

【练习6-4】：创建标题栏表格

介绍创建标题栏表格的方法，难度：☆☆	
素材文件路径：无	
效果文件路径：素材\第6章\6-4 创建标题栏表格-OK.dwg	
视频文件路径：视频\第6章\6-4 创建标题栏表格.MP4	

下面以创建图纸标题栏为例，综合练习前面所学的表格创建和编辑的方法。

01 调用TS【表格样式】命令，系统弹出【表格样式】对话框，单击【新建】按钮，系统弹出【创建新的表格样式】对话框，更改【新样式名】为【样式1】，如图6-88所示。

02 单击【继续】按钮，系统弹出【新建表格样式:样式1】对话框，设置【对齐】为【正中】，在【文字】选项卡中更改文字高度为120，如图6-89所示。

图6-88 设置样式名称

图6-89 设置字高

03 单击【确定】按钮，返回到【表格样式】对话框，选择【样式1】表格样式后单击【置为当前】按钮，如图6-90所示。

04 调用REC【矩形】命令，绘制长为4200、宽为1200的矩形，如图6-91所示。

图6-90 单击按钮

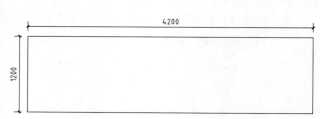

图6-91 绘制矩形

05 在【注释】选项卡中，单击【表格】面板中的【表格】按钮▦，系统弹出【插入表格】对话框，更改【插入方式】为【指定窗口】。设置【列数】为7、【数据行数】为2，设置单元样式全部为【数据】，如图6-92所示。

06 单击【确定】按钮，按照命令行提示指定插入点为矩形左上角的一点，第二角点为矩形的右下角的一点，表格绘制完成，如图6-93所示。

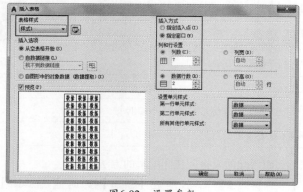

图6-92 设置参数

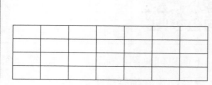

图6-93 绘制表格

07 选中表格，将光标放在表格的交点处，如图6-94所示。

08 按住鼠标左键不放，拖动鼠标，更改表格的列宽，第一列、第四列和第六列改为400，第二列、第三列和第五列改为800，更改结果如图6-95所示。

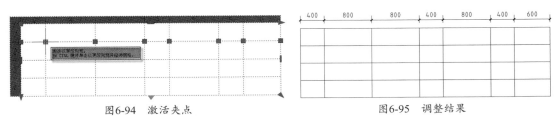

图6-94　激活夹点　　　　　　　　　　　图6-95　调整结果

09 选中单元格，选择菜单【表格单元】|【合并】|【合并单元】|【合并全部】命令，合并单元格。重复操作，合并其他单元格，结果如图6-96所示。

10 激活单元格，输入文字，最终结果如图6-97所示。

图6-96　合并结果

〈单位名称〉		材料		比例	
		数量		共　张，第　张	
制图					
审核					

图6-97　输入文本

6.3　思考与练习

1. 选择题

（1）【文字样式】命令的快捷键是（　　）。

A. MT　　　　　　B. ST　　　　　　C. TX　　　　　　D. MA

（2）【多行文字】命令相对应的工具按钮是（　　）。

A. **A**　　　　　　B. **A**　　　　　C. **A**　　　　　D. **A**

（3）表格的单元样式有（　　）种。

A. 3　　　　　　B. 4　　　　　　C. 5　　　　　　D. 6

（4）表格的插入方式除了指定窗口外，还有（　　）。

A. 指定宽度　　　　B. 指定高度　　　　C. 指定颜色　　　　D. 指定插入点

（5）（　　），可以弹出【表格】对话框以对表格执行编辑操作。

A. 单击表格　　　　B. 双击表格　　　　C. 单击表格单元格　　　　D. 分解表格

2. 操作题

三相异步电动机主要由定子和转子构成，定子是静止不动的部分，转子是旋转部分，在定子与转子之间有一定的空隙。三相异步电动机的供电系统主要由三相电动机、继电器以及开关等部分组成。通过绘制如图6-98所示的三相异步电动机供电系统图，主要学习【圆】、【矩形】、【直线】、【多行文字】等命令的应用方法。

提示步骤如下。

（1）调用C【圆】命令，绘制一个半径为20的圆形，如图6-99所示。

（2）调用MT【多行文字】和SPL【样条曲线】命令，完善图形如图6-100所示。

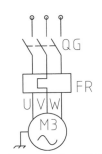

图6-98　三相异步电动机供电系统图

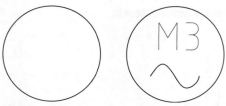

图6-99　绘制圆形　　　图6-100　绘制文字

（3）调用L【直线】命令，结合【象限点捕捉】功能，绘制直线，如图6-101所示。

（4）调用O【偏移】和EX【延伸】命令，修改图形如图6-102所示。

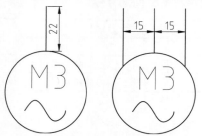

图6-101　绘制直线　图6-102　修改图形

（5）调用REC【矩形】命令，结合【对象捕捉】功能，绘制矩形，如图6-103所示。

（6）调用X【分解】命令，分解新绘制的矩形；调用O【偏移】命令，垂直偏移矩形边，如图6-104所示。

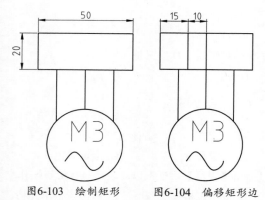

图6-103　绘制矩形　　图6-104　偏移矩形边

（7）再次调用O【偏移】命令，水平偏移矩形边，如图6-105所示。

（8）调用TR【修剪】命令，修剪多余的图形，如图6-106所示。

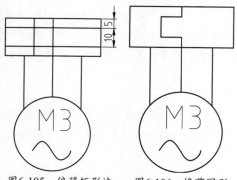

图6-105　偏移矩形边　　图6-106　修剪图形

（9）调用L【直线】命令，绘制直线，参考尺寸如图6-107所示。

（10）调用C【圆】命令，结合【对象捕捉】功能，捕捉新绘制直线的最上方端点，绘制半径为2的圆形，如图6-108所示。

（11）调用CO【复制】命令，将相应的图形进行复制操作，如图6-109所示。

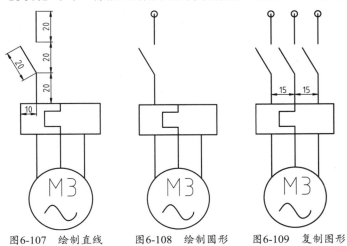

图6-107　绘制直线　　　图6-108　绘制圆形　　　图6-109　复制图形

（12）调用L【直线】命令，绘制直线，并设置其【线型】为ACAD_ISO02W100，如图6-110所示。

（13）调用L【直线】命令，结合【对象捕捉】功能，绘制直线，参考尺寸如图6-111所示。

（14）调用MT【多行文字】命令，在绘图区域中的相应位置创建多行文字，如图6-112所示。

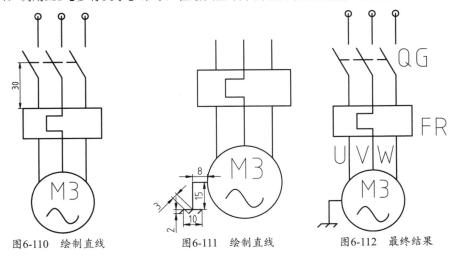

图6-110　绘制直线　　　图6-111　绘制直线　　　图6-112　最终结果

在绘制图形时，如果图形中有大量相同或相似的内容，或者所绘制的图形与已有的图形文件相同（如电气图纸中常见的粗电气符号以及各种标准件图形），都可以把要重复绘制的图形创建为块（也称为图块），并根据需要为块创建属性，指定块的名称、用途及设计者等信息，在需要时直接插入它们，从而提高绘图效率。

设计中心是AutoCAD提供给用户的一个强有力的资源管理工具，以便在设计过程中方便调用图形文件、样式、图块、标注、线型等内容，以提高AutoCAD系统的效率。

07

第 7 章
图块与设计中心

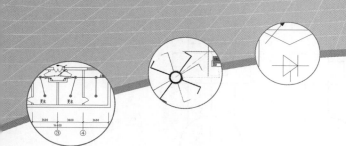

7.1 创建与编辑图块

创建图块就是将已有的图形对象定义为图块的过程，可将一个或多个图形对象定义为一个图块。本节主要介绍创建与编辑图块的操作方法。

7.1.1 认识图块

图块是指由一个或多个图形对象组合而成的一个整体，简称为块。在绘图过程中，用户可以将定义的块插入到图纸中的指定位置，并且可以进行缩放、旋转等，而且对于组成块的各个对象而言，还可以有各自的图层属性，同时还可以对图块的属性进行相应的修改。

在AutoCAD 2018中，图块有以下5个特点。

➤ **提高绘图速度**：在绘图过程中，往往需要绘制一些重复出现的图形。如果把这些图形创建成图块保存起来，绘制它们时就可以用插入块的方法实现，即把绘图变成了拼图，这样就避免了大量的重复性工作，大大提高了绘图速度。

➤ **建立图块库**：可以将绘图过程中常用到的图形定义成图块，保存在硬盘上，这样就形成了一个图块库。当用户需要插入某个图块时，可以将其调出插入到图形文件中，极大地提高了绘图效率。

➤ **节省存储空间**：AutoCAD要保存图中每个对象的相关信息，如对象的类型、名称、位置、大小、线型及颜色等，这些信息要占用存储空间。如果使用图块，则可以大大节省硬盘的空间，AutoCAD仅需记住这个块对象的信息，对于复杂且需要多次绘制的图形，这一特点更为明显。

➤ **方便修改图形**：在电气设计中，特别是讨论方案、技术改造初期，常需要修改绘制的图形，如果图形是通过插入图块的方法绘制的，那么只要简单地对图块重新定义一次，就可以对AutoCAD上所有插入的图块进行修改。

➤ **赋予图块属性**：很多图块要求有文字信息以进一步解释其用途。AutoCAD允许用户用图块创建这些文件属性，并可在插入的图块中指定是否显示这些属性。属性值可以随插入图块的环境不同而改变。

7.1.2　创建图块

使用【创建块】命令可将已有图形对象定义为图块，图块分为内部图块和外部图块。

a. 执行方式

执行【创建块】命令的方法有以下几种。

➢ 【插入】选项卡：在【插入】选项卡中，单击【块定义】面板中的【创建块】按钮，如图7-1所示。

➢ 【默认】选项卡：在【默认】选项卡中，单击【块】面板中的【创建块】按钮，如图7-2所示。

➢ 菜单栏：选择菜单【绘图】|【块】|【创建】命令，如图7-3所示。

➢ 命令行：BLOCK或B。

图7-1　单击按钮　　　　图7-2　单击按钮　　　　图7-3　选择命令

b. 操作步骤

执行上述任意一种方法后，调用【创建块】命令，弹出【块定义】对话框，如图7-4所示。在【名称】下拉列表框中设置块名称。激活【选择对象】按钮，选择图形。激活【拾取点】按钮，在图形上指定插入点。单击【确定】按钮，关闭对话框，结束创建块的操作。

图7-4　【块定义】对话框

c. 选项含义

在【块定义】对话框中，各选项的含义如下。

➢ 【名称】下拉列表框：用于输入或选择块的名称。

➢ 【拾取点】按钮：单击该按钮，系统切换到绘图窗口中拾取基点。

➢ 【选择对象】按钮：单击该按钮，系统切换到绘图窗口中拾取创建块的对象。

➢ 【保留】单选按钮：创建块后保留源对象不变。

➢ 【转换为块】单选按钮：创建块后将源对象转换为块。

➢ 【删除】单选按钮：创建块后删除源对象。

➢ 【允许分解】复选框：勾选该复选框，允许块被分解。

【练习7-1】：创建可控调节启动器图块	
	介绍创建可控调节启动器图块的方法，难度：☆
	🎬 素材文件路径：素材\第7章\7-1 创建可控调节启动器图块.dwg
	⊗ 效果文件路径：素材\第7章\7-1 创建可控调节启动器图块-OK.dwg
	⬇ 视频文件路径：视频\第7章\7-1 创建可控调节启动器图块.MP4

下面介绍创建可控调节启动器图块的操作步骤。

01 单击快速访问工具栏中的【打开】按钮🖿，打开本书配备资源中的"素材\第7章\7-1 创建可控调节启动器图块.dwg"文件，如图7-5所示。

02 在【插入】选项卡中，单击【块定义】面板中的【创建块】按钮🖾，弹出【块定义】对话框，在【名称】下拉列表框中输入【电气符号】，如图7-6所示。

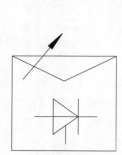

图7-5　打开素材

图7-6　【块定义】对话框

03 单击【对象】选项组中的【选择对象】按钮🖽，选择所有图形，按空格键返回对话框。

04 单击【基点】选项组中的【拾取点】按钮🖽，返回绘图区域指定图形左下方端点作为块的基点，如图7-7所示。

05 单击【确定】按钮，完成普通块的创建，此时图形成为一个整体，其夹点显示如图7-8所示。

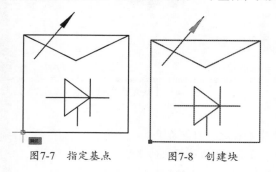

图7-7　指定基点　　　图7-8　创建块

7.1.3　插入图块

被创建成功的图块，可以在实际绘图时根据需要插入到图形中使用。在AutoCAD中不仅可以插入单个图块，还可以连续插入多个相同的图块。

a. 执行方式

执行【插入块】命令的方法有以下几种。

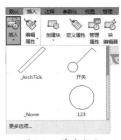

图7-9　单击按钮

➤ 【插入】选项卡：在【插入】选项卡中，单击【块】面板中的【插入】按钮，如图7-9所示。

➤ 【默认】选项卡：在【默认】选项卡中，单击【块】面板中的【插入】按钮，如图7-10所示。

➤ 菜单栏：选择菜单【插入】|【块】命令，如图7-11所示。

➤ 命令行：INSERT或I。

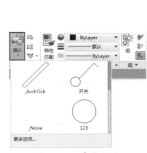

图7-10　单击按钮　　　　图7-11　选择命令

b. 操作步骤

执行上述任意一种方法后，调用【插入块】命令。在图7-10所示的【插入】列表中，显示块的名称与缩略图。选择块，在绘图区域中指定插入点，可以插入块。

如果在插入块的时候需要设置参数，选择列表中的【更多选项】选项，弹出【插入】对话框，如图7-12所示。在【名称】下拉列表框中显示块名称。选择块，设置参数，单击【确定】按钮。指定点，即可插入块。

c. 选项说明

在【插入】对话框中各选项的含义如下。

➤ 【名称】下拉列表框：选择需要插入的块的名称。当插入的块是外部块，则需要单击其右侧的【浏览】按钮，弹出【选择图形文件】对话框，如图7-13所示，在其中选择外部块。

图7-12　【插入】对话框　　　　图7-13　【选择图形文件】对话框

➤ 【插入点】选项组：插入基点坐标，可以直接在X、Y、Z文本框中输入插入点的绝对坐标。更简单的方式是通过勾选【在屏幕上指定】复选框，使用对象捕捉的方法在绘图区域内直接捕捉确定。

➤ 【比例】选项组：设置块实例相对于块定义的缩放比例。可以直接在X、Y、Z文本框中输入3

个方向上的缩放比例；也可以通过勾选【在屏幕上指定】复选框，在绘图区域内动态确定缩放
比例。勾选【统一比例】复选框，则在X、Y、Z方向上的缩放比例相同。

➤ 【旋转】选项组：设置块实例相对于块定义的旋转角度。可以直接在【角度】文本框中输入旋
转角度值；也可以通过勾选【在屏幕上指定】复选框，在绘图区域内动态确定旋转角度。

➤ 【分解】复选框：设置是否在插入块的同时分解插入的块。

【练习7-2】： 插入电气图块	
	介绍插入电气图块的方法，难度：☆
	📄 素材文件路径： 素材\第7章\7-2 插入电气图块.dwg
	📄 效果文件路径： 素材\第7章\7-2 插入电气图块-OK.dwg
	📥 视频文件路径： 视频\第7章\7-2 插入电气图块.MP4

下面介绍插入电气图块的操作步骤。

01 单击快速访问工具栏中的【打开】按钮📂，打开本书配备资源中的"素材\第7章\7-2 插入电
图块.dwg"文件，如图7-14所示。

02 在【默认】选项卡中，单击【块定义】面板中的【创建块】按钮🔲，弹出【插入】对话框，在
【名称】下拉列表框中选择【文字】，如图7-15所示。

03 单击【确定】按钮，返回到绘图区域，插入文字，最终结果如图7-16所示。

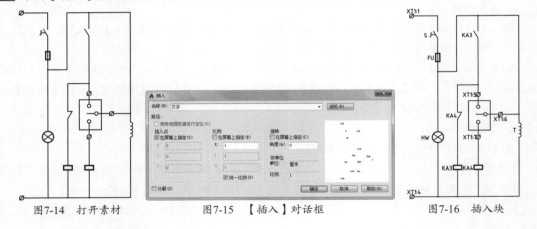

图7-14 打开素材　　　　　图7-15 【插入】对话框　　　　　图7-16 插入块

7.1.4 重新定义图块

如果在一个图形文件中多次重复插入一个图块，又需将所有
相同的图块统一修改或改变成另一个标准，则可以运用图块的重
新定义功能来实现。

执行【块说明】命令的方法如下。

➤ 菜单栏：选择菜单【修改】|【对象】|【块说明】命令，如图7-17
所示。

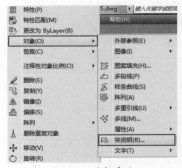

图7-17 选择命令

2

【练习7-3】： 重定义断路器图块

介绍重定义断路器图块的方法，难度：☆☆
素材文件路径：素材\第7章\7-3 重定义断路器图块.dwg
效果文件路径：素材\第7章\7-3 重定义断路器图块-OK.dwg
视频文件路径：视频\第7章\7-3 重定义断路器图块.MP4

下面介绍重新定义断路器图块的操作步骤。

01 单击快速访问工具栏中的【打开】按钮，打开本书配备资源中的"素材\第7章\7-3 重定义断路器图块.dwg"文件，如图7-18所示。

02 调用X【分解】命令，分解图块对象，任选一条直线，查看分解效果，如图7-19所示。

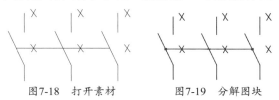

图7-18 打开素材　　　　图7-19 分解图块

03 调用E【删除】命令，删除多余的图形，如图7-20所示。

04 在【插入】选项卡中，单击【块定义】面板中的【创建块】按钮，弹出【块定义】对话框，在【名称】下拉列表框中输入【断路器】，如图7-21所示。

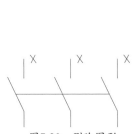

图7-20 删除图形　　　　图7-21 设置名称

05 单击【对象】选项组中的【选择对象】按钮，选择所有图形，按空格键返回对话框。

06 单击【基点】选项组中的【拾取点】按钮，返回到绘图区域指定图形左下方端点作为块的基点，如图7-22所示。

07 单击【确定】按钮，弹出【块-重新定义块】提示对话框，如图7-23所示。单击【重新定义块】按钮，即可重新定义图块。

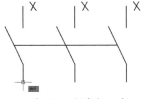

图7-22 指定插入点　　　　图7-23 提示对话框

7.2 创建与编辑属性图块

属性图块是指图形中包含图形信息和非图形信息的图块。非图形信息是指块属性。块属性是块的组成部分，是特定的可包含在块定义中的文字对象。

7.2.1 创建属性图块

定义块属性必须在定义块之前进行。调用【定义属性】命令，可以创建图块的非图形信息。

a. 执行方式

执行【定义属性】命令的方法有以下几种。

- ➢ 【插入】选项卡：在【插入】选项卡中，单击【块定义】面板中的【定义属性】按钮，如图7-24所示。
- ➢ 【默认】选项卡：在【默认】选项卡中，单击【块】面板中的【定义属性】按钮，如图7-25所示。
- ➢ 菜单栏：选择菜单【绘图】|【块】|【定义属性】命令，如图7-26所示。
- ➢ 命令行：ATTDEF或ATT。

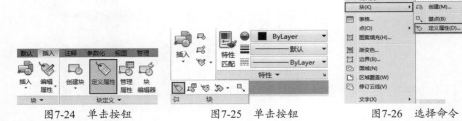

图7-24 单击按钮　　　图7-25 单击按钮　　　图7-26 选择命令

b. 操作方式

执行上述任意一种方法后，调用【定义属性】命令，弹出【属性定义】对话框，如图7-27所示。在该对话框中设置参数，单击【确定】按钮，将属性置于图形之上即可。

c. 选项说明

在【属性定义】对话框中，常用选项的含义如下。

图7-27 【属性定义】对话框

- ➢ 【模式】选项组：用于设置属性的模式。【不可见】表示插入块后是否显示属性值；【固定】表示属性是否是固定值，为固定值则插入后块属性值不再发生变化；【验证】用于验证所输入的属性值是否正确；【预设】表示是否将属性值直接设置成它的默认值；【锁定位置】用于固定插入块的坐标位置，一般选择此选项；【多行】表示使用多段文字来标注块的属性值。
- ➢ 【属性】选项组：用于定义块的属性。【标记】文本框中可以输入属性的标记，标识图形中每次出现的属性；【提示】文本框用于在插入包含该属性定义的块时显示的提示；【默认】文本框用于输入属性的默认值。

➢ 【插入点】选项组：用于设置属性值的插入点。

➢ 【文字设置】选项组：用于设置属性文字的格式。

下面介绍定义集线器属性图块的操作步骤。

01 新建一个空白文档。调用REC【矩形】命令，绘制一个750×300的矩形，如图7-28所示。

02 在【插入】选项卡中，单击【块定义】面板中的【定义属性】按钮，弹出【定义属性】对话框，在【属性】选项组和【文字设置】选项组中进行设置，如图7-29所示。

图7-28 绘制矩形　　　　　　　　　图7-29 设置参数

03 单击【确定】按钮，根据命令行的提示在合适的位置输入属性，如图7-30所示。

04 在命令行中输入B【创建块】命令，弹出【块定义】对话框。在【名称】下拉列表框中输入【文字】，单击【选择对象】按钮，选择整个图形。单击【拾取点】按钮，拾取图形的左下角点作为基点，如图7-31所示。

图7-30 输入属性　　　　　　　　　图7-31 设置块名称

05 单击【确定】按钮，弹出【编辑属性】对话框，输入HUB，如图7-32所示。

06 单击【确定】按钮，返回到绘图区域，完成属性块的创建，如图7-33所示。

图7-32　输入文字

图7-33　创建属性块

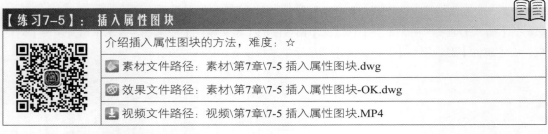

【练习7-5】：　**插入属性图块**

介绍插入属性图块的方法，难度：☆	
素材文件路径：	素材\第7章\7-5 插入属性图块.dwg
效果文件路径：	素材\第7章\7-5 插入属性图块-OK.dwg
视频文件路径：	视频\第7章\7-5 插入属性图块.MP4

　　下面介绍插入属性图块的操作步骤。

01 单击快速访问工具栏中的【打开】按钮，打开本书配备资源中的"素材\第7章\7-5 插入属性
图块.dwg"文件，如图7-34所示。

02 单击【块定义】面板中的【创建块】按钮，弹出【插入】对话框，在【名称】下拉列表框中
选择【文字】，如图7-35所示。

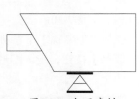

图7-34　打开素材

图7-35　选择名称

03 单击【确定】按钮，在绘图区域中单击鼠标左键，弹出【编辑属性】对话框，在【文字】文本
框中输入OH，如图7-36所示。

04 单击【确定】按钮，即可插入属性图块，如图7-37所示。

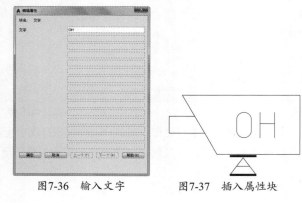

图7-36　输入文字　　　　　　图7-37　插入属性块

7.2.2　编辑块的属性

使用【编辑属性】命令可以对属性图块的值、文字选项以及特性等参数进行编辑。

a. 执行方式

执行【编辑属性】命令的方法有以下几种。

➢ 【插入】选项卡：在【插入】选项卡中，单击【块】面板中的【单个】按钮，如图7-38所示。

➢ 【默认】选项卡：在【默认】选项卡中，单击【块】面板中的【单个】按钮，如图7-39所示。

➢ 菜单栏：选择菜单【修改】|【对象】|【属性】|【单个】命令，如图7-40所示。

➢ 命令行：EATTEDIT。

➢ 鼠标法：双击鼠标左键。

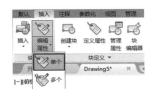

图7-38　单击按钮　　　　图7-39　单击按钮　　　　　　图7-40　选择命令

b. 操作步骤

执行上述任意一种方法后，调用【编辑属性】命令，弹出【增强属性编辑器】对话框，如图7-41所示。在该对话框中包含3个选项卡，分别是【属性】、【文字选项】以及【特性】。选择不同的选项卡，修改参数，调整属性的显示效果。

c. 选项说明

在【增强属性编辑器】对话框中，常用选项的含义如下。

➢ 块：编辑其属性的块的名称。

➢ 标记：标识属性的标记。

➢ 选择块：在使用定点设备选择块时临时关闭对话框。

➢ 应用：更新已更改属性的图形，并保持【增强属性编辑器】对话框打开。

➢ 文字选项：设定用于定义图形中属性文字的显示方式的特性。

➢ 特性：定义属性所在的图层以及属性文字的线宽、线型和颜色。

图7-41　【增强属性编辑器】对话框

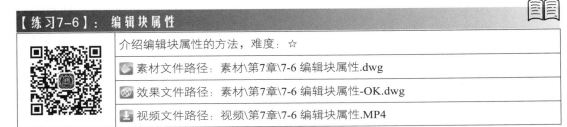

【练习7-6】：编辑块属性

介绍编辑块属性的方法，难度：☆
素材文件路径：素材\第7章\7-6 编辑块属性.dwg
效果文件路径：素材\第7章\7-6 编辑块属性-OK.dwg
视频文件路径：视频\第7章\7-6 编辑块属性.MP4

下面介绍编辑块属性的操作步骤。

01 单击快速访问工具栏中的【打开】按钮，打开本书配备资源中的"素材\第7章\7-6 编辑块属性.dwg"文件，如图7-42所示。

02 单击【块】面板中【单个】按钮，在命令行提示下选择属性图块，弹出【增强属性编辑器】对话框，如图7-43所示。

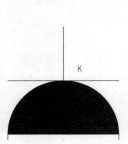

图7-42　打开素材　　　　　　图7-43　【增强属性编辑器】对话框

03 切换到【文字选项】选项卡，修改【高度】为200，如图7-44所示。

04 单击【确定】按钮，即可编辑图块属性，图形效果如图7-45所示。

图7-44　修改字高　　　　　　　　图7-45　修改效果

7.2.3　提取属性数据

通过提取数据信息，用户可以轻松地直接使用图形数据来生成清单或明细表。如果每个块都具有标识设备型号和制造商的数据，就可以生成用于估算设备价格的报告。

执行【数据提取】命令的方法有以下几种。

➢ 菜单栏：选择菜单【工具】|【数据提取】命令，如图7-46所示。

➢ 命令行：ATTEXT。

图7-46　选择命令

【练习7-7】：　提取属性数据

	介绍提取属性数据的方法，难度：☆☆
素材文件路径：	素材\第7章\7-6 编辑块属性-OK.dwg
效果文件路径：	素材\第7章\7-7 提取属性数据-OK.dwg
视频文件路径：	视频\第7章\7-7 提取属性数据.MP4

下面介绍提取属性数据的操作步骤。

01 单击快速访问工具栏中的【打开】按钮 ，打开本书配备资源中的"素材\第7章\7-6 编辑块属性-OK.dwg"文件。

02 选择菜单【工具】|【数据提取】命令，弹出【数据提取-开始】对话框，如图7-47所示。·

03 选中【创建新数据提取】单选按钮，单击【下一步】按钮，弹出【将数据提取另存为】对话框，如图7-48所示，设置名称和存储路径。

04 单击【保存】按钮，弹出【数据提取-定义数据源】对话框，如图7-49所示。

图7-47 【数据提取-开始】对话框

图7-48 【将数据提取另存为】对话框

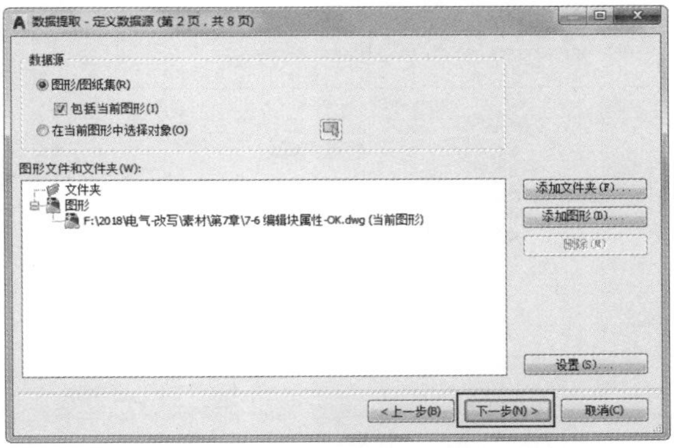

图7-49 【数据提取-定义数据源】对话框

05 单击【下一步】按钮，弹出【数据提取-加载文件】对话框，显示加载进度，如图7-50所示。

06 加载完成后，弹出【数据提取-选择对象】对话框，如图7-51所示。

图7-50 【数据提取-加载文件】对话框

图7-51 【数据提取-选择对象】对话框

07 单击【下一步】按钮，弹出【数据提取-选择特性】对话框，如图7-52所示。

08 单击【下一步】按钮，弹出【数据提取-正在更新表格】对话框，显示更新进度，如图7-53所示。

09 单击【下一步】按钮，弹出【数据提取-优化数据】对话框，如图7-54所示。

10 单击【下一步】按钮，弹出【数据提取-选择输出】对话框，勾选【将数据提取处理表插入图形】和【将数据输出至外部文件】复选框，如图7-55所示。

图7-52　【数据提取-选择特性】对话框

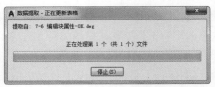

图7-53　【数据提取-正在更新表格】对话框

图7-54　【数据提取-优化数据】对话框

图7-55　【数据提取-选择输出】对话框

11 单击【下一步】按钮，弹出【数据提取-表格样式】对话框，如图7-56所示。

12 单击【下一步】按钮，弹出【数据提取-完成】对话框，如图7-57所示。单击【完成】按钮，完成属性的提取操作。

图7-56　【数据提取-表格样式】对话框

图7-57　【数据提取-完成】对话框

7.3　创建与编辑动态图块

在AutoCAD 2018中创建了图块之后，还可以向图块添加参数和动作使其成为动态块。动态块具有灵活性和智能性，用户可以在操作过程中轻松地更改图形中的动态块参照，可以通过自定义夹点或自定义特性来操作动态块参照中的图形。用户还可以根据需要调整块，而不用搜索另一个块来插入或重定义现有的块，这样就大大提高了工作效率。

7.3.1　认识动态图块

在AutoCAD中，可以为普通图块添加动作，将其转换为动态图块。动态图块可以直接通过移动动态夹点来调整图块大小、角度，避免了频繁地输入参数或调用命令（如【缩放】、【旋转】、【镜像】命令等），使图块的操作变得更加轻松。

创建动态块的步骤有两步：一是往图块中添加参数，二是为添加的参数添加动作。动态块的创建需要使用块编辑器。块编辑器是一个专门的编写区域，用于添加能够使块成为动态块的元素。

7.3.2　创建动态图块

添加到块定义中的参数和动作类型定义了动态块参照在图形中的作用方式。

a. 执行方式

执行【块编辑器】命令的方法有以下几种。

➢ 【插入】选项卡：在【插入】选项卡中，单击【块定义】面板中的【块编辑器】按钮，如图7-58所示。
➢ 【默认】选项卡：在【默认】选项卡中，单击【块】面板中的【块编辑器】按钮，如图7-59所示。
➢ 菜单栏：选择菜单【工具】|【块编辑器】命令，如图7-60所示。
➢ 命令行：BEDIT或BE。

图7-58　单击按钮　　　　图7-59　单击按钮　　　　图7-60　选择命令

b. 操作步骤

执行上述任意一种方法后，调用【块编辑器】命令，弹出【编辑块定义】对话框，选择块，如图7-61所示。单击【确定】按钮，进入【块编辑器】选项卡，如图7-62所示。

为块添加参数与动作，单击【保存块】按钮，接着单击【关闭块编辑器】按钮，退出命令，结束创建动态快的操作。

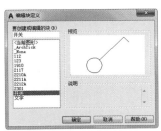

图7-61　【编辑块定义】对话框

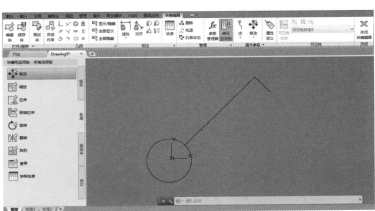

图7-62　【块编辑器】选项卡

【练习7-8】： 创建动态块

	介绍创建动态块的方法，难度：☆☆
	素材文件路径：素材\第7章\7-8 创建动态块.dwg
	效果文件路径：素材\第7章\7-8 创建动态块-OK.dwg
	视频文件路径：视频\第7章\7-8 创建动态块.MP4

下面介绍创建中间开关动态块的操作步骤。

01 单击快速访问工具栏中的【打开】按钮，打开本书配备资源中的"素材\第7章\7-8 创建动态块.dwg"文件，如图7-63所示。

02 单击【块】面板中的【块编辑器】按钮，弹出【编辑块定义】对话框，选择【中间开关】图块，如图7-64所示。

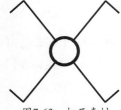
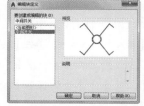

图7-63　打开素材　　　　图7-64　【编辑块定义】对话框

03 单击【确定】按钮，打开【块编辑器】选项卡，此时绘图窗口变为浅灰色，如图7-65所示。

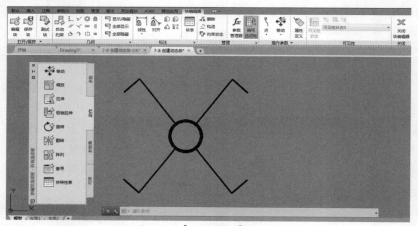

图7-65　【块编辑器】选项卡

04 在【块编写选项板】选项板中选择【参数】选项卡，再单击【旋转】按钮，如图7-66所示。

05 为块添加旋转参数，如图7-67所示。命令行操作如下。

```
命令：_BParameter 旋转↙                                      //调用【旋转】命令
指定基点或 [名称(N)/标签(L)/链(C)/说明(D)/选项板(P)/值集(V)]：      //指定圆心点
指定参数半径：1.25↙                                          //输入参数值
指定默认旋转角度或 [基准角度(B)] <0>：60↙                      //指定角度参数
指定标签位置：                                               //指定标签位置即可
```

06 在【块编写选项板】选项板中选择【动作】选项卡，再单击【旋转】按钮，如图7-68所示。

 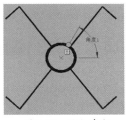

图7-66 选择参数　　　图7-67 添加参数

07 根据提示为旋转参数添加旋转动作，如图7-69所示。命令行提示如下。

```
命令：_BActionTool 旋转↙                    //调用【旋转】命令
选择参数：                                   //选择旋转参数
指定动作的选择集
选择对象：指定对角点：找到 12 个
```

 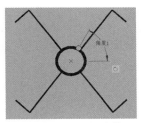

图7-68 选择动作　　　图7-69 添加动作

08 在【块编辑器】选项卡中，单击【保存块】按钮，保存创建的动作块，单击【关闭块编辑器】按钮，关闭块编辑器，完成动态块的创建，并返回到绘图窗口。

09 选择块，将光标置于夹点之上，激活夹点，如图7-70所示。

10 在夹点上按住鼠标左键并移动鼠标，调整块的角度，如图7-71所示。或者直接输入角度，旋转块。

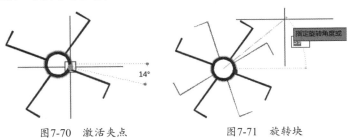

图7-70 激活夹点　　　图7-71 旋转块

7.4 使用AutoCAD设计中心

　　AutoCAD设计中心为用户提供了一个直观且高效的工具来管理图形设计资源。利用它可以访问图形、块、图案填充和其他图形内容，可以将原图形中的任何内容拖曳到当前图形中，还可以将图形、块和填充拖曳至工具面板上。原图可以位于用户的计算机、网络或网站上。另外，如果打开了多个图形，则可以通过设计中心，在图形之间复制和粘贴其他内容（如图层定义、布局和文字样式）来简化绘图过程。

7.4.1 认识【设计中心】面板

AutoCAD设计中心（AutoCAD Design Center，ADC）为用户提供了一个直观且高效的工具。它与Windows操作系统中的资源管理器类似，通过设计中心管理众多的图形资源。

使用设计中心可以实现以下操作。

➢ 浏览、查找本地磁盘、网络或互联网的图形资源并通过设计中心打开文件。

➢ 在定义表中查看图形文件中命名对象（例如块和图层）的定义，然后将定义插入、附着、复制和粘贴到当前图形中。

➢ 更新（重定义）块定义。

➢ 创建指向常用图形、文件夹Internet网址的快捷方式。

➢ 向图形中添加内容（例如外部参照、块和填充）。

➢ 在新窗口中打开图形文件。

➢ 将图形、块和填充拖动到工具面板上以便访问。

➢ 可以控制调色板的显示方式，可以选择大图标、小图标、列表和详细资料4种Windows的标准方式中的一种，可以控制是否预览图形，是否显示调色板中图形内容相关的说明内容。

➢ 设计中心能够将图形文件及图形文件中包含的块、外部参照、图层、文字样式、命名样式及尺寸样式等信息展示出来，提供预览功能并快速插入到当前文件中。

7.4.2 打开【设计中心】面板

调用【设计中心】命令，打开【设计中心】面板。通过该面板，执行复制、插入等操作。

a. 执行方式

执行【设计中心】命令的方法有以下几种。

➢ 功能区：在【视图】选项卡中，单击【选项板】面板中的【设计中心】按钮▦，如图7-72所示。

➢ 菜单栏：选择菜单【工具】|【选项板】|【设计中心】命令，如图7-73所示。

图7-72 单击按钮   图7-73 选择命令

➢　命令行：ADCENTER。

➢　快捷键：Ctrl+2。

b. 操作步骤

执行上述任意一项操作，均可以打开【设计中心】面板，如图7-74所示。【设计中心】面板分为两部分，左边为树状图，右边为内容区。可以在树状图中浏览内容的源，在内容区中显示内容。在内容区中能够将项目添加到图形或工具选项板中。

图7-74　【设计中心】面板

c. 选项说明

【设计中心】面板主要由5部分组成：标题栏、工具栏、选项卡、显示窗口和状态栏，下面将分别进行介绍。

1. 标题栏

标题栏可以控制AutoCAD设计中心窗口的尺寸、位置、外观形状和开关状态等。单击【特性】按钮■或在标题栏上右击，可以弹出快捷菜单，如图7-75所示。

选择【锚点居左】或【锚点居右】命令，可以固定面板，或者隐藏面板。

单击【自动隐藏】按钮，【设计中心】面板将自动隐藏，只留下标题栏，如图7-76所示。当鼠标指针放在标题栏上时，【设计中心】面板将恢复；移开鼠标，【设计中心】面板再次隐藏。

2. 工具栏

工具栏用来控制树状图和内容区中信息的浏览和显示方式，如图7-77所示。

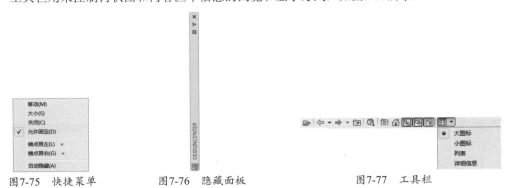

图7-75　快捷菜单　　　图7-76　隐藏面板　　　图7-77　工具栏

3. 选项卡

【设计中心】面板的选项卡主要包括【文件夹】选项卡、【打开的图形】选项卡和【历史记录】选项卡。

　　【文件夹】选项卡是设计中心最重要也是使用频率最高的选项卡。它显示计算机或网络驱动器中文件和文件夹的层次结构。它与Windows的资源管理器十分类似，分为左右两个子窗口。左窗口为导航窗口，用来查找和选择源；右窗口为内容窗口，用来显示指定源的内容。

　　【打开的图形】选项卡用于在设计中心中显示在当前AutoCAD环境中打开的所有图形。其中包括最小化了的图形。此时单击某个文件图标，就可以看到该图形的有关设置，如图层、线型、文字样式、块、标注样式等，如图7-78所示。

　　【历史记录】选项卡用于显示用户最近浏览的AutoCAD图形。显示历史记录后，在一个文件上右击，显示此文件信息或从【历史记录】列表中删除该文件，如图7-79所示。

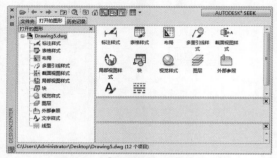

图7-78　【打开的图形】选项卡

图7-79　【历史记录】选项卡

4. 显示窗口

　　显示窗口分为内容显示窗口、预览显示窗口和说明显示窗口。内容显示窗口显示图形文件的内容；预览显示窗口显示图形文件的缩略图；说明显示窗口显示图形文件的描述信息，如图7-80所示。

5. 状态栏

　　状态栏用于显示所选文件的路径，如图7-81所示。

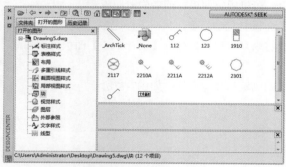

图7-80　显示文件包含的块

C:\Users\Administrator\Desktop\Drawing5.dwg\块 (12 个项目)

图7-81　状态栏

7.4.3　加载图形

　　在【设计中心】面板中，单击【加载】按钮，如图7-82所示，弹出【加载】对话框，如图7-83所示。该对话框主要用于浏览硬盘中的图形文件，选择文件，单击【打开】按钮，可以在【设计中心】面板中显示文件内容。

图7-82　单击按钮

图7-83　【加载】对话框

7.4.4　查找对象

在【设计中心】面板中，单击【搜索】按钮 🔍，弹出【搜索】对话框，如图7-84所示。在该对话框的【搜索文字】文本框中输入【图块】，单击【立即搜索】按钮，即可查找出对象，如图7-85所示。

图7-84　输入搜索文字

图7-85　搜索结果

7.4.5　收藏对象

在【设计中心】面板中，单击【收藏夹】按钮 📁，显示如图7-86所示的选项面板。可以在【文件夹列表】中显示Favorites\Autodesk文件夹的内容，用户可以通过收藏夹标记存放在本地硬盘、网络驱动器或Internet网页上常用的文件。

图7-86　显示收藏内容

7.4.6　预览对象

在【设计中心】面板中，单击【预览】按钮 ，可以打开或关闭预览窗口，确定是否是显示预览图像。可以通过拖动鼠标来改变预览窗口的大小。其预览区域如图7-87所示。

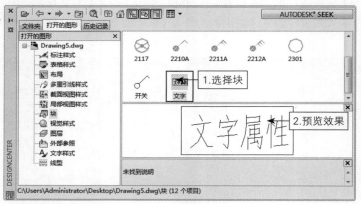

图7-87　预览对象

7.5　思考与练习

1. 选择题

（1）创建块的快捷键是（　　　）。

A. EL　　　　　　　　　B. D　　　　　　　　　C. B　　　　　　　　　D. W

（2）创建块的动态属性，应先添加（　　　）属性。

A. 动作　　　　　　　B. 参数　　　　　　　C. 长度　　　　　　　D. 角度

（3）【定义属性】命令的快捷键是（　　　）。

A. ATT　　　　　　　B. AT　　　　　　　C. ATM　　　　　　　D. A

（4）使用【定义属性】命令为图形对象创建属性后，需要调用（　　　）命令将图形与属性创建成块。

　　A. 写块　　　　　　　　B. 创建块　　　　　　　C. 动态块　　　　　　　D. 插入块

　　（5）打开【设计中心】面板的快捷键是（　　）。

　　A. Ctrl+D　　　　　　　B. Ctrl+H　　　　　　　C. Ctrl+3　　　　　　　D. Ctrl+2

2. 操作题

　　浴室电气平面图主要用来讲述如何在浴室的各个空间中布置开关以及灯具图形的方法。通过绘制如图7-88所示的切换片，主要学习【插入】、【复制】、【移动】等命令的应用方法。

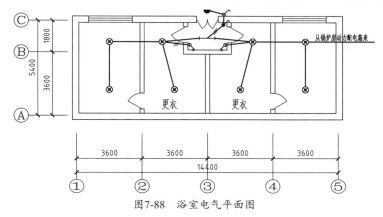

图7-88　浴室电气平面图

提示步骤如下。

　　（1）单击快速访问工具栏中的【打开】按钮，打开本书配备资源中的"第7章\7.5 绘制浴室电气平面图.dwg"文件，如图7-89所示。

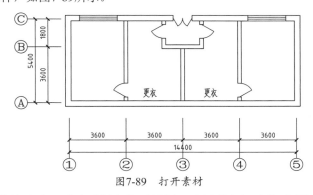

图7-89　打开素材

　　（2）调用I【插入】命令，弹出【插入】对话框，选择【电气元件1】图块，如图7-90所示。

图7-90　【插入】对话框

　　（3）单击【确定】按钮，指定插入点，插入块的效果如图7-91所示。

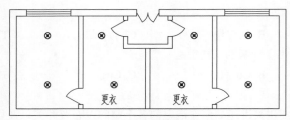

图7-91　插入电器元件1

（4）按Enter键，重复执行I【插入】命令，继续插入电气元件，如图7-92所示。

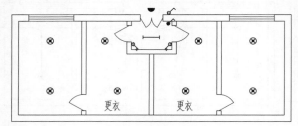

图7-92　操作效果

（5）将【线路】图层置为当前。调用PL【多段线】命令，修改【宽度】为30，绘制连接线路，如图7-93所示。

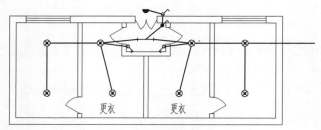

图7-93　绘制线路

（6）调用L【直线】命令，在相应的线路上绘制导线对象，如图7-94所示。

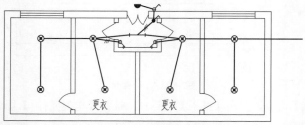

图7-94　绘制导线

（7）调用MT【多行文字】命令，在相应的位置创建多行文字，效果如图7-95所示。

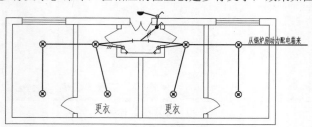

图7-95　绘制文字

电气图是由图形符号和文字组成的，因此了解各类图形符号的意义就特别重要。对于各类电气图形符号的表现样式，国家对制图标准作了相关的规定。本章以一些常用的电气元器件符号为例，介绍电子元器件的绘制方式。

08

第 8 章
常用电子元器件的绘制

8.1　绘制二次元件

二次元件的类型较多，本节以手动开关、位置开关动断触点等元件类型为例，介绍二次元件图形符号的绘制方法。

【练习8-1】：绘制手动开关

介绍绘制手动开关的方法，难度：☆☆
◎ 素材文件路径：无
◎ 效果文件路径：素材\第8章\8-1 绘制手动开关-OK.dwg
⬇ 视频文件路径：视频\第8章\8-1 绘制手动开关.MP4

手动开关在电气图中出现最多，几乎每个电气图都需要用到这个开关图例。通过启用或闭合开关，可以控制电路电源的接通与关闭。下面介绍手动开关图形的操作步骤。

`01` 调用REC【矩形】命令，绘制尺寸为1500×485的矩形，如图8-1所示。

`02` 调用X【分解】命令，分解矩形。

`03` 调用O【偏移】命令，选择矩形的短边向内偏移，如图8-2所示。

`04` 调用TR【修剪】命令，修剪线段；调用E【删除】命令，删除线段，结果如图8-3所示。

`05` 调用O【偏移】命令，向内偏移矩形边，结果如图8-4所示。

`06` 调用TR【修剪】命令、E【删除】命令，修剪或删除矩形边，结果如图8-5所示。

`07` 单击状态栏上的【极轴追踪】按钮 ，在调出的列表中设置增量角，如图8-6所示。

`08` 按F8键，关闭【正交】模式。

`09` 调用L【直线】命令，分别指定起点和端点，绘制短斜线，结果如图8-7所示。

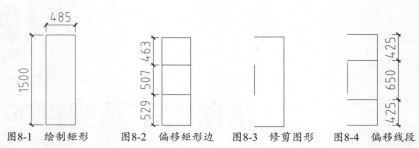

图8-1　绘制矩形　　图8-2　偏移矩形边　　图8-3　修剪图形　　图8-4　偏移线段

10 调用L【直线】命令,分别捕捉左侧垂直线段的中点、短斜线的中点,绘制连接直线,如图8-8所示。

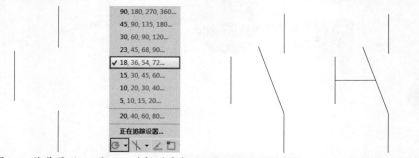

图8-5　修剪图形　　图8-6　选择增量角　　图8-7　绘制斜线段　　图8-8　绘制连接线段

【练习8-2】: 绘制位置开关动断触点

	介绍绘制位置开关动断触点的方法,难度:☆ ☆
素材文件路径:	无
效果文件路径:	素材\第8章\8-2 绘制位置开关动断触点-OK.dwg
视频文件路径:	视频\第8章\8-2 绘制位置开关动断触点.MP4

　　线圈不通电时两个触点是闭合的,通电后这两个触点就断开,称为动断触点。下面介绍动断触点图例符号的操作步骤。

01 调用REC【矩形】命令,分别绘制尺寸为450×375、921×234的矩形,如图8-9所示。

02 调用X【分解】命令,分解矩形。

03 调用E【删除】命令,删除矩形边,如图8-10所示。

04 调用O【偏移】命令,偏移矩形边,结果如图8-11所示。

05 调用L【直线】命令,绘制如图8-12所示的线段。

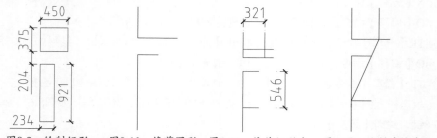

图8-9　绘制矩形　　图8-10　修剪图形　　图8-11　偏移矩形边　　图8-12　绘制连接线段

06 调用O【偏移】命令,偏移线段,结果如图8-13所示。

07 调用EX【延伸】命令,延伸斜线,结果如图8-14所示。

08 调用E【删除】命令,删除线段,结果如图8-15所示。

········ **提 示** ········

线圈不通电时两个触点是断开的，通电后这两个触点就闭合，通常把这类触点称为动合触点。如图8-16所示为位置开关动合触点的绘制结果。

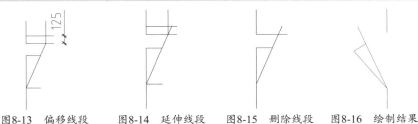

图8-13　偏移线段　　图8-14　延伸线段　　图8-15　删除线段　　图8-16　绘制结果

【练习8-3】：绘制拉拔开关

介绍绘制拉拔开关的方法，难度：☆☆
素材文件路径：无
效果文件路径：素材\第8章\8-3 绘制拉拔开关-OK.dwg
视频文件路径：视频\第8章\8-3 绘制拉拔开关.MP4

拉拔开关也是开关的一种类型，在控制电路图、保护电路图等类型的电气图中都有使用。其作用是通过控制电源的接通与关闭，达到控制位于电路上的各元器件的启动与关闭的目的。下面介绍绘制拉拔开关的操作步骤。

01 调用REC【矩形】命令，分别绘制尺寸为450×375、150×495的矩形，如图8-17所示。

02 调用X【分解】命令，分解矩形。

03 调用E【删除】命令，删除矩形边，结果如图8-18所示。

04 调用O【偏移】命令，向下偏移矩形边，如图8-19所示。

05 调用L【直线】命令，绘制连接线段，结果如图8-20所示。

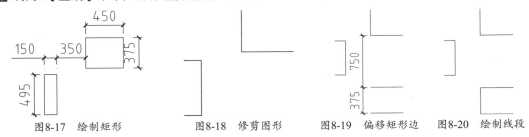

图8-17　绘制矩形　　　　图8-18　修剪图形　　　图8-19　偏移矩形边　　图8-20　绘制线段

06 调用E【删除】命令，删除线段，结果如图8-21所示。

07 调用O【偏移】命令，偏移线段，如图8-22所示。

08 调用L【直线】命令，绘制如图8-23所示的连接斜线。

09 调用E【删除】命令，删除线段，结果如图8-24所示。

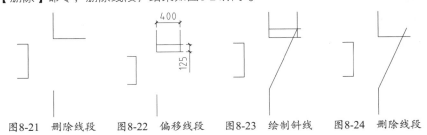

图8-21　删除线段　　图8-22　偏移线段　　图8-23　绘制斜线　　图8-24　删除线段

10 调用L【直线】命令，拾取左侧垂直线段的中点为直线的起点，拾取右侧斜线的中点为直线的端点，绘制连接直线如图8-25所示。

:::::::::::: 提 示 ::::::::::::

图8-26所示为拉拔开关的另外一种表现样式。

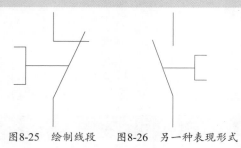

图8-25　绘制线段　　图8-26　另一种表现形式

8.2　绘制互感器

互感器分为电压互感器与电流互感器两类。电压互感器用来变换线路上的电压；电流互感器根据电压的大小来控制电流的流量。本节介绍这两类图形符号的绘制。

8.2.1　绘制电压互感器

变换电压的目的主要是用来给测量仪表和继电保护装置供电，用来测量线路的电压、功率和电能，或者用来在线路发生故障时保护线路中的贵重设备、电机和变压器，因此电压互感器的容量很小，一般只有几伏安、几十伏安，最大也不超过一千伏安。

图8-27所示为常见的电压互感器。

图8-27　电压互感器

【练习8-4】：绘制电压互感器

介绍绘制电压互感器的方法，难度：☆☆☆
素材文件路径：无
效果文件路径：素材\第8章\8-4 绘制电压互感器-OK.dwg
视频文件路径：视频\第8章\8-4 绘制电压互感器.MP4

下面介绍绘制电压互感器的操作步骤。

01 调用C【圆】命令，绘制半径为350的圆形，结果如图8-28所示。

02 调用CO【复制】命令，向下移动复制圆形，结果如图8-29所示。

03 调用C【圆】命令，绘制半径为375的圆形，结果如图8-30所示。

04 调用L【直线】命令，绘制如图8-31所示的线段。

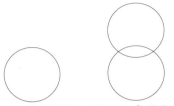

图8-28　绘制圆形　　图8-29　复制圆形　　图8-30　绘制圆形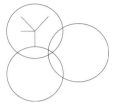

图8-31　绘制线段

05 调用CO【复制】命令，选择线段向下移动复制，结果如图8-32所示。

06 调用L【直线】命令，绘制等边三角形，结果如图8-33所示。

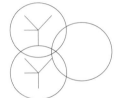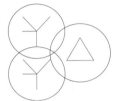

图8-32　复制图形　　　　图8-33　绘制等边三角形

07 调用L【直线】命令，绘制如图8-34所示的线段。

08 调用L【直线】命令，绘制长度为400的水平线段；调用O【偏移】命令，设置偏移距离为80，向上偏移线段，结果如图8-35所示。

09 调用O【偏移】命令，偏移如图8-36所示的线段。

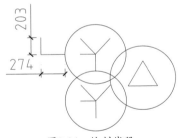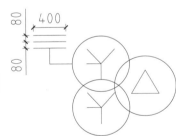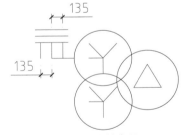

图8-34　绘制线段　　　　图8-35　偏移线段　　　　图8-36　绘制线段

10 调用EX【延伸】命令，延伸线段，结果如图8-37所示。

11 调用TR【修剪】命令，修剪线段，结果如图8-38所示。

12 调用O【偏移】命令，设置偏移距离为70，向内偏移线段，结果如图8-39所示。

图8-37　延伸线段　　　　　图8-38　修剪线段　　　　　图8-39　偏移线段

13 调用EX【延伸】命令，延伸线段，如图8-40所示。

14 调用TR【修剪】命令，修剪线段，结果如图8-41所示。

15 调用E【删除】命令，删除线段，如图8-42所示。

　图8-40　延伸线段　　　　　图8-41　修剪线段　　　　　图8-42　删除线段

16 调用MI【镜像】命令，选择绘制完成线段图形，向下镜像复制图形，结果如图8-43所示。

17 调用L【直线】命令，以圆形的端点为起点，绘制如图8-44所示的垂直线段。

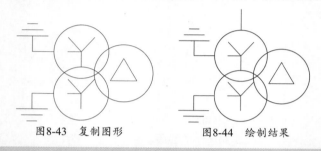

　　　　　图8-43　复制图形　　　　　　图8-44　绘制结果

⫶⫶⫶⫶⫶⫶⫶⫶⫶⫶⫶ 提　示 ⫶⫶⫶⫶⫶⫶⫶⫶⫶⫶⫶

电压互感器的其他表现方式如图8-45所示。

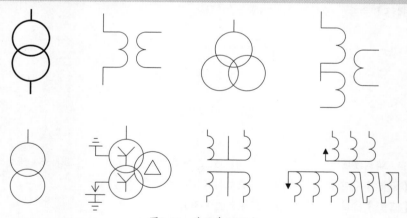

图8-45　其他表现形式

8.2.2　电流互感器

电流互感器原理是依据变压器原理制成的，由闭合的铁心和绕组组成。一次侧绕组匝数很少，串在需要测量的电流的线路中，因此它经常有线路的全部电流流过。二次侧绕组匝数比较多，串接在测量仪表和保护回路中。

电流互感器在工作时，它的二次侧回路始终是闭合的，因此测量仪表和保护回路串联线圈的阻抗很小，电流互感器的工作状态接近短路。

图8-46所示为常见的电流互感器。

图8-46 电流互感器

【练习8-5】： 绘制电流互感器

介绍绘制电流互感器的方法，难度：☆

素材文件路径：无

效果文件路径：素材\第8章\8-5 绘制电流互感器-OK.dwg

视频文件路径：视频\第8章\8-5 绘制电流互感器.MP4

下面介绍绘制电流互感器的操作步骤。

01 调用C【圆】命令，绘制半径为250的圆形，结果如图8-47所示。

02 调用CO【复制】命令，移动复制圆形，结果如图8-48所示。

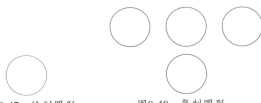

图8-47 绘制圆形　　　图8-48 复制圆形

03 调用L【直线】命令，过圆心绘制长度为1500的垂直线段，结果如图8-49所示。

04 调用L【直线】命令，绘制如图8-50所示的相交线段。

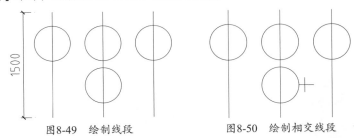

图8-49 绘制线段　　　图8-50 绘制相交线段

05 调用RO【旋转】命令，设置旋转角度为-30°，旋转线段的结果如图8-51所示。

06 调用CO【复制】命令，选择斜线向右移动复制，结果如图8-52所示。

07 调用CO【复制】命令，移动复制线段图形，结果如图8-53所示。

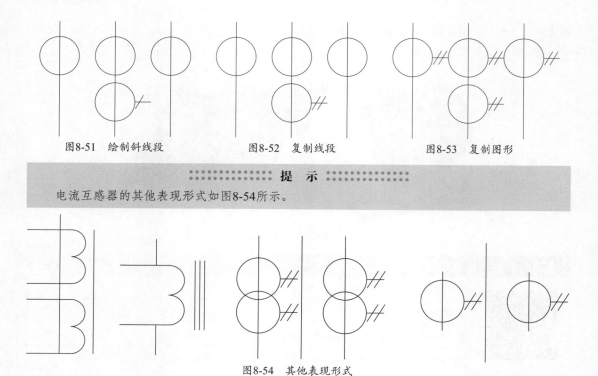

图8-51　绘制斜线段　　　图8-52　复制线段　　　图8-53　复制图形

·········· 提　示 ··········

电流互感器的其他表现形式如图8-54所示。

图8-54　其他表现形式

8.3　绘制其他常用元器件

本节以常用的接地符号、电缆头等元器件为例，介绍一些常用的元器件图形符号的绘制方式。

8.3.1　电缆头

电缆头又称电缆接头。电缆铺设好后，为了使其成为一个连续的线路，各段线必须连接为一个整体，这些连接点就称为电缆接头。电缆线路中间部位的电缆接头称为中间接头，而线路两末端的电缆接头称为终端头。电缆接头是用来锁紧和固定进出线，起到防水防尘防震动的作用。

图8-55所示为常见的电缆接头。

图8-55　电缆头

【练习8-6】：绘制电缆头

介绍绘制电缆头的方法，难度：☆
素材文件路径：无
效果文件路径：素材\第8章\8-6 绘制电缆头-OK.dwg
视频文件路径：视频\第8章\8-6 绘制电缆头.MP4

下面介绍绘制电缆头的操作步骤。

01 调用PL【多段线】命令，绘制如图8-56所示的线段。

02 调用L【直线】命令，绘制垂直线段，结果如图8-57所示。

03 调用L【直线】命令，绘制长度为600的水平线段，如图8-58所示。

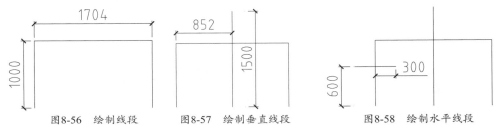

图8-56 绘制线段　　　　图8-57 绘制垂直线段　　　　图8-58 绘制水平线段

04 调用L【直线】命令，绘制连接线段，如图8-59所示。

05 调用CO【复制】命令，选择绘制完成的线段向右移动复制，结果如图8-60所示。

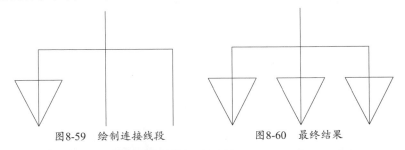

图8-59 绘制连接线段　　　　　　图8-60 最终结果

【练习8-7】：绘制信号灯

介绍绘制信号灯的方法，难度：☆
素材文件路径：无
效果文件路径：素材\第8章\8-7 绘制信号灯-OK.dwg
视频文件路径：视频\第8章\8-7 绘制信号灯.MP4

信号灯在电路图中的表示方式为圆形内绘制交叉线段。信号灯起到提示作用，如提示电流通过、设备的运转等。信号灯亮起，表示有电流通过或者设备在运转；信号灯熄灭，表示该电路此时没有电流通过。下面介绍绘制信号灯的操作步骤。

01 调用C【圆】命令，绘制半径为550的圆形，如图8-61所示。

02 调用L【直线】命令，过圆心绘制垂直线段，结果如图8-62所示。

03 调用RO【旋转】命令，设置旋转角度为45°，旋转线段的结果如图8-63所示。

04 调用MI【镜像】命令，镜像复制斜线，如图8-64所示。

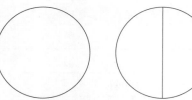

图8-61 绘制圆形　　图8-62 绘制垂直线段　　图8-63 旋转线段　　图8-64 镜像复制线段

05 调用H【图案填充】命令，进入【图案填充创建】选项卡，在【图案】面板中选择SOLID图案，如图8-65所示。

06 在圆形中拾取填充区域，绘制填充图案的结果如图8-66所示。

07 调用L【直线】命令，绘制长度为400的垂直线段，结果如图8-67所示。

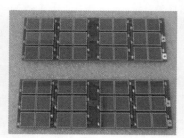

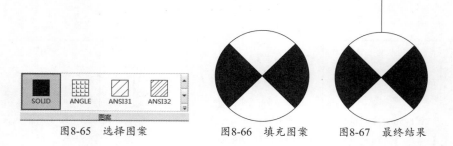

图8-65 选择图案　　图8-66 填充图案　　图8-67 最终结果

8.3.2 绘制光电池

光电池是一种在光的照射下产生电动势的半导体元件，用于光电转换、光电探测及光能利用等方面。

图8-68所示为常见的光电池。

图8-68 光电池

【练习8-8】：绘制光电池

介绍绘制光电池的方法，难度：☆
素材文件路径：无
效果文件路径：素材\第8章\8-8 绘制光电池-OK.dwg
视频文件路径：视频\第8章\8-8 绘制光电池.MP4

下面介绍绘制光电池的操作步骤。

01 调用L【直线】命令，绘制水平线段和垂直线段，结果如图8-69所示。

02 调用L【直线】命令，绘制辅助线，如图8-70所示。

03 调用MI【镜像】命令，向下镜像复制线段，结果如图8-71所示。

04 调用E【删除】命令，删除辅助线，结果如图8-72所示。

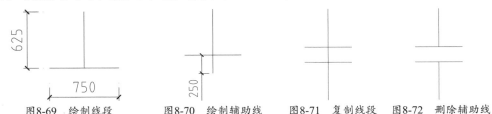

图8-69 绘制线段　　　图8-70 绘制辅助线　　　图8-71 复制线段　　图8-72 删除辅助线

05 调用O【偏移】命令，设置偏移距离为164，偏移线段的结果如图8-73所示。

06 调用TR【修剪】命令，修剪线段，结果如图8-74所示。

07 调用E【删除】命令，删除线段，如图8-75所示。

08 调用PL【多段线】命令，设置起点宽度为70、端点宽度为0，绘制指示箭头，结果如图8-76所示。

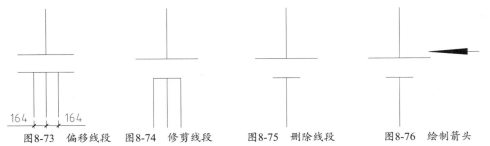

图8-73 偏移线段　　图8-74 修剪线段　　　图8-75 删除线段　　　　图8-76 绘制箭头

09 调用RO【旋转】命令，设置旋转角度为60°，调整指示箭头的角度，如图8-77所示。

10 调用CO【复制】命令，移动复制箭头，结果如图8-78所示。

•••••••••••••••• 提 示 ••••••••••••••••

光电池的其他表现形式如图8-79所示。

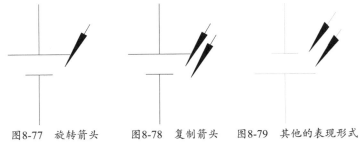

图8-77 旋转箭头　　　图8-78 复制箭头　　　图8-79 其他的表现形式

8.3.3 接触器

　　接触器分为交流接触器（电压AC）和直流接触器（电压DC），它应用于电力、配电与用电。接触器广义上是指工业电气中利用线圈流过电流产生磁场，使触头闭合，以达到控制负载的电器。

　　图8-80所示为常见的接触器。

图8-80 接触器

【练习8-9】：绘制接触器

介绍绘制接触器的方法，难度：☆
素材文件路径：无
效果文件路径：素材\第8章\8-9 绘制接触器-OK.dwg
视频文件路径：视频\第8章\8-9 绘制接触器.MP4

下面介绍绘制接触器的操作步骤。

01 调用REC【矩形】命令，绘制尺寸为2015×1500的矩形，如图8-81所示。

02 调用L【直线】命令，以上上方边的中点为起点，以下方边的中点为终点，绘制直线，如图8-82所示。

03 调用X【分解】命令，分解矩形。

04 调用O【偏移】命令，选择矩形的长边向内偏移，结果如图8-83所示。

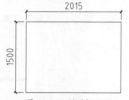

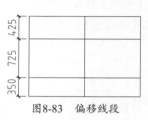

图8-81 绘制矩形　　图8-82 绘制垂直线段　　图8-83 偏移线段

05 调用TR【修剪】命令，修剪线段，结果如图8-84所示。

06 单击状态栏上的【极轴追踪】按钮，在弹出的下拉列表中设置增量角，如图8-85所示。

07 调用L【直线】命令，绘制如图8-86所示的斜线。

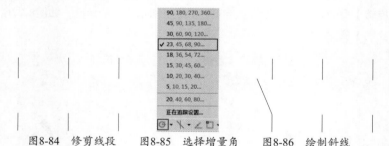

图8-84 修剪线段　　图8-85 选择增量角　　图8-86 绘制斜线

08 调用CO【复制】命令，选择斜线向右移动复制，结果如图8-87所示。

09 调用L【直线】命令，单击左侧斜线的中点为直线的起点，单击右侧斜线的中点为直线的终点，绘制连接直线的结果如图8-88所示。

10 调用MT【多行文字】命令，绘制标注文字C，结果如图8-89所示。

提 示

断路器图例的绘制与接触器图例的绘制方式大致相同，如图8-90所示。为断路器图例的绘制结果。

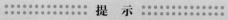
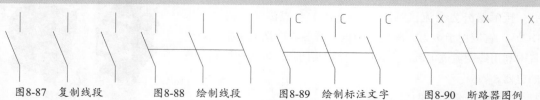

图8-87 复制线段　　图8-88 绘制线段　　图8-89 绘制标注文字　　图8-90 断路器图例

8.4　绘制弱电与消防设备

　　弱电系统包括广播系统、监控系统等，这些系统用来控制信号的接收与发射，其电路上使用的设备众多。消防系统用来对火灾进行实时预警，并为救灾工作提供便利。

　　本节以扬声器、可视对讲机等设备为例，介绍弱电设备、火灾设备图形符号的绘制。

8.4.1　扬声器

　　扬声器是一种把电信号转变为声信号的换能器件，其性能优劣对音质的影响很大。扬声器在音响设备中是一个最薄弱的器件，而对于音响效果而言，它又是一个最重要的部件。扬声器的种类繁多，并且价格相差很大。音频电能通过电磁、压电或静电效应，使其纸盆或膜片振动并与周围的空气产生共振（共鸣）而发出声音。

　　图8-91所示为常见的扬声器。

图8-91　扬声器

【练习8-10】：绘制扬声器

介绍绘制扬声器的方法，难度：☆	
素材文件路径：无	
效果文件路径：素材\第8章\8-10 绘制扬声器-OK.dwg	
视频文件路径：视频\第8章\8-10 绘制扬声器.MP4	

　　下面介绍绘制扬声器的操作步骤。

01 调用REC【矩形】命令，绘制尺寸为325×600的矩形，如图8-92所示。

02 调用X【分解】命令，分解矩形。

03 调用O【偏移】命令，选择矩形的短边向内偏移，选择矩形的长边向左偏移，结果如图8-93所示。

04 调用EX【延伸】命令，选择长边为延伸边界，延伸短边，使其与长边相接，结果如图8-94所示。

05 调用TR【修剪】命令，修剪线段，结果如图8-95所示。

06 调用L【直线】命令，绘制连接斜线，如图8-96所示。

07 调用TR【修剪】命令、E【删除】命令，修剪并删除线段，结果如图8-97所示。

08 调用PL【多段线】命令，设置线宽为20，为图形绘制粗轮廓线，结果如图8-98所示。

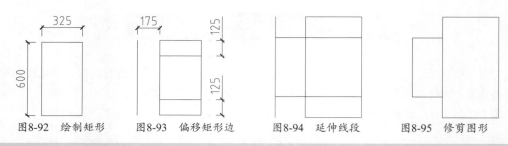

图8-92 绘制矩形　　　图8-93 偏移矩形边　　　图8-94 延伸线段　　　图8-95 修剪图形

●●●●●●●●●● 提 示 ●●●●●●●●●●

图8-99所示为【高音扬声器】图例、【报警扬声器】图例的绘制结果，其绘制方式可以参考本节内容。

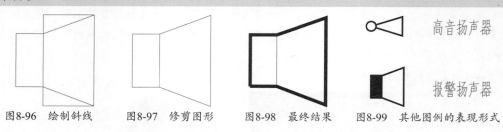

图8-96 绘制斜线　　　图8-97 修剪图形　　　图8-98 最终结果　　　图8-99 其他图例的表现形式

8.4.2　可视对讲机

可视对讲机指可以进行直接视频的对讲机。对讲机不同于移动电话，它不用根据通话时间计费。与移动电话和双向对讲机相比，可视对讲机的成本较为经济。

图8-100所示为常见的可视对讲机。

图8-100　可视对讲机

【练习8-11】：绘制可视对讲机

介绍绘制可视对讲机的方法，难度：☆
📄 素材文件路径：无
⚙ 效果文件路径：素材\第8章\8-11 绘制可视对讲机-OK.dwg
⬇ 视频文件路径：视频\第8章\8-11 绘制可视对讲机.MP4

下面介绍绘制可视对讲机的操作步骤。

01 调用REC【矩形】命令，绘制如图8-101所示的矩形。

02 调用X【分解】命令，分解矩形。

03 调用O【偏移】命令，向内偏移矩形短边，结果如图8-102所示。

04 调用O【偏移】命令，选择矩形长边向内偏移，结果如图8-103所示。

05 调用TR【修剪】命令，修剪线段如图8-104所示。

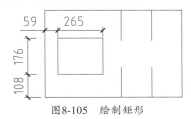

图8-101 绘制矩形

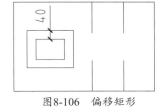

图8-102 偏移矩形边

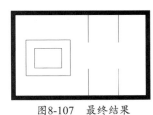

图8-103 偏移线段　　图8-104 修剪图形

06 调用REC【矩形】命令，绘制尺寸为265×176的矩形，如图8-105所示。

07 调用O【偏移】命令，设置偏移距离为40，选择矩形向内偏移，如图8-106所示。

08 调用PL【多段线】命令，设置起点宽度、端点宽度均为20，绘制粗轮廓线，完成可视对讲机的绘制，结果如图8-107所示。

图8-105 绘制矩形　　图8-106 偏移矩形　　图8-107 最终结果

8.4.3 电动蝶阀

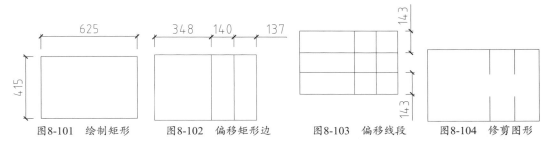

图8-108 电动蝶阀

电动蝶阀属于电动阀门和电动调节阀中的一个品种，连接方式主要有法兰式和对夹式。电动蝶阀密封形式主要有橡胶密封和金属密封。

电动蝶阀通过电源信号来控制蝶阀的开关，可用作管道系统的切断阀、控制阀和止回阀。附带手动控制装置，一旦出现电源故障，可以临时用手动操作，不至于影响使用。

图8-108所示为常见的电动蝶阀。

【练习8-12】：绘制电动蝶阀

介绍绘制电动蝶阀的方法，难度：☆
素材文件路径：无
效果文件路径：素材\第8章\8-12 绘制电动蝶阀-OK.dwg
视频文件路径：视频\第8章\8-12 绘制电动蝶阀.MP4

下面介绍绘制电动蝶阀的操作步骤。

01 调用C【圆】命令，绘制半径为125的圆形，如图8-109所示。

02 调用MT【多行文字】命令，在圆形内绘制标注文字M，如图8-110所示。

03 调用L【直线】命令，绘制长度为175的垂直线段，结果如图8-111所示。

[04] 调用REC【矩形】命令，绘制如图8-112所示的矩形。

  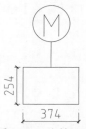

图8-109　绘制圆形　　　图8-110　绘制标注文字　　图8-111　绘制线段　　图8-112　绘制矩形

[05] 调用L【直线】命令，在矩形内绘制对角线，结果如图8-113所示。

[06] 调用C【圆】命令，以对角线的中点为圆心，绘制半径为40的圆形，如图8-114所示。

[07] 调用H【图案填充】命令，进入【填充图案创建】选项卡，在【图案】面板上选择SOLID图案，如图8-115所示。

[08] 选择圆形，执行填充操作的结果如图8-116所示。

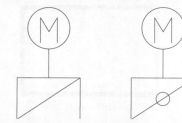 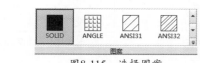 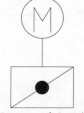

图8-113　绘制对角线　　图8-114　绘制圆形　　　　图8-115　选择图案　　　　图8-116　填充图案

8.4.4　四路分配器

在接口设备上的分配器是将音视频信号分配至多个显示设备或投影显示系统上的一种控制设备。它是专门分配信号的接口形式的设备。

分配器具有一个显著的特点，就是可以将高清AV信号通过普通的同轴电缆线延长到200米左右。图8-117所示为常见的分配器。

图8-117　分配器

【练习8-13】：绘制四路分配器　　　　　　　　　　　　　

	介绍绘制四路分配器的方法，难度：☆☆
	素材文件路径：无
	效果文件路径：素材\第8章\8-13 绘制四路分配器-OK.dwg
	视频文件路径：视频\第8章\8-13 绘制四路分配器.MP4

下面介绍绘制四路分配器的操作步骤。

01 调用C【圆】命令，绘制半径为281的圆形，结果如图8-118所示。

02 调用L【直线】命令，过圆心绘制线段，结果如图8-119所示。

03 调用TR【修剪】命令，修剪圆形，结果如图8-120所示。

04 调用L【直线】命令，以圆形的象限点为起点，绘制长度为193的水平线段，结果如图8-121所示。

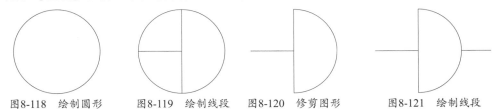

图8-118　绘制圆形　　　图8-119　绘制线段　　图8-120　修剪图形　　　图8-121　绘制线段

05 调用O【偏移】命令，设置偏移距离为113，选择线段向上、向下偏移，结果如图8-122所示。

06 调用EX【延伸】命令，延伸偏移得到的线段，使之与圆弧相接，结果如图8-123所示。

07 调用E【删除】命令，删除线段，结果如图8-124所示。

图8-122　偏移线段　　　　图8-123　延伸线段　　　　图8-124　删除线段

08 调用L【直线】命令，绘制如图8-125所示的斜线。

09 调用MI【镜像】命令，向下镜像复制斜线，结果如图8-126所示。

10 调用PL【多段线】命令，设置线宽为20，命令行操作如下。

```
命令：PLINE↙
指定起点：                                                    //指定A点
当前线宽为 20
指定下一个点或 [圆弧(A)/半宽(H)/长度(L)/放弃(U)/宽度(W)]：      //指定B点
指定下一点或 [圆弧(A)/闭合(C)/半宽(H)/长度(L)/放弃(U)/宽度(W)]：A
指定圆弧的端点(按住 Ctrl 键以切换方向)或[角度(A)/圆心(CE)/闭合(CL)/方向(D)/半宽(H)/直
线(L)/半径(R)/第二个点(S)/放弃(U)/宽度(W)]：R
指定圆弧的半径：281
指定圆弧的端点(按住 Ctrl 键以切换方向)或 [角度(A)]：             //指定C点
指定圆弧的端点(按住 Ctrl 键以切换方向)或[角度(A)/圆心(CE)/闭合(CL)/方向(D)/半宽(H)/直
线(L)/半径(R)/第二个点(S)/放弃(U)/宽度(W)]：                   //指定A点
```

11 绘制粗轮廓线的结果如图8-127所示。

图8-125　旋转线段　　　　图8-126　复制线段　　　　图8-127　最终结果

两路分配器与三路分配器的绘制结果如图8-128所示。绘制方法请参考本节的介绍内容。

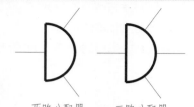

两路分配器　　三路分配器

图8-128　两路分配器与三路分配器的绘制结果

8.4.5　火灾探测器

火灾探测器是消防火灾自动报警系统中，对现场进行探查、发现火灾的设备。火灾探测器是
系统的"感觉器官"，它的作用是监视环境中有没有火灾
的发生。一旦有了火情，就将火灾的特征物理量，如温
度、烟雾、气体和辐射光强等转换成电信号，并立即动作
向火灾报警控制器发送报警信号。

图8-129所示为常见的火灾探测器。

图8-129　火灾探测器

【练习8-14】：绘制火灾探测器

	介绍绘制火灾探测器的方法，难度：☆
	素材文件路径：无
	效果文件路径：素材\第8章\8-14 绘制火灾探测器-OK.dwg
	视频文件路径：视频\第8章\8-14 绘制火灾探测器.MP4

下面介绍绘制火灾探测器的操作步骤。

01 调用REC【矩形】命令，绘制尺寸为500×500的正方形，结果如图8-130所示。

02 调用L【直线】命令，绘制如图8-131所示的直线。

03 调用C【圆】命令，绘制半径为36的圆形，结果如图8-132所示。

04 调用L【直线】命令，绘制长度为320的垂直线段，结果如图8-133所示。

图8-130　绘制正方形　　图8-131　绘制线段　　图8-132　绘制圆形　　图8-133　绘制线段

05 调用H【图案填充】命令，选择SOLID图案，填充结果如图8-134所示。

06 调用PL【多段线】命令，设置线宽为0，绘制如图8-135所示的多段线。

07 调用PL【多段线】命令，设置起点宽度、端点宽度均为20，绘制粗轮廓线的结果如图8-136
所示。

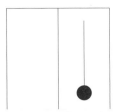
图8-134 填充图案

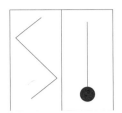
图8-135 绘制多段线

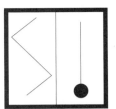
图8-136 最终结果

8.4.6 火灾声光报警器

报警器是一种为防止或预防某事件发生所造成的后果，以声音、光、气压等形式来提醒或警示我们应当采取某种行动的电子产品。

报警器分为机械式报警器和电子报警器。随着科技的进步，机械式报警器越来越多地被先进的电子报警器代替，经常应用于系统故障、安全防范、交通运输、医疗救护、应急救灾、感应检测等领域，与社会生产密不可分。如门磁感应器和煤气感应报警器。

图8-137 报警器

图8-137所示为常见的报警器。

【练习8-15】：绘制火灾声光报警器

	介绍绘制火灾声光报警器的方法，难度：☆☆
	素材文件路径：无
	效果文件路径：素材\第8章\8-15 绘制火灾声光报警器-OK.dwg
	视频文件路径：视频\第8章\8-15 绘制火灾声光报警器.MP4

下面介绍绘制火灾声光报警器的操作步骤。

01 调用REC【矩形】命令，绘制尺寸为703×349的矩形，如图8-138所示。

02 调用X【分解】命令，分解矩形。

03 调用O【偏移】命令，向内偏移矩形边，如图8-139所示。

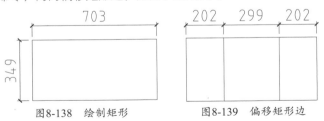

图8-138 绘制矩形　　　　图8-139 偏移矩形边

04 调用L【直线】命令，绘制连接直线，结果如图8-140所示。

05 调用TR【修剪】命令、E【删除】命令，修剪并删除线段，结果如图8-141所示。

06 调用L【直线】命令，拾取上方短边的中点为直线的起点，拾取下方长边的中点为直线的终点，绘制连接直线的结果如图8-142所示。

07 调用C【圆】命令，绘制半径为55的圆形，结果如图8-143所示。

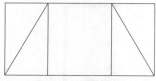

图8-140　绘制线段

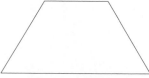

图8-141　修剪线段

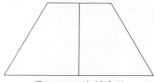

图8-142　绘制线段

08 调用L【直线】命令，绘制如图8-144所示的线段。

09 调用REC【矩形】命令，绘制尺寸为68×88的矩形，结果如图8-145所示。

图8-143　绘制圆形

图8-144　绘制线段

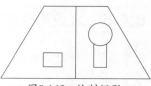

图8-145　绘制矩形

10 调用PL【多段线】命令，设置线宽为0，绘制如图8-146所示的图形。

11 调用PL【多段线】命令，设置线宽为20，绘制粗轮廓线，结果如图8-147所示。

图8-146　绘制图形

图8-147　最终结果

8.4.7　雨淋报警阀

雨淋报警阀是通过电动、机械或其他方法进行开启，使水能够自动单向流入喷水灭火系统同时进行报警的一种单向阀。

雨淋报警阀的额定工作压力应不低于1.2MPa，在与工作压力等级较低的设备配装使用时，允许将报警阀的进出口接头按承受较低压力等级加工，但在报警阀上必须对额定工作压力做相应的标记。

图8-148所示为常见的雨淋报警阀。

图8-148　雨淋报警阀

【练习8-16】：　绘制雨淋报警阀

介绍绘制雨淋报警阀的方法，难度：☆

素材文件路径：无

效果文件路径：素材\第8章\8-16 绘制雨淋报警阀-OK.dwg

视频文件路径：视频\第8章\8-16 绘制雨淋报警阀.MP4

下面介绍绘制雨淋报警阀的操作步骤。

01 调用REC【矩形】命令，绘制如图8-149所示的矩形。

02 调用L【直线】命令，在矩形内绘制对角线，结果如图8-150所示。

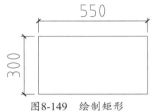

图8-149 绘制矩形

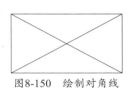

图8-150 绘制对角线

03 调用TR【修剪】命令，修剪线段，结果如图8-151所示。

04 调用L【直线】命令，绘制水平线段，如图8-152所示。

05 调用H【图案填充】命令，进入【图案填充创建】选项卡，在【图案】面板上选择SOLID图案，如图8-153所示。

图8-151 修剪图形

图8-152 绘制线段

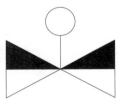

图8-153 选择图案

06 对图形执行填充操作的结果如图8-154所示。

07 调用L【直线】命令，绘制长度为175的垂直线段，如图8-155所示。

08 调用C【圆】命令，绘制半径为75的圆形，如图8-156所示。

图8-154 填充图案　　　图8-155 绘制线段　　　图8-156 最终结果

8.4.8 室外消火栓

消防栓，正式叫法为消火栓，是一种固定式消防设施，主要作用是控制可燃物、隔绝助燃物、消除着火源，分为室内消火栓和室外消火栓两种类型。

图8-157 室外消火栓

室外消火栓是设置在建筑物外面消防给水管网上的供水设施，主要供消防车从市政给水管网或室外消防给水管网取水实施灭火，也可以直接连接水带、水枪出水灭火，是扑救火灾的重要消防设施之一。

图8-157所示为常见的室外消火栓。

【练习8-17】： 绘制室外消火栓

介绍绘制室外消火栓的方法，难度：☆

素材文件路径：无

效果文件路径：素材\第8章\8-17 绘制室外消火栓-OK.dwg

视频文件路径：视频\第8章\8-17 绘制室外消火栓.MP4

下面介绍绘制室外消火栓的操作步骤。

01 调用C【圆】命令，绘制半径为149的圆形，如图8-158所示。

02 调用L【直线】命令，过圆心绘制直线，如图8-159所示。

03 调用RO【旋转】命令，设置旋转角度为-45°，旋转线段的结果如图8-160所示。

图8-158 绘制圆形　　图8-159 绘制线段　　图8-160 旋转线段

04 调用H【图案填充】命令，选择SOLID图案，对圆形执行填充操作，结果如图8-161所示。

05 调用L【直线】命令，绘制垂直线段，如图8-162所示。

06 调用L【直线】命令，绘制水平线段，结果如图8-163所示。

图8-161 填充图案　　图8-162 绘制线段　　图8-163 最终结果

━━━━━━━━━━ 提 示 ━━━━━━━━━━

其他样式的消火栓图例如图8-164所示。

 室内消火栓（单口，平面）　　 室内消火栓（双口，平面）

 室内消火栓（单口，系统）　　 室内消火栓（双口，系统）

图8-164 其他样式的消火栓

8.5 绘制开关及照明设备

照明系统中的设备包括灯具、开关、箱柜等，本节以开关、灯具为例，介绍照明设备图形符号的绘制。

8.5.1 定时开关

图8-165　定时开关

电子式定时开关是一个以单片微处理器为核心配合电子电路等组成一个电源开关控制装置，能以天或星期循环且多时段地控制家电的开闭。

时间设定从1秒钟到168小时，每日可设置20组，且有多路控制功能，一次设定长期有效。适用于各种工业电器、家用电器的自动控制，既安全方便，又省电省钱。

图8-165所示为常见的定时开关。

【练习8-18】：绘制定时开关

| 介绍绘制定时开关的方法，难度：☆ |
| 素材文件路径：无 |
| 效果文件路径：素材\第8章\8-18 绘制定时开关-OK.dwg |
| 视频文件路径：视频\第8章\8-18 绘制定时开关.MP4 |

下面介绍绘制定时开关的操作步骤。

01 调用REC【矩形】命令，绘制尺寸为667×333的矩形，如图8-166所示。

02 调用C【圆】命令，绘制半径为100的圆形，结果如图8-167所示。

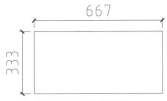 

图8-166　绘制矩形　　　　图8-167　绘制圆形

03 调用L【直线】命令，在圆形内绘制直线连接圆心与象限点，结果如图8-168所示。

04 调用L【直线】命令，绘制如图8-169所示的水平线段。

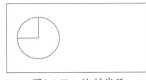 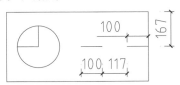

图8-168　绘制线段　　　　图8-169　绘制结果

05 调用L【直线】命令，绘制如图8-170所示的斜线。

06 调用PL【多段线】命令，设置起点宽度、端点宽度均为20，绘制矩形粗轮廓线的结果如图8-171所示。

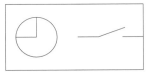 

图8-170　绘制斜线　　　　图8-171　最终结果

8.5.2 三管格栅灯

格栅灯是一种照明灯具，适合安装在有吊顶的写字间。光源一般是日光灯管，分为嵌入式和吸顶式两种类型。格栅灯底盘采用优质冷轧板，表面采用磷化喷塑工艺处理，防腐性能好，不易磨损、褪色，所有塑料配件均采用阻燃材料。

图8-172所示为常见的格栅灯。

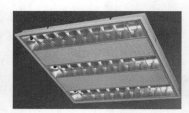

图8-172 格栅灯

【练习8-19】：绘制三管格栅灯

介绍绘制三管格栅灯的方法，难度：☆
素材文件路径：无
效果文件路径：素材\第8章\8-19 绘制三管格栅灯-OK.dwg
视频文件路径：视频\第8章\8-19 绘制三管格栅灯.MP4

下面介绍绘制三管格栅灯的操作步骤。

01 调用REC【矩形】命令，绘制如图8-173所示的矩形。

02 调用REC【矩形】命令，绘制尺寸为600×375的矩形，结果如图8-174所示。

03 调用X【分解】命令，分解上一步骤绘制的矩形。

04 调用O【偏移】命令，向内偏移矩形边，结果如图8-175所示。

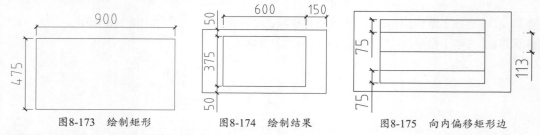

图8-173 绘制矩形　　　　图8-174 绘制结果　　　　图8-175 向内偏移矩形边

05 调用E【删除】命令，删除线段，如图8-176所示。

06 调用PL【多段线】命令，设置线宽为30，为灯具绘制粗轮廓线，结果如图8-177所示。

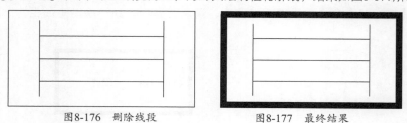

图8-176 删除线段　　　　图8-177 最终结果

8.5.3 吸顶灯

吸顶灯是灯具的一种，顾名思义，是由于灯具上方较平，安装时底部完全贴在屋顶上，所以称之为吸顶灯。光源有普通白灯泡、荧光灯、高强度气体放电灯、卤钨灯、LED等。目前市场上最流行的吸顶灯就是LED吸顶灯，是家庭、办公室、文娱场所等各种场所经常选用的灯具。

图8-178所示为常见的吸顶灯。

图8-178 吸顶灯

【练习8-20】：绘制吸顶灯

	介绍绘制吸顶灯的方法，难度：☆
	素材文件路径：无
	效果文件路径：素材\第8章\8-20 绘制吸顶灯-OK.dwg
	视频文件路径：视频\第8章\8-20 绘制吸顶灯.MP4

下面介绍绘制吸顶灯的操作步骤。

01 调用C【圆】命令，绘制半径为250的圆形，结果如图8-179所示。

02 调用L【直线】命令，过圆心绘制水平线段，结果如图8-180所示。

03 调用TR【修剪】命令，修剪圆形，结果如图8-181所示。

04 调用H【图案填充】命令，选择SOLID图案，对半圆执行填充操作的结果如图8-182所示。

 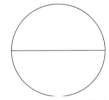  

图8-179 绘制圆形　　图8-180 绘制线段　　图8-181 修剪图形　　图8-182 填充图案

8.5.4 泛光灯

泛光灯不是聚光灯、投射灯、射灯。泛光灯制造出的是高度漫射的、无方向的光而非轮廓清晰的光束，因而产生的阴影柔和而透明。

在用于物体照明时，照明减弱的速度比用聚光灯照明时慢得多，甚至有些照明减弱非常慢的泛光灯，看上去像是一个不产生阴影的光源。而聚光灯投射出的是定向的、边界清楚的光束，可以照亮一个特定的区域。

图8-183所示为常见的泛光灯。

图8-183　泛光灯

【练习8-21】：绘制泛光灯

	介绍绘制泛光灯的方法，难度：☆
	素材文件路径：无
	效果文件路径：素材\第8章\8-21 绘制泛光灯-OK.dwg
	视频文件路径：视频\第8章\8-21 绘制泛光灯.MP4

下面介绍绘制泛光灯的操作步骤。

01 调用C【圆】命令，绘制半径为266的圆形，如图8-184所示。

02 调用O【偏移】命令，设置偏移距离为91，向内偏移圆形，结果如图8-185所示。

03 调用L【直线】命令，过圆心绘制线段，如图8-186所示。

04 调用RO【旋转】命令，设置旋转角度为45°，旋转复制线段，结果如图8-187所示。

 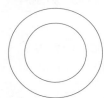 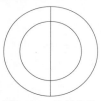 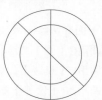

图8-184　绘制圆形　　图8-185　偏移圆形　　图8-186　绘制线段　　图8-187　旋转复制线段

05 调用MI【镜像】命令，向右镜像复制线段，结果如图8-188所示。

06 调用TR【修剪】命令，修剪线段，结果如图8-189所示。

07 调用O【偏移】命令，设置偏移距离为90，向左偏移线段，结果如图8-190所示。

08 调用TR【修剪】命令，修剪圆形；调用E【删除】命令，删除线段，结果如图8-191所示。

 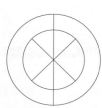 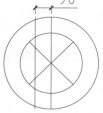 

图8-188　镜像复制线段　　图8-189　修剪线段　　图8-190　偏移线段　　图8-191　修剪图形

09 调用PL【多段线】命令，设置起点宽度为34、端点宽度为0，绘制如图8-192所示的指示箭头。

10 调用MI【镜像】命令，向下镜像复制指示箭头，结果如图8-193所示。

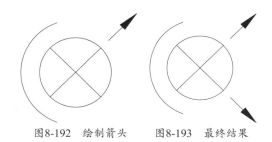

图8-192　绘制箭头　　　图8-193　最终结果

8.5.5　应急照明灯

　　疏散应急照明灯、标志灯，统称消防应急照明灯具，是防火安全措施中要求的一种重要产品。

　　平时它要像普通灯具一样提供照明，当出现紧急情况，如地震、失火或电路故障引起电源突然中断，所有光源都已停止工作；此时，它必须立即提供可靠的照明，并指示人流疏散的方向和紧急出口的位置，以确保滞留在黑暗中的人们顺利地撤离。

　　由此可见，应急照明灯是一种在紧急情况下保持照明和引导疏散的光源。

　　图8-194所示为常见的应急照明灯。

图8-194　应急照明灯

【练习8-22】：绘制应急照明灯

	介绍绘制应急照明灯的方法，难度：☆
	素材文件路径：无
	效果文件路径：素材\第8章\8-22 绘制应急照明灯-OK.dwg
	视频文件路径：视频\第8章\8-22 绘制应急照明灯.MP4

　　下面介绍绘制应急照明灯的操作步骤。

01 调用REC【矩形】命令，绘制尺寸为500×500的正方形，如图8-195所示。

02 调用C【圆】命令，拾取矩形的几何中心为圆的圆心，绘制半径为137的圆形，结果如图8-196所示。

03 调用O【偏移】命令，设置偏移距离为36，向内偏移矩形，结果如图8-197所示。

04 调用L【直线】命令，绘制对角线，结果如图8-198所示。

05 调用E【删除】命令，删除矩形，结果如图8-199所示。

06 调用H【图案填充】命令，对圆形填充SOLID图案，结果如图8-200所示。

07 调用PL【多段线】命令，设置线宽为20，绘制矩形粗轮廓线，结果如图8-201所示。

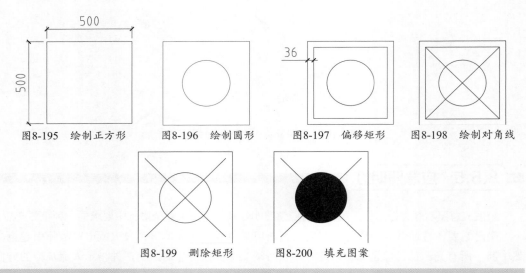

图8-195　绘制正方形　　图8-196　绘制圆形　　图8-197　偏移矩形　　图8-198　绘制对角线

图8-199　删除矩形　　图8-200　填充图案

•••••••••••• 提 示 ••••••••••••

图8-202所示为专用电路上的应急照明灯图例的绘制结果。

图8-201　最终结果　　图8-202　专用电路上的应急照明灯图例

8.6　绘制箱柜设备

　　室外电源不是直接输送到用电设备上，而是要先通过箱柜设备，再由箱柜为各设备输送电流。因此，箱柜设备是电力系统中的核心设备。本节以照明配电箱、动力配电箱等为例，介绍箱柜设备图形符号的绘制。

8.6.1　照明配电箱

　　照明配电箱设备是在低压供电系统末端负责完成电能控制、保护、转换和分配的设备。主要由电线、元器件（包括隔离开关、断路器等）及箱体等组成。

　　图8-203所示为常见的照明配电箱。

图8-203　照明配电箱

【练习8-23】: 绘制照明配电箱

介绍绘制照明配电箱的方法，难度: ☆
素材文件路径: 无
效果文件路径: 素材\第8章\8-23 绘制照明配电箱-OK.dwg
视频文件路径: 视频\第8章\8-23 绘制照明配电箱.MP4

下面介绍绘制照明配电箱的操作步骤。

01 调用REC【矩形】命令，绘制尺寸为750×296的矩形，结果如图8-204所示。

02 调用H【图案填充】命令，在图案列表框中选择SOLID图案，如图8-205所示。

03 在矩形中单击拾取填充区域，填充SOLID图案的结果如图8-206所示。

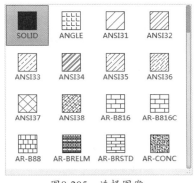

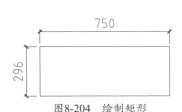

图8-204　绘制矩形

图8-205　选择图案

图8-206　最终结果

8.6.2　动力配电箱

配电箱分为动力配电箱和照明配电箱两种，是配电系统的末级设备。

配电箱是按电气接线要求将开关设备、测量仪表、保护电器和辅助设备组装在封闭或半封闭金属柜中或屏幅上，构成低压配电装置。

在正常运行时可借助手动或自动开关接通或分断电路。故障或不正常运行时借助保护电器切断电路或报警。借测量仪表可显示运行中的各种参数，还可对某些电气参数进行调整，对偏离正常工作状态进行提示或发出信号。常用于各发、配、变电所中。

图8-207所示为常见的动力配电箱。

图8-207　动力配电箱

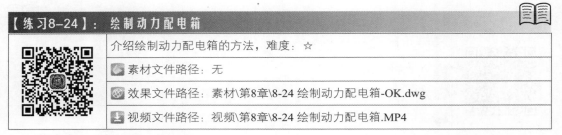

【练习8-24】：绘制动力配电箱

	介绍绘制动力配电箱的方法，难度：☆
素材文件路径：	无
效果文件路径：	素材\第8章\8-24 绘制动力配电箱-OK.dwg
视频文件路径：	视频\第8章\8-24 绘制动力配电箱.MP4

下面介绍绘制动力配电箱的操作步骤。

01 调用REC【矩形】命令，设置宽度为20，绘制尺寸为750×296的矩形，结果如图8-208所示。

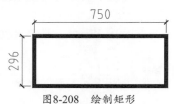

图8-208　绘制矩形

02 调用L【直线】命令，拾取左侧短边的中点为直线的起点，拾取右侧短边的中点为直线的终点，绘制连接直线的结果如图8-209所示。

图8-209　绘制线段

03 调用H【图案填充】命令，对矩形填充SOLID图案，结果如图8-210所示。

图8-210　最终结果

8.6.3　开关箱

开关箱又名配电柜、配电盘、配电箱，是集中、切换、分配电能的设备。

开关箱一般由柜体、开关（断路器）、保护装置、监视装置、电能计量表，以及其他二次元器件组成。安装在发电站、变电站以及用电量较大的电力客户处。

按照电流可分为交、直流开关箱。按照电压可分为照明开关箱和动力开关箱，或者高压配电盘和低压配电盘。

图8-211所示为常见的开关箱。

图8-211　开关箱

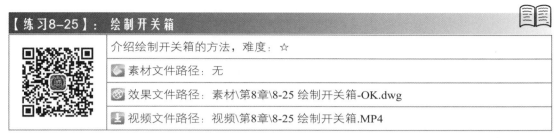

【练习8-25】： 绘制开关箱

介绍绘制开关箱的方法，难度：☆

素材文件路径：无

效果文件路径：素材\第8章\8-25 绘制开关箱-OK.dwg

视频文件路径：视频\第8章\8-25 绘制开关箱.MP4

下面介绍绘制开关箱的操作步骤。

01 调用REC【矩形】命令，分别指定矩形的对角点，创建如图8-212所示的矩形。

02 调用X【分解】命令，分解矩形。

03 调用O【偏移】命令，向内偏移矩形边，如图8-213所示。

04 调用PL【多段线】命令，设置宽度为20，绘制粗轮廓线，结果如图8-214所示。

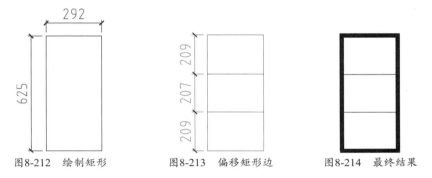

图8-212 绘制矩形　　　图8-213 偏移矩形边　　　图8-214 最终结果

【练习8-26】： 绘制事故照明配电箱

介绍绘制事故照明配电箱的方法，难度：☆

素材文件路径：无

效果文件路径：素材\第8章\8-26 绘制事故照明配电箱-OK.dwg

视频文件路径：视频\第8章\8-26 绘制事故照明配电箱.MP4

在发生事故时，通常会造成供电失常，此时应急照明系统就要启动。事故照明配电箱即是用来控制应急照明系统的控制设备。下面介绍绘制事故照明配电箱的操作步骤。

01 调用REC【矩形】命令，输入W，选择【宽度】选项，设置宽度为20，绘制尺寸为750×300的矩形，如图8-215所示。

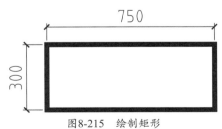

图8-215 绘制矩形

02 调用L【直线】命令，绘制对角线，结果如图8-216所示。

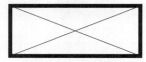

图8-216 绘制对角线

8.7 思考与练习

（1）调用REC【矩形】命令、C【圆】命令以及L【直线】命令，绘制【常开防火阀】图例，如图8-217所示。

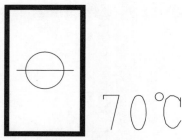

图8-217 常开防火阀

（2）调用PL【多段线】命令、C【圆】命令以及L【直线】命令、TR【修剪】命令，绘制【手动火灾报警装置】图例，如图8-218所示。

图8-218 手动报警装置

电力工程图主要包括输电工程图和变电工程图。其中，输电工程主要是指连接发电厂、变电站和各级电力用户的输电线路。而变电工程则是指升压变电和降压变电。本章将通过几个实例来详细介绍电力工程图的常用绘制方法。

第 9 章
电力工程图设计

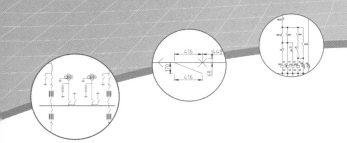

9.1 110kV变电站电气图设计

变电站主接线图是一种常见的电力工程图，主要由母线、断路器、电压互感器、电流互感器等电气图形符号和连接线组成，用来表示电能流转。该图形一般都采用单线图绘制，只有在个别场合必须指明三相时，才采用三线图来绘制。图9-1所示为110kV变电站主接线图。本节将详细介绍其绘制的方法及详细的步骤。

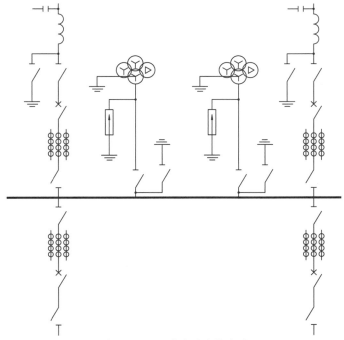

图9-1　110kV变电站主接线图

9.1.1　绘制电气图例

从110kV变电站主接线图的图形分析可知，该线路图主要由母线、断路器、电压互感器、电流互感器、避雷器、隔离开关、高压电容器等组成，本节将详细介绍各个元器件的绘制方法。

【练习9-1】： 绘制电压互感器

	介绍绘制电压互感器的方法，难度：☆☆
🔲 素材文件路径：无
⚙ 效果文件路径：素材\第9章\9.1 110kV变电站主接线图.dwg
🔽 视频文件路径：视频\第9章\9-1 绘制电压互感器.MP4

电压互感器是一个带铁心的变压器。它主要由一次线圈、二次线圈、铁心和绝缘组成。当在一次绕组上施加一个电压U1时，在铁心中就产生一个磁通φ，根据电磁感应定律，则在二次绕组中就产生一个二次电压U2。改变一次或二次绕组的匝数，可以产生不同的一次电压与二次电压比，根据原理就可组成不同比的电压互感器。电压互感器一次侧接在一次系统，二次侧接测量仪表、继电保护等。

电压互感器工作原理与变压器相同，基本结构也是铁心和原、副绕组。特点是容量很小且比较恒定，正常运行时接近空载状态。下面介绍绘制电压互感器的操作步骤。

01 选择菜单【绘图】|【圆】命令，在绘图区域中，绘制一个半径为3的圆形，如图9-2所示。

02 选择菜单【绘图】|【直线】命令，捕捉圆心为起点，向下绘制长度为2的直线，如图9-3所示。

03 选择菜单【修改】|【旋转】命令，选择刚刚绘制的垂直线段，以圆心为基点旋转120°，如图9-4所示。

04 使用上述同样的方法绘制圆内的其他两条旋转直线。

05 选择菜单【工具】|【绘图设置】命令，启用【极轴追踪】功能并设置增量角为120°。

06 选择菜单【绘图】|【直线】命令，捕捉圆心为起点，绘制长度为4，且与水平增量角为120°的斜线段，如图9-5所示。

图9-2　绘制圆形　　图9-3　绘制线段　　图9-4　旋转线段　　图9-5　绘制线段

07 选择菜单【修改】|【复制】命令，将线段复制到其他两个圆形的内部，如图9-6所示。

08 选择菜单【修改】|【复制】命令，选择左侧圆，向右进行镜像复制，结果如图9-7所示。

09 选择菜单【绘图】|【正多边形】命令，捕捉镜像圆的圆心，绘制一个内切圆半径为1.5的正三角形，如图9-8所示。

10 选择菜单【修改】|【旋转】命令，捕捉圆心为旋转中心，输入旋转角度为30°，如图9-9所示。

11 选择菜单【绘图】|【块】|【创建】命令，选择绘制好的元器件符号创建块，将其命名为【电压互感器】。

图9-6　复制图形

图9-7　向右复制圆形

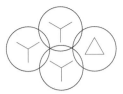
图9-8　绘制三角形

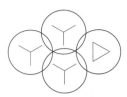
图9-9　旋转三角形

【练习9-2】： 绘制电流互感器

介绍绘制电流互感器的方法，难度：☆	
素材文件路径：无	
效果文件路径：素材\第9章\9.1 110kV变电站主接线图.dwg	
视频文件路径：视频\第9章\9-2 绘制电流互感器.MP4	

　　电流互感器是由闭合的铁心和绕组组成。它的一次绕组匝数很少，串在需要测量的电流线路中，因此它经常有线路的全部电流流过；二次绕组匝数比较多，串接在测量仪表和保护回路中，电流互感器在工作时，它的二次回路始终是闭合的，因此测量仪表和保护回路串联线圈的阻抗很小，电流互感器的工作状态接近短路。下面介绍绘制电流互感器的操作步骤。

01 选择菜单【绘图】|【直线】命令，捕捉任意点为起点，绘制长度为12的垂直线段。

02 选择菜单【绘图】|【点】|【定数等分】命令，将线段进行5等分，如图9-10所示。

03 选择菜单【绘图】|【圆】命令，捕捉等分点为圆心，绘制半径为1的圆形，如图9-11所示。

04 选择菜单【修改】|【复制】命令，选择在上一步骤中绘制的线段和圆形；以圆心为复制基点向右复制两个图形，两圆心之间的间隔为3，最后将点样式符号删除，结果如图9-12所示。

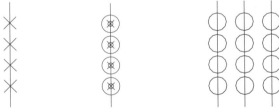

图9-10　等分线段　　图9-11　绘制圆形　　　图9-12　复制图形

05 选择菜单【绘图】|【块】|【创建】命令，选择绘制好的图形，指定左引线的下端点为基点；在【块定义】对话框中将其命名为【电流互感器】，如图9-13所示。

图9-13　【块定义】对话框

【练习9-3】：绘制高压电感器

介绍绘制高压电感器的方法，难度：☆
素材文件路径：无
效果文件路径：素材\第9章\9.1 110kV变电站主接线图.dwg
视频文件路径：视频\第9章\9-3 绘制高压电感器.MP4

　　电感器是能够把电能转化为磁能而存储起来的元件。电感器的结构类似于变压器，但只有一个绕组。下面介绍绘制高压电感器的操作步骤。

01 选择菜单【绘图】|【直线】命令，绘制一条长度为8的水平直线，如图9-14所示。

02 选择菜单【绘图】|【点】|【定数等分】命令，将直线4等分，结果如图9-15所示。

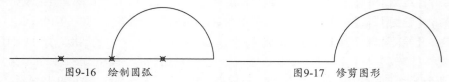

图9-14　绘制直线　　　　　　　　　　图9-15　等分线段

03 选择菜单【绘图】|【圆弧】|【圆心、起点、端点】命令，绘制一段圆弧，如图9-16所示。

04 选择菜单【修改】|【修剪】命令，修剪多余的线段。调用E【删除】命令，删除点样式符号，结果如图9-17所示。

图9-16　绘制圆弧　　　　　　　　　　图9-17　修剪图形

05 选择菜单【修改】|【复制】命令，将左侧圆弧向右复制两个，如图9-18所示。

06 选择菜单【绘图】|【直线】命令，向右绘制一条长度为4的水平直线，如图9-19所示。

07 选择菜单【绘图】|【块】|【创建】命令，选择绘制好的图形，指定基点，将其命名为【高压电感器】，创建图块。

图9-18　复制圆弧　　　　　　　　　　图9-19　绘制线段

【练习9-4】：绘制高压断路器

介绍绘制高压断路器的方法，难度：☆
素材文件路径：无
效果文件路径：素材\第9章\9.1 110kV变电站主接线图.dwg
视频文件路径：视频\第9章\9-4 绘制高压断路器.MP4

　　高压断路器又称高压开关，它不仅可以切断或闭合高压电路中的空载电流和负荷电流，而且当系统发生故障时通过继电器保护装置的作用，切断过负荷电流和短路电流，它具有相当完善的灭弧结构和足够的断流能力，可分为油断路器（多油断路器、少油断路器）、六氟化硫断路器（SF6断路器）、真空断路器、压缩空气断路器等。下面介绍绘制高压断路器的操作步骤。

01 选择菜单【绘图】|【矩形】命令，捕捉任意点为起点，绘制边长为2的正方形，如图9-20所示。

02 选择菜单【绘图】|【直线】命令，绘制两条对角线，如图9-21所示。

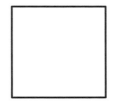
图9-20　绘制正方形

图9-21　绘制对角线

03 选择菜单【绘图】|【直线】命令，捕捉两对角线的交点，向右绘制长度为6的水平直线，如图9-22所示。

04 选择菜单【绘图】|【直线】命令，捕捉直线的右端点为起点，绘制长度为6与水平夹角为150°的直线，如图9-23所示。

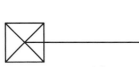
图9-22　绘制线段

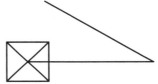
图9-23　绘制斜线

05 选择菜单【绘图】|【直线】命令，捕捉对角线交点和直线的右端点，绘制两条长度为4的向左、向右的引线，如图9-24所示。

06 选择菜单【修改】|【删除】命令，选择线段和矩形，按Enter键删除，如图9-25所示。

07 选择菜单【绘图】|【块】|【创建】命令，选择绘制好的高压断路器，指定基点，将其命名为【断路器】，创建图块。

图9-24　绘制线段　　　　　　　　　图9-25　删除图形

【练习9-5】：绘制接地符号

介绍绘制接地符号的方法，难度：☆
⬛ 素材文件路径：无
⬛ 效果文件路径：素材\第9章\9.1 110kV变电站主接线图.dwg
⬛ 视频文件路径：视频\第9章\9-5 绘制接地符号.MP4

下面介绍绘制接地符号的操作步骤。

01 选择菜单【绘图】|【直线】命令，绘制宽度为6的水平线段、高度为4的垂直线段，如图9-26所示。

02 按Enter键，绘制高度为3的垂直线段，线段的间距为1，如图9-27所示。

03 绘制高度为2的垂直线段，线段的间距为1，如图9-28所示。

图9-26　绘制相接线段　　图9-27　绘制垂直线段　　图9-28　最终结果

04 选择菜单【绘图】|【块】|【创建】命令，选择绘制好的接地符号，指定基点；在【块定义】对话框中将其命名为【接地】，如图9-29所示。

05 单击【确定】按钮，创建图块。

图9-29　【块定义】对话框

【练习9-6】：绘制高压避雷器

介绍绘制高压避雷器的方法，难度：☆

素材文件路径：无

效果文件路径：素材\第9章\9.1 110kV变电站主接线图.dwg

视频文件路径：视频\第9章\9-6 绘制高压避雷器.MP4

避雷器是能释放雷电或兼能释放电力系统操作过电压能量，保护电工设备免受瞬时过电压危害，又能截断续流，不致引起系统接地短路的电器装置。避雷器通常接于带电导线与地之间，与被保护设备并联，当过电压值达到规定的动作电压时，避雷器立即动作，流过电荷，限制过电压幅值，保护设备绝缘，电压值正常后，避雷器又迅速恢复原状，以保证系统正常供电。下面介绍绘制高压避雷器的操作步骤。

01 选择菜单【绘图】|【矩形】命令，捕捉任意点为起点，绘制10×3的矩形，如图9-30所示。

02 选择菜单【绘图】|【多段线】命令，捕捉矩形右边中点为起点，向左绘制直线长度为6、箭头长度为2的多段线，如图9-31所示。

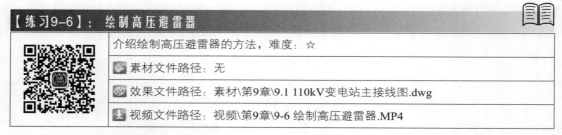

图9-30　绘制矩形　　　　　　　　图9-31　绘制箭头

03 选择菜单【绘图】|【直线】命令，捕捉矩形左边中点，向左绘制长度为4的连接线，如

图9-32所示。

04 选择菜单【绘图】|【直线】命令，捕捉矩形右边中点，向右绘制长度为4的连接线，如图9-33所示。

05 选择菜单【绘图】|【块】|【创建】命令，选择绘制好的符号，指定基点，在【块定义】对话框中将其命名为【高压避雷器】，创建图块。

图9-32　绘制线段　　　　　　　　　图9-33　最终结果

【练习9-7】：绘制高压电容

	介绍绘制高压电容的方法，难度：☆
素材文件路径：	
效果文件路径：	素材\第9章\9.1 110kV变电站主接线图.dwg
视频文件路径：	视频\第9章\9-7 绘制高压电容.MP4

　　高压电容，现在一般指的是1kV以上的电容，或者10kV以上的电容。目前的高压电容主要分为高压陶瓷电容、高压薄膜电容、高压聚丙乙烯电容等。下面介绍绘制高压电容的操作步骤。

01 选择菜单【绘图】|【直线】命令，绘制一条长度为2的直线。

02 选择菜单【修改】|【偏移】命令，设置偏移距离为2，选择直线向右偏移，如图9-34所示。

03 选择菜单【绘图】|【直线】命令，捕捉垂直直线的中点，分别向左和向右绘制一条长为4的水平直线，如图9-35所示。

04 选择菜单【绘图】|【块】|【创建】命令，选择绘制好的图形，指定基点；在【块定义】对话框中将其命名为【高压电容】，创建图块。

图9-34　绘制线段　　　　　图9-35　最终结果

【练习9-8】：绘制连接点

	介绍绘制连接点的方法，难度：☆
素材文件路径：	
效果文件路径：	素材\第9章\9.1 110kV变电站主接线图.dwg
视频文件路径：	视频\第9章\9-8 绘制连接点.MP4

　　下面介绍绘制连接点的操作步骤。

01 选择菜单【绘图】|【圆】命令，绘制半径为1的圆形，如图9-36所示。

02 选择菜单【绘图】|【图案填充】命令，选择SOLID图案，对圆形执行填充操作的结果如图9-37所示。

03 选择菜单【绘图】|【块】|【创建】命令，选择连接点，指定基点；在【块定义】对话框中设置名称为【连接点】，创建图块。

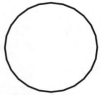

图9-36 绘制圆形

图9-37 填充图案

9.1.2 组合图形

前面小节中分别绘制完成了110kV变电站电气图各元器件的电气符号，本节将介绍如何将这些元件组合成完整的电路图。

【练习9-9】：绘制辅助线

介绍绘制辅助线的方法，难度：☆
素材文件路径：无
效果文件路径：素材\第9章\9.1 110kV变电站主接线图.dwg
视频文件路径：视频\第9章\9-9 绘制辅助线.MP4

下面介绍绘制辅助线的操作步骤。

01 选择菜单【绘图】|【多段线】命令，绘制一条长为130的水平直线作为母线，如图9-38所示。

02 选择菜单【绘图】|【多段线】命令，在水平直线左端点20处绘制一条长度为140的垂直线。

03 选择菜单【修改】|【偏移】命令，将垂直直线连续向右偏移30、40、30，如图9-39所示。

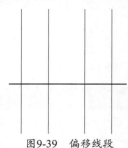

图9-38 绘制母线

图9-39 偏移线段

【练习9-10】：插入电气图块

介绍插入电气图块的方法，难度：☆
素材文件路径：无
效果文件路径：素材\第9章\9.1 110kV变电站主接线图.dwg
视频文件路径：视频\第9章\9-10 插入电气图块.MP4

下面介绍插入电气图块的操作步骤。

01 选择菜单【插入】|【块】命令，在【插入】对话框中选择【高压互感器】图块，如图9-40所示。

02 单击【确定】按钮，指定插入点，插入块的结果如图9-41所示。

图9-40 【插入】对话框

图9-41 插入块

03 选择菜单【修改】|【旋转】命令，将插入的高压互感器块旋转90°，如图9-42所示。

04 调用I【插入】命令，在【插入】对话框中选择【高压电容】图块，将其插入至当前图形中。

05 选择菜单【修改】|【移动】命令，连接【高压电容】与【高压互感器】图块，如图9-43所示。

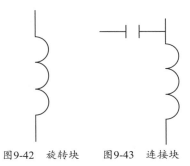

图9-42 旋转块   图9-43 连接块

【练习9-11】：组合元器件

介绍组合元器件的方法，难度：☆☆

素材文件路径：无

效果文件路径：素材\第9章\9.1 110kV变电站主接线图.dwg

视频文件路径：视频\第9章\9-11 组合元器件.MP4

下面介绍组合元器件的操作步骤。

01 调用I【插入】命令，弹出【插入】对话框，选择【接地】图块，将其插入至当前图形中，如图9-44所示。

02 调用RO【旋转】命令，调整块的角度，如图9-45所示。

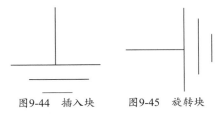

图9-44 插入块   图9-45 旋转块

03 选择菜单【修改】|【移动】命令，将元器件在辅助线上进行排列，如图9-46所示。

04 按Enter键，重复执行【移动】命令，将连接好的元器件与母线连接，如图9-47所示。

05 选择菜单【修改】|【复制】命令，将图形向右复制，如图9-48所示。

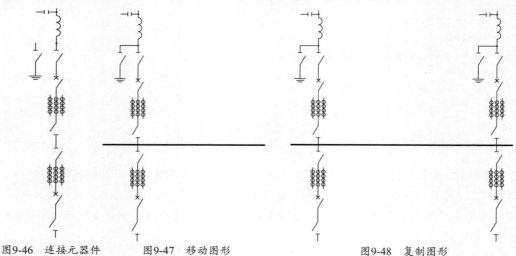

图9-46　连接元器件　　　　图9-47　移动图形　　　　　　　图9-48　复制图形

06 调用I【插入】命令和M【移动】命令，插入块，并且调整块的位置，如图9-49所示。

07 调用CO【复制】命令，复制元器件，如图9-50所示。

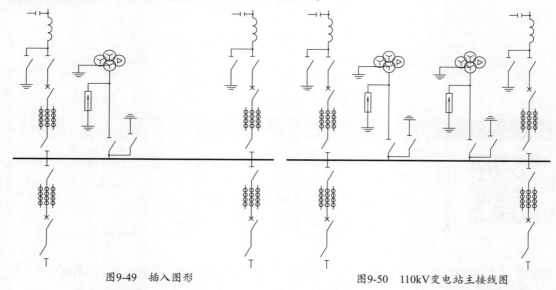

图9-49　插入图形　　　　　　　图9-50　110kV变电站主接线图

　　至此，110kV变电站主接线图已经绘制完成，选择菜单【文件】|【保存】命令，或者按
Ctrl+S快捷键保存文件。

9.2　直流母线电压监视装置图设计

　　直流母线电压监视装置主要是反映直流电源电压的高低。例如，图9-51所示为直流母线电压监
视装置图，KV1是低电压监视继电器，正常电压KV1励磁，其常闭触点断开，当电压降低到整定值
时，KV1失磁，其常闭触点闭合，HP1光字牌亮，发出音响信号。KV2是过电压继电器，正常电压

时KV2失磁，其常开触点在断开位置，当电压过高超过整定值时KV2励磁，其常开触点闭合，HP2光字牌亮，发出音响信号。本节将使用AutoCAD软件详细介绍其绘制的方法及操作步骤。

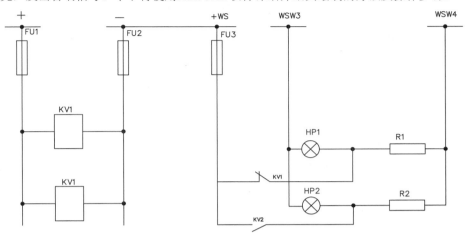

图9-51　直流母线电压监视装置图

9.2.1　线路图的绘制

从直流母线电压监视装置图形分析可知，该线路图主要由电压监视继电器、熔断器、电阻、指示灯等组成。本节将详细介绍各个元器件的绘制方法。

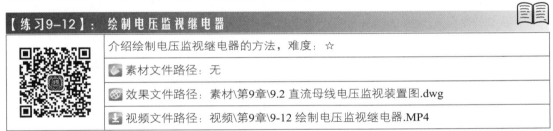

【练习9-12】：绘制电压监视继电器
介绍绘制电压监视继电器的方法，难度：☆
素材文件路径：无
效果文件路径：素材\第9章\9.2 直流母线电压监视装置图.dwg
视频文件路径：视频\第9章\9-12 绘制电压监视继电器.MP4

下面介绍绘制电压监视继电器的操作步骤。

01 选择菜单【绘图】|【矩形】命令，捕捉任意点为起点，绘制8×10的矩形，如图9-52所示。

02 选择菜单【绘图】|【文字】|【单行文字】命令，输入元器件名称KV1，如图9-53所示。

03 选择菜单【修改】|【复制】命令，复制元器件。接着双击文字，进入编辑模式，将KV1改为KV2，如图9-54所示。

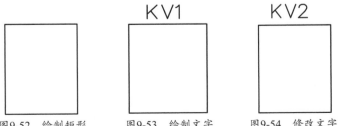

图9-52　绘制矩形　　　图9-53　绘制文字　　　图9-54　修改文字

04 选择菜单【绘图】|【块】|【创建】命令，选择绘制好的元器件符号，指定基点，在【块定义】对话框中将其命名为【电压继电器2】，如图9-55所示。

05 单击【确定】按钮，关闭对话框，创建图块。

图9-55　【块定义】对话框

【练习9-13】：　绘制常开触点

	介绍绘制常开触点的方法，难度：☆
	📚 素材文件路径：
	◎ 效果文件路径：素材\第9章\9.2 直流母线电压监视装置图.dwg
	⬇ 视频文件路径：视频\第9章\9-13 绘制常开触点.MP4

　　下面介绍绘制常开触点的操作步骤。

01 选择菜单【绘图】|【矩形】命令，捕捉任意点为起点，绘制4×4的矩形，如图9-56所示。

02 选择菜单【绘图】|【直线】命令，捕捉矩形左右两边中点各绘制一条长度为4的水平直线，如图9-57所示。

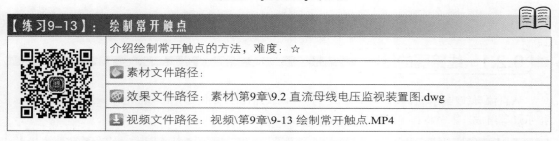

图9-56　绘制矩形　　　　　图9-57　绘制线段

03 选择菜单【绘图】|【直线】命令，绘制连接线段，如图9-58所示。

04 选择菜单【修改】|【修剪】命令，修剪多余的线段，如图9-59所示。

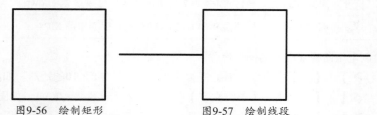

图9-58　绘制斜线　　　　　　图9-59　修剪图形

05 选择菜单【绘图】|【文字】|【单行文字】命令，输入元器件名称KV2，如图9-60所示。

06 选择菜单【绘图】|【块】|【创建】命令，选择绘制好的元器件符号，指定基点；在【块定义】对话框中将其命名为【常开触点】，如图9-61所示。

07 单击【确定】按钮，关闭对话框，创建图块。

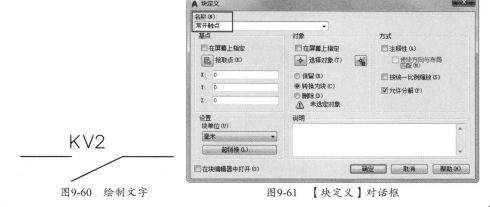

图9-60 绘制文字

图9-61 【块定义】对话框

【练习9-14】：绘制常闭触点

介绍绘制常闭触点的方法，难度：☆
素材文件路径：无
效果文件路径：素材\第9章\9.2 直流母线电压监视装置图.dwg
视频文件路径：视频\第9章\9-14 绘制常闭触点.MP4

下面介绍绘制常闭触点的操作步骤。

01 选择菜单【绘图】|【矩形】命令，捕捉任意点为起点，绘制3×6的矩形，如图9-62所示。

02 选择菜单【绘图】|【直线】命令，捕捉矩形左右两边中点各绘制一条长度为4的水平直线，如图9-63所示。

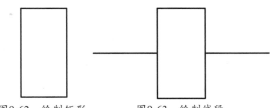

图9-62 绘制矩形   图9-63 绘制线段

03 选择菜单【工具】|【绘图设置】命令，启用【极轴追踪】功能，并设置增量角为150°，绘制一条长度为5的斜线，如图9-64所示。

04 选择菜单【修改】|【修剪】命令，修剪多余的线段，如图9-65所示。

图9-64 绘制斜线   图9-65 修剪图形

05 选择菜单【绘图】|【文字】|【单行文字】命令，输入元器件名称KV1，如图9-66所示。

06 选择菜单【绘图】|【块】|【创建】命令，选择绘制好的元器件符号，指定基点；在【块定义】对话框中将其命名为【常闭触点】，如图9-67所示。

07 单击【确定】按钮，关闭对话框，创建图块。

图9-66　绘制文字　　　　　　　　　　　　　　　图9-67　【块定义】对话框

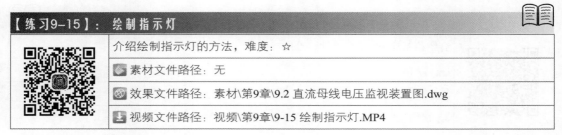

【练习9-15】：绘制指示灯

介绍绘制指示灯的方法，难度：☆
素材文件路径：无
效果文件路径：素材\第9章\9.2 直流母线电压监视装置图.dwg
视频文件路径：视频\第9章\9-15 绘制指示灯.MP4

下面介绍绘制指示灯的操作步骤。

01 选择菜单【绘图】|【矩形】命令，捕捉任意点为起点，绘制5×5的矩形，如图9-68所示。

02 选择菜单【绘图】|【直线】命令，绘制矩形对角线，如图9-69所示。

03 选择菜单【绘图】|【圆】命令，以对角线交点为圆心，绘制矩形内接圆形，如图9-70所示。

04 选择菜单【修改】|【修剪】命令，修剪多余的线段，如图9-71所示。

 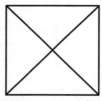  

图9-68　绘制矩形　　　图9-69　绘制对角线　　　图9-70　绘制圆形　　　图9-71　修剪图形

05 选择菜单【绘图】|【文字】|【单行文字】命令，输入元器件名称HP1，如图9-72所示。

06 选择菜单【修改】|【复制】命令，复制图形，并将HP1改为HP2，如图9-73所示。

07 选择菜单【绘图】|【块】|【创建】命令，选择绘制好的元器件符号，指定基点；在【块定义】对话框中将其命名为【指示灯】，创建图块。

图9-72　绘制文字　　　　　　　　图9-73　修改文字

【练习9-16】: **绘制电阻**

介绍绘制电阻的方法，难度：☆
素材文件路径：无
效果文件路径：素材\第9章\9.2 直流母线电压监视装置图.dwg
视频文件路径：视频\第9章\9-16 绘制电阻.MP4

下面介绍绘制电阻的操作步骤。

01 选择菜单【绘图】|【矩形】命令，捕捉任意点为起点，绘制10×3的矩形，如图9-74所示。

02 选择菜单【绘图】|【直线】命令，捕捉矩形左右两边中点各绘制一条长度为4的水平直线，如图9-75所示。

图9-74　绘制矩形　　　　　　图9-75　绘制线段

03 选择菜单【绘图】|【文字】|【单行文字】命令，输入元器件名称R1，如图9-76所示。

04 选择菜单【修改】|【复制】命令，复制图形，并将R1改为R2，如图9-77所示。

05 选择菜单【绘图】|【块】|【创建】命令，选择绘制好的元器件符号，指定基点；在【块定义】对话框中将其命名为【电阻】，创建图块。

R1　　　　　　　　　　　R2

图9-76　绘制文字　　　　　　图9-77　修改文字

【练习9-17】: **绘制熔断器**

介绍绘制熔断器的方法，难度：☆ ☆
素材文件路径：
效果文件路径：素材\第9章\9.2 直流母线电压监视装置图.dwg
视频文件路径：视频\第9章\9-17 绘制熔断器.MP4

下面介绍绘制熔断器的操作步骤。

01 选择菜单【绘图】|【矩形】命令，捕捉任意点为起点，绘制3×10的矩形，如图9-78所示。

02 选择菜单【绘图】|【直线】命令，捕捉矩形上下两边中点各绘制一条长度为4的垂直直线，如图9-79所示。

03 选择菜单【绘图】|【直线】命令，连接矩形两边中点，如图9-80所示。

04 选择菜单【绘图】|【文字】|【单行文字】命令，输入元器件名称FU1，如图9-81所示。

05 选择菜单【修改】|【复制】命令，复制图形，并将FU1改为FU2，如图9-82所示。

06 选择菜单【绘图】|【块】|【创建块】命令，选择绘制好的元器件符号，指定基点；在【块定义】对话框中将其命名为【熔断器】，如图9-83所示。

07 单击【确定】按钮，关闭对话框，创建图块。

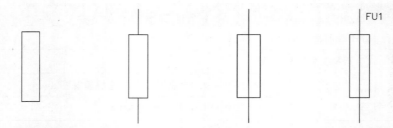

图9-78　绘制矩形　　图9-79　绘制线段　图9-80　绘制连接线段　图9-81　绘制文字

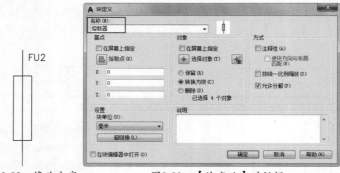

图9-82　修改文字　　　　图9-83　【块定义】对话框

9.2.2　组合图形

前面小节中已经分别完成了直流母线电压监视装置图中元器件的绘制，本节将介绍如何将这些元件组合成完整的电路图。参考线的制作和块的旋转与插入参考上节所介绍的方法，组合图形的详细步骤如下。

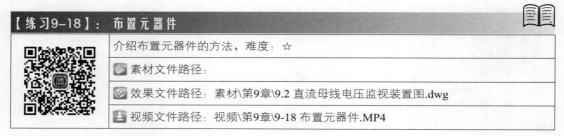

【练习9-18】：　布置元器件

	介绍布置元器件的方法，难度：☆
	素材文件路径：
	效果文件路径：素材\第9章\9.2 直流母线电压监视装置图.dwg
	视频文件路径：视频\第9章\9-18 布置元器件.MP4

下面介绍布置元器件的操作步骤。

01 选择菜单【插入】|【块】命令，弹出【插入】对话框，在其中选择块，如图9-84所示。单击【确定】按钮，将块插入当前图形中。

图9-84　【插入】对话框

02 按Enter键，重复执行【插入】命令，继续插入元器件块。

03 选择菜单【修改】|【移动】命令，将元器件移动到合适的位置，如图9-85所示。

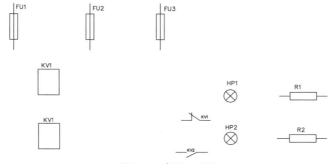

图9-85 布置元器件

【练习9-19】: 连接元器件

介绍连接元器件的方法，难度：☆	
素材文件路径：	
效果文件路径：素材\第9章\9.2 直流母线电压监视装置图.dwg	
视频文件路径：视频\第9章\9-19 连接元器件.MP4	

下面介绍连接元器件的操作步骤。

01 选择菜单【绘图】|【直线】命令，绘制线段，连接元器件，如图9-86所示。

02 选择菜单【插入】|【块】命令，插入连接点块，如图9-87所示。

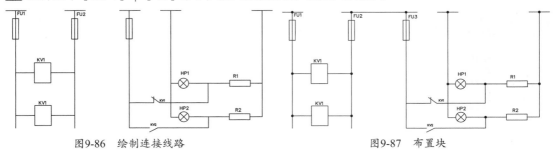

图9-86 绘制连接线路　　　　　　　　　　　图9-87 布置块

03 选择菜单【绘图】|【文字】|【单行文字】命令，输入电源正负号及信号回路名称，如图9-88
所示。

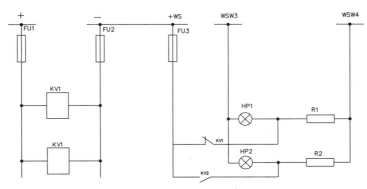

图9-88 绘制标注文字

9.3 创建低压配电系统图

低压配电系统由配电变电所（通常是将电网的输电电压降为配电电压）、高压配电线路（即1千伏以上电压）、配电变压器、低压配电线路（即1千伏以下电压）以及相应的控制保护设备组成。接下来讲解低压配电系统图的绘制方法，如图9-89所示。

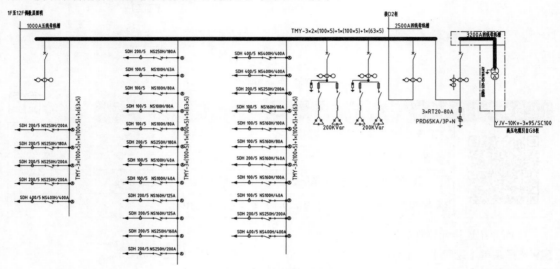

图9-89 低压配电系统图

【练习9-20】：绘制母线

介绍绘制母线的方法，难度：☆
素材文件路径：无
效果文件路径：素材\第9章\9.3 低压配电系统图.dwg
视频文件路径：视频\第9章\9-20 绘制母线.MP4

母线是指在变电所中各级电压配电装置的连接，以及变压器等电气设备和相应配电装置的连接，大多采用矩形或圆形截面的裸导线或绞线。母线的作用是汇集、分配和传送电能。下面介绍绘制母线的操作步骤。

01 单击快速访问工具栏中的【新建】按钮，弹出【选择样板】对话框，选择样板文件，单击【打开】按钮，新建文件。

02 调用PL【多段线】命令，设置【线宽】为30，绘制母线，尺寸如图9-90所示。

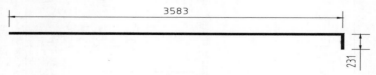

图9-90 绘制母线

	介绍绘制主变支路的方法，难度：☆☆☆
	素材文件路径：无
	效果文件路径：素材\第9章\9.3 低压配电系统图.dwg
	视频文件路径：视频\第9章\9-21 绘制主变支路.MP4

主变支路包含了开关、变压器以及电容器组等图形。下面将介绍绘制主变支路的步骤，其中包含了5条主变支路。

01 调用L【直线】命令，结合【对象捕捉】功能，绘制一条长度为4920的垂直直线。

02 按Enter键，继续调用L【直线】命令，结合【临时点捕捉】和【极轴追踪】功能，绘制直线，如图9-91所示。

03 调用C【圆】命令，结合【临时点捕捉】和【对象捕捉】功能，绘制圆。调用CO【复制】命令，复制圆形，如图9-92所示。

04 调用L【直线】命令，结合【临时点捕捉】和【对象捕捉】功能，绘制线段，如图9-93所示。

05 调用CO【复制】命令，复制线段，如图9-94所示。

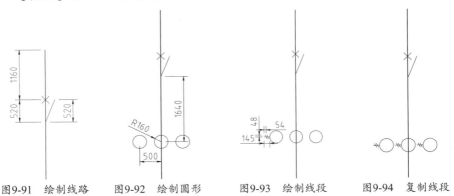

图9-91　绘制线路　　图9-92　绘制圆形　　图9-93　绘制线段　　图9-94　复制线段

06 调用TR【修剪】命令，修剪图形，完成主支变路1的绘制，如图9-95所示。

07 调用CO【复制】命令，选择主支变路1图形，复制两份。

08 选择复制后的第1个图形，调用M【移动】命令，移动变压器的位置，如图9-96所示。

09 调用L【直线】命令和PL【多段线】命令，结合【临时点捕捉】和【对象捕捉】功能，绘制图形，尺寸如图9-97所示。

10 调用REC【矩形】命令，结合【临时点捕捉】和【对象捕捉】功能，绘制矩形，如图9-98所示。

11 调用L【直线】命令，结合【临时点捕捉】和【对象捕捉】功能，绘制图形，尺寸如图9-99所示。

12 重复上述操作，继续绘制图形，尺寸如图9-100所示。

13 调用L【直线】命令，结合【临时点捕捉】和【对象捕捉】功能，绘制图形，尺寸如图9-101所示。

14 调用A【圆弧】命令，结合【临时点捕捉】和【对象捕捉】功能，绘制图形；调用CO【复制】命令，复制圆弧，尺寸如图9-102所示。

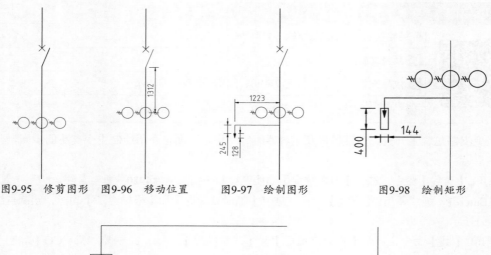

图9-95　修剪图形　　图9-96　移动位置　　图9-97　绘制图形　　　　图9-98　绘制矩形

图9-99　绘制图形　　　　　　　图9-100　绘制结果

15 调用CO【复制】命令，复制矩形，尺寸如图9-103所示。

16 调用TR【修剪】命令，修剪图形，如图9-104所示。

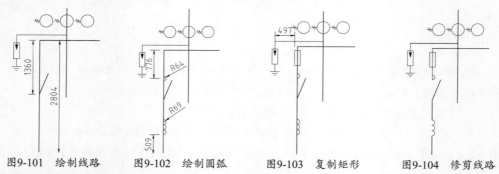

图9-101　绘制线路　　　图9-102　绘制圆弧　　　图9-103　复制矩形　　　图9-104　修剪线路

17 调用L【直线】命令，结合【对象捕捉】功能，绘制图形，如图9-105所示。

18 调用L【直线】命令，结合【对象捕捉】、【极轴追踪】和【夹点】功能，从中点处绘制线段，如图9-106所示。

19 调用CO【复制】命令，复制线段，尺寸如图9-107所示。

20 调用TR【修剪】命令，修剪多余的图形；调用E【删除】命令，删除多余的图形，如图9-108所示。

21 调用CO【复制】命令，复制图形。调用TR【修剪】命令，修剪图形，完成主变支路2图形的绘制，如图9-109所示。

22 调用CO【复制】命令，复制圆形；调用L【直线】命令，绘制直线，如图9-110所示。

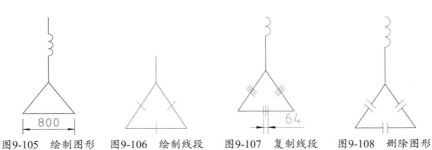

图9-105　绘制图形　　图9-106　绘制线段　　图9-107　复制线段　　图9-108　删除图形

23 接着上一步骤，调用REC【矩形】命令，结合【临时点捕捉】和【对象捕捉】功能，绘制矩形，如图9-111所示。

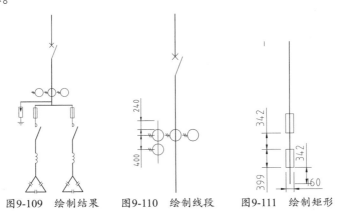

图9-109　绘制结果　　图9-110　绘制线段　　图9-111　绘制矩形

24 调用L【直线】命令，结合【临时点捕捉】和【对象捕捉】功能，绘制直线，尺寸如图9-112所示。

25 调用L【直线】命令，结合【临时点捕捉】和【对象捕捉】功能，绘制直线，如图9-113所示。

26 完成主变支路3图形的绘制，如图9-114所示。

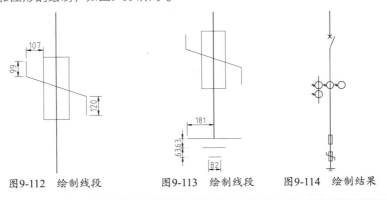

图9-112　绘制线段　　图9-113　绘制线段　　图9-114　绘制结果

【练习9-22】： 绘制供电线路

介绍绘制供电线路的方法，难度：☆☆
素材文件路径：无
效果文件路径：素材\第9章\9.3 低压配电系统图.dwg
视频文件路径：视频\第9章\9-22 绘制供电线路.MP4

供电线路包含了开关、变压器等图形。下面将介绍绘制供电线路的操作步骤。

01 调用L【直线】命令，结合【对象捕捉】功能，绘制一条长度为4254的水平直线。

02 按Enter键，继续调用L【直线】命令，结合【临时点捕捉】和【对象捕捉】功能，绘制直线，如图9-115所示。

03 调用MI【镜像】命令，向右镜像复制图形，如图9-116所示。

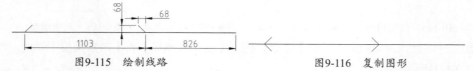

图9-115　绘制线路　　　　　　　　　　　　图9-116　复制图形

04 调用L【直线】命令，结合【临时点捕捉】和【对象捕捉】功能，绘制直线，如图9-117所示。

05 调用TR【修剪】命令，修剪图形，如图9-118所示。

图9-117　绘制直线　　　　　　　　　　　　图9-118　修剪图形

06 调用C【圆】命令，结合【临时点捕捉】和【对象捕捉】功能，绘制圆形；调用L【直线】命令，绘制垂直直线，如图9-119所示。

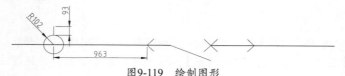

图9-119　绘制图形

07 继续调用L【直线】命令，绘制斜线；调用CO【复制】命令，复制斜线，如图9-120所示。

图9-120　复制斜线

08 调用PL【多段线】命令，修改【起始宽度】为0、【终止宽度】为200，绘制多段线，完成供电线路的绘制，如图9-121所示。

图9-121　绘制结果

【练习9-23】：完善低压配电系统图

介绍完善低压配电系统图的方法，难度：☆☆	
素材文件路径：	无
效果文件路径：	素材\第9章\9.3 低压配电系统图.dwg
视频文件路径：	视频\第9章\9-23 完善低压配电系统图.MP4

绘制好母线、主变支路以及供电线路图形后，就需要将这些图形组合在一起，得到完整的系统图。下面将介绍其绘制步骤。

01 调用L【直线】命令，绘制线路图形，如图9-122所示。

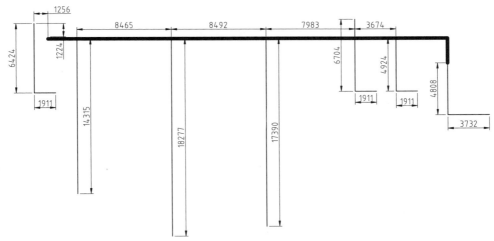

图9-122　绘制线路

02 调用CO【复制】命令，将绘制完成的主变支路布置到线路图中，如图9-123所示。

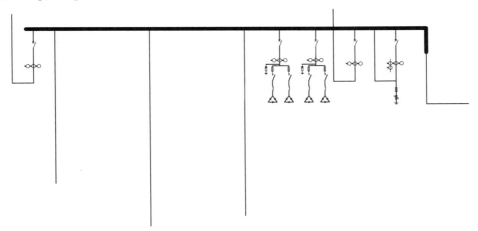

图9-123　布置主变支路

03 调用CO【复制】命令，将绘制完毕的供电线路布置到线路图中，如图9-124所示。

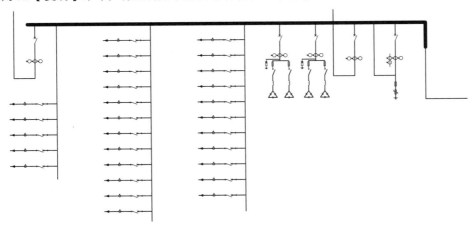

图9-124　布置其他线路

04 调用I【插入】命令，弹出【插入】对话框，选择【变压器】，如图9-125所示。

图9-125 【插入】对话框

05 单击【确定】按钮，在线路端点单击鼠标左键，指定插入点，插入【变压器】的结果如图9-126所示。

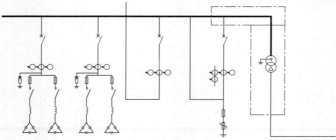

图9-126 插入块

06 调用I【插入】命令，在【插入】对话框中选择【电流表】，如图9-127所示。

图9-127 【插入】对话框

07 单击【确定】按钮，在供电线路的右侧指定插入点，插入电流表的结果如图9-128所示。

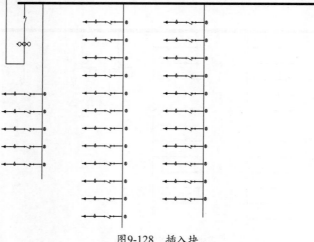

图9-128 插入块

08 调用REC【矩形】命令，绘制矩形；调用TR【修剪】命令，修剪图形，如图9-129所示。

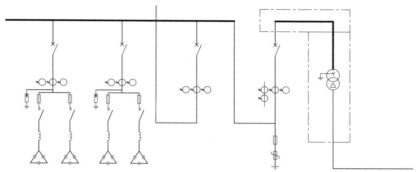

图9-129　修剪图形

09 调用C【圆】命令，绘制半径为7的圆形。调用H【图案填充】命令，选择SOLID图案，填充圆形，绘制连接点。

10 调用M【移动】命令，将绘制完成的连接点移动至线路交点。

11 调用CO【复制】命令，复制连接点，结果如图9-130所示。

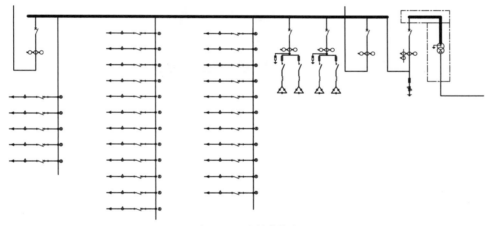

图9-130　绘制连接点

12 调用MLD【多重引线】和MT【多行文字】命令，标注文字后得到最终结果如图9-131所示。

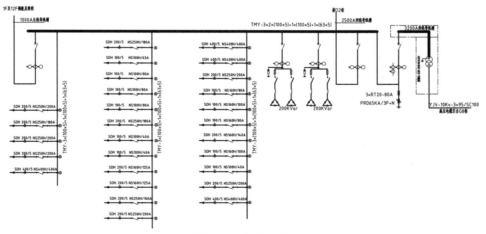

图9-131　标注文字

9.4　思考与练习

沿用本章介绍的方法，绘制电动机控制装置电路图，绘制结果如图9-132所示。

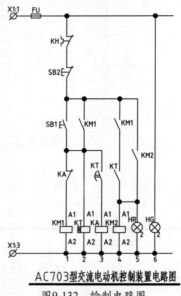

AC703型交流电动机控制装置电路图

图9-132　绘制电路图

电气控制图是电气工程中常见的图样，电气控制装置也是生产及生活中常见的设备。本章介绍电气控制图及其他设备图形如端子接线图等的绘制方法，希望用户在学习完本章后对电气控制图有一个基本的了解，并学会使用本章所介绍的方法来绘制电气控制图。

10

第10章
绘制电气控制图

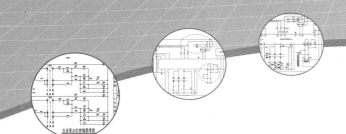

10.1　电气控制图概述

以电动机或生产机械的电气控制装置为主要描述对象，表示其工作过程原理、电气接线方式、安装方法示意等的图样，称之为电气控制图。

10.1.1　电气控制图的分析

本节介绍电气控制图的基本知识，如图样的分类、阅读要点、识读方法等。

1. 电气控制图的分类

1）电气控制电路图

电气控制电路图主要表示电气设备的工作原理，并不需要考虑电气元件的实际安装位置和实际连线情况，是将电气控制装置的各种电器元件用图形符号表示并按其工作原理顺序排列，描述其控制装置、电路的基本构成和连接关系的图样。

2）电器布置图

电器布置图是用来表明各种电气设备在机械设备和电气控制柜中实际安装位置的图纸，它为电气控制设备的制造、安装、维修提供必要的资料，在图纸中往往留有10%以上的备用面积及导线管（槽）的位置，以便改进设计时使用。

一般包括生产设备上的操纵台、操纵箱、电气柜、电动机的位置图，电气柜内电器元件的布置图，操纵台、操纵箱上各元件的布置图等。

3）电气安装接线图

电气安装接线图是按照电器元件的实际位置和实际接线绘制的，用来表示电器元器件、部件、组件或成套装置之间连接关系的图纸。根据电器元件布置最合理、连接导线最经济的原则来安排。电气安装接线图一般不包括单元内部的连接，着重表明电气设备外部元件的相对位置及它们之间的电气连接。

2. 电气控制图的阅读要点

1）设备说明书

设备说明书由机械（包括液压部分）与电气两部分组成。在分析电气控制图时首先阅读这两部分的说明书，以了解相关的内容，如设备的构造、电气传动方式等。

2）电气控制原理图

这是控制线路分析的中心内容。

3）电气设备的总接线图

总接线图用来了解系统的组成分布状况、各部分的连接方式、主要电器部件的布置、安装要求、导线和穿线管的规格型号等。

4）电器元件布置图与接线图

用来说明电气元件的布置情况及接线方式。

3. 电气控制图的识读方法

阅读控制电路图一般是先看主电路，再看辅助电路，并使用辅助电路的各支路去研究主电路的控制程序。其中，查线读图法最为常用。

1）查线读图法的要点

（1）分析主电路。

（2）分析控制电路。

（3）分析信号、显示与照明电路等。

（4）分析连锁与保护环节。

（5）分析特殊控制环节。

（6）总体检查。

2）查线读图法的步骤。

（1）查看用电器。

（2）查看用电器是通过什么电器控制。

（3）查看主电路中其他元器件的作用。

（4）查看电源。

3）阅读辅助电路的步骤。

（1）查看电源。

（2）查看辅助电路是如何控制主电路的。

（3）研究电器之间的相互关系。

（4）研究其他电气设备和电器元件。

10.1.2　电气控制图的绘制

电气控制图的绘制规则和特点如下。

（1）在电气控制电路图中，主电路和辅助电路应分开绘制，可水平或垂直布置。一般主电路绘制在图的左侧或上方，辅助电路绘制在图的右侧或下方。

（2）电气控制电路图所有电器元件均不绘制其实际外形，而采用统一的图形符号和文字符号来表示，在完整的电路图中还应该包括表明主要电器元件的有关技术数据和用途。

（3）对于几个同类电器元件，在表示名称的文字符号后或下标处加上一个数字序号，以示区别，如SB1、SB2等。

（4）所有电器的可动部均以自然状态画出。

（5）可将图分成若干区域，以便于确定图上的内容和组成部分的位置。

（6）电路图中应尽可能减少线条和避免线条交叉，有直接交叉导线连接点的要用黑圆点或小圆圈表示。

（7）电气控制电路的回路标号中，三相交流电源引入线用L1、L2、L3来标记，中性线用N表示，电源开关之后的三相交流电源主电路分别按U、V、W顺序标识，假如主回路是直流回路，则按数字标号个位数的奇偶性来区分回路极性，正电源侧用奇数，负电源侧用偶数。

辅助电路采用阿拉伯数字编号，一般由3位或3位以下的数字组成。标注方法按【等电位】原则进行，在垂直绘制的电路中，标号顺序一般由上而下编号。凡是被线圈、绕组、触点、电阻或电容等元件所隔离的线段，都应标以不同的电路标号。

10.2　电气控制图的识读

本节介绍各类电动机电气控制电路图的工作原理以及识读步骤。

10.2.1　电动机点动控制电路图的识读

生产机械在试车时需要电动机起动后瞬间动作一下，接着停止运转。这种控制电路称为点动控制电路，原理图的绘制结果如图10-1所示，点动控制电路采用的是直接起动的方式。

电路图的识读步骤如下。

起动：合上开关QS→按下按钮开关SB1→接着线圈KM通电→KM动合触头自动闭合→电动机M得以起动。

停止：松开按钮开关SB1→停止对线圈KM供电→电动机M失去电源而停止运转。

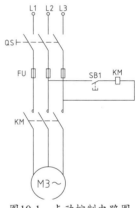

图10-1　点动控制电路图

10.2.2　电磁起动器直接起动控制电路图的识读

电磁起动器就是交流接触器和热继电器两者组合形成的起动设备，其中交流接触器用来接通或者断开电源，热继电器起过载保护的作用。

该电路具有操作安全轻便、过载保护能力强等特点，电路图的绘制结果如图10-2所示。

线路中的隔离开关QS只是起到隔离的作用，不能直接控制电动机。同时线路中采用熔断器作为短路保护装置。

起动时，首先合上隔离开关QS以引入三相电源。接着按下按钮开关SB2，此时交流接触器KM的吸引线圈通电，使得接触器的主触头闭合，电动机得以接通电源直接起动运转。

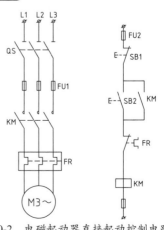

图10-2　电磁起动器直接起动控制电路图

同时与按钮开关SB2并联的常开辅助触头KM闭合，使得接触器吸引线圈经过两条路径来通电。这样的结果是，当松开手时SB2自动复位，接触器KM的线圈仍然可以通过辅助触头KM使接触器线圈继续通电，得以保持电动机的连续运行。

按下按钮开关SB2，使得接触器失电，电动机便停止运转。

电路图的识读步骤如下。

起动：按下按钮开关SB2→KM的吸引线圈得以通电→起动电动机M。

停止：按下按钮开关SB2→停止对接触器供电→电动机M停止。

10.2.3 电动机可逆起动控制电路图的识读

基于生产实践的需求，有时候会要求电动机同时具备正反转的功能。其中三相异步电动机可以满足该要求，如图10-3所示为电动机可逆起动控制电路图的绘制结果。

在电路中，利用两个接触器的常闭触头KM1、KM2起相互的控制作用，当一个接触器通电时，断开其常闭辅助触头来锁住对方线圈的电路。这种控制方法称之为互锁，即利用两个接触器的常闭辅助触头互相控制。与此同时，还采用复合按钮SB1、SB2进行互锁，这种互锁方式称之为机械互锁。双重互锁保证了电路能正常地实现正→停→反的操作。

电路图的识读步骤如下。

合上闸刀开关QS以引入三相电源。

正向的起动过程：按下按钮SB1→KM1通电（此时常闭辅助触头同时断开，KM2电路实现自锁）→电动机M得电正向起动运转。

反向的起动过程：按下按钮SB2→KM1失电（此时SB2常闭触头断开）→电动机M失电停止正转→KM2得电（此时常闭辅助触头同时断开，KM1失电）→电动机M得电反向起动运转。

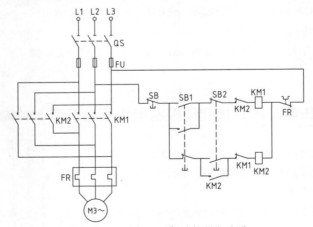

图10-3 电动机可逆起动控制电路图

10.3 绘制电动机电气控制图

要求电动机能够按照人们的意愿工作，就必须设计正确、可靠、合理的控制线路。电动机在连续不断的运转中，可能会产生短路、过载等各种电气故障，因此对控制线路来说，除了承担电动机的供电和端点的重复任务外，还要担负着保护电动机的作用。在电动机发生故障时，控制线路应该发出信号或自动切断电源，使电动机停止运转，以免事故扩大。

自动化水平较高的生产机械是通过电气元件的自动控制来完成其各道工序的，操作人员则得以摆脱沉重、烦琐的体力劳动。在这种情况下，控制线路不但能在电动机发生故障时起到保护的作用，而且在生产机械的某道工序处于异常状态时，能够发出指示信号，还可根据异常状态的严重程度，做出是继续开机还是即刻停机的选择。

图10-4所示为绘制完成的电动机电气控制图，本节介绍其绘制方法。

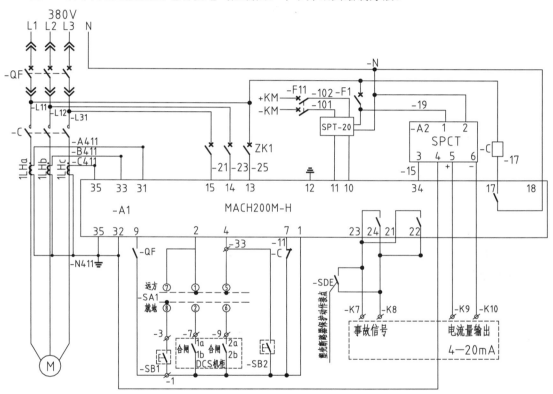

电动机电气控制图

图10-4　电动机电气控制图

【练习10-1】：绘制电路图导线

介绍绘制电路图导线的方法，难度：☆ ☆
素材文件路径：无
效果文件路径：素材\第10章\10.3 电动机电气控制图.dwg
视频文件路径：视频\第10章\10-1 绘制电路图导线.MP4

下面介绍绘制电路图导线的操作步骤。

01 调用REC【矩形】命令，绘制尺寸为749×5866的矩形以表示线路图形，如图10-5所示。

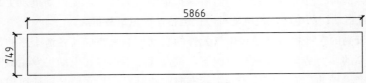

图10-5　绘制矩形

02 调用L【直线】命令、O【偏移】命令，在矩形左侧绘制如图10-6所示的垂直直线。

03 调用REC【矩形】命令，绘制尺寸为1797×2056的矩形；调用X【分解】命令，分解矩形。

04 调用O【偏移】命令，向内偏移矩形边；调用TR【修剪】命令，修剪线段，完成线路的绘制，结果如图10-7所示。

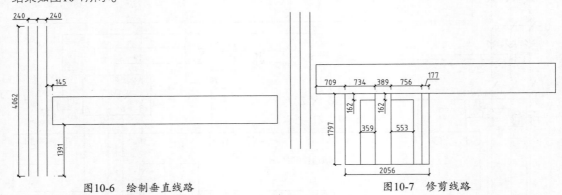

图10-6　绘制垂直线路　　　　　　　　　　　　　图10-7　修剪线路

05 调用L【直线】命令，分别指定直线的起点和端点，绘制线路如图10-8所示。

06 调用O【偏移】命令、TR【修剪】命令，向内偏移并修剪线段，操作结果如图10-9所示。

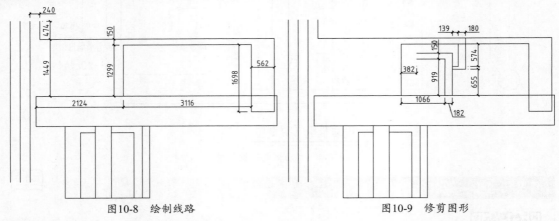

图10-8　绘制线路　　　　　　　　　　　　　　图10-9　修剪图形

07 调用L【直线】命令，根据图中所提示的尺寸大小，绘制如图10-10所示的线路。

08 按Enter键重复调用L【直线】命令，绘制如图10-11所示的连接线路。

09 沿用前面步骤所介绍的方法，调用O【偏移】命令，偏移线段；调用TR【修剪】命令，修剪线段，绘制线路的结果如图10-12所示。

10 调用O【偏移】命令、TR【修剪】命令，偏移并修剪线段，完成线路结构图的绘制，结果如图10-13所示。

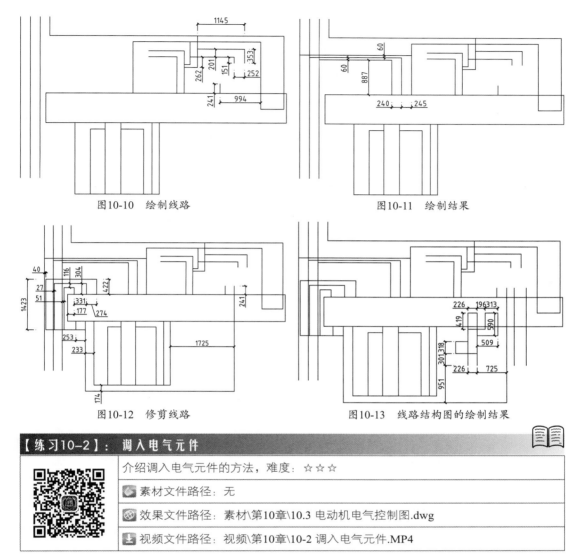

图10-10　绘制线路

图10-11　绘制结果

图10-12　修剪线路

图10-13　线路结构图的绘制结果

【练习10-2】：　调入电气元件

介绍调入电气元件的方法，难度：☆☆☆
素材文件路径：无
效果文件路径：素材\第10章\10.3 电动机电气控制图.dwg
视频文件路径：视频\第10章\10-2 调入电气元件.MP4

下面介绍调入电气元件的操作步骤。

01 调入元件图块。打开本书配备资源中的"素材\第10章\电气图例.dwg"文件，选择开关、电动机等图块，将其复制粘贴至当前图形中，如图10-14所示。

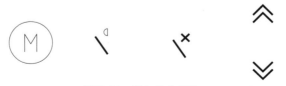

图10-14　调入元件图块

02 调用M【移动】命令，将电气元件移动至线路结构图上，如图10-15所示。

03 调用TR【修剪】命令，修剪遮挡开关元件的线路，如图10-16所示。

04 调用EX【延伸】命令，将线路延伸至电动机图例上，结果如图10-17所示。

05 调用L【直线】命令，绘制短斜线以连接电动机，如图10-18所示。

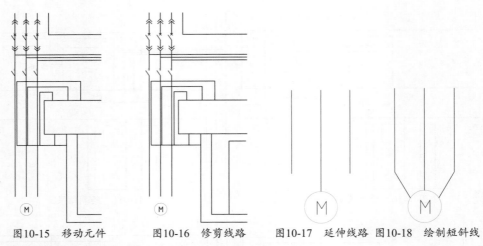

图10-15 移动元件　　图10-16 修剪线路　　图10-17 延伸线路 图10-18 绘制短斜线

06 调用L【直线】命令，绘制虚线连接开关元件，如图10-19所示。

07 调入双绕组变压器。从"素材\第10章\电气图例.dwg"文件中调入双绕组变压器图例，如图10-20所示。

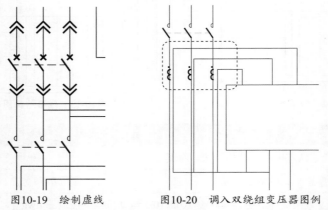

图10-19 绘制虚线　　　图10-20 调入双绕组变压器图例

08 调用L【直线】命令，绘制线路连接变压器；调用TR【修剪】命令，修剪线路，操作结果如图10-21所示。

09 调入接地符号。从"教材\第10章\电气图例.dwg"文件中调入接地符号，如图10-22所示。

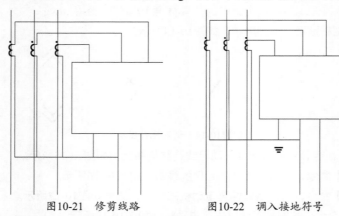

图10-21 修剪线路　　　图10-22 调入接地符号

10 调用EX【延伸】命令，延伸线路使其与接地符号相连，如图10-23所示。

11 从"素材\第10章\电气图例.dwg"文件中调入开关、接线端子等图形，如图10-24所示。

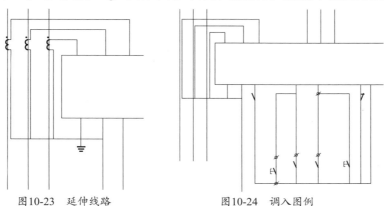

图10-23 延伸线路   图10-24 调入图例

12 调用TR【修剪】命令，修剪线路，结果如图10-25所示。

13 调用C【圆】命令，绘制半径为48的圆形，如图10-26所示。

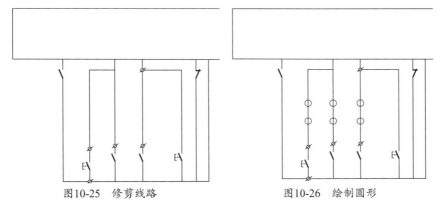

图10-25 修剪线路   图10-26 绘制圆形

14 调用TR【修剪】命令，修剪遮挡圆形的线路，结果如图10-27所示。

15 调用MT【多行文字】命令，在圆形内绘制标注文字，结果如图10-28所示。

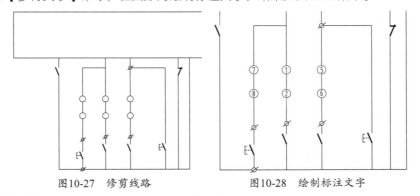

图10-27 修剪线路   图10-28 绘制标注文字

16 调用L【直线】命令，绘制如图10-29所示的虚线。

17 调用TR【修剪】命令，修剪线路结构图，结果如图10-30所示。

18 在"素材\第10章\电气图例.dwg"文件中选择开关、接地符号等图形，复制粘贴至当前图形中。

19 调用M【移动】命令，将电气元件图形移动至线路结构图上，结果如图10-31所示。

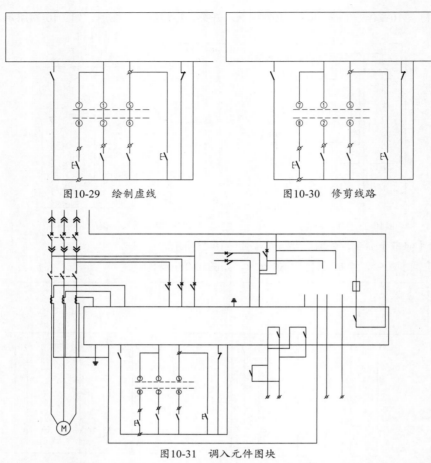

图10-29　绘制虚线　　　　　　　　　　　图10-30　修剪线路

图10-31　调入元件图块

20 调用TR【修剪】命令，修剪线路；调用L【直线】命令，绘制虚线连接开关图形，操作结果如图10-32所示。

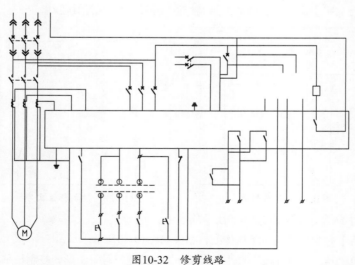

图10-32　修剪线路

21 绘制电气元件。调用REC【矩形】命令，绘制矩形表示电流变送器等图形；调用TR【修剪】命令，修剪矩形内的线路，结果如图10-33所示。

22 调用MT【多行文字】命令，在矩形内绘制标注文字，结果如图10-34所示。

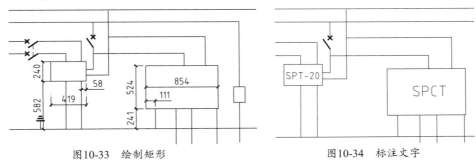

图10-33　绘制矩形　　　　　　　　　图10-34　标注文字

23 布置电气元件图形的最终操作结果如图10-35所示。

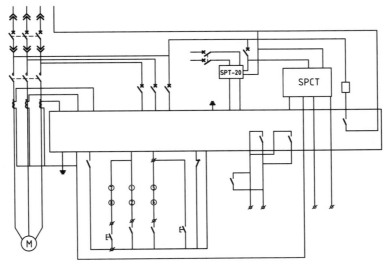

图10-35　布置元器件的最终结果

24 绘制连接件。调用C【圆】命令，在导线的连接点绘制半径为23的圆形；调用H【图案填充】命令，选择SOLID图案，对圆形执行填充操作，结果如图10-36所示。

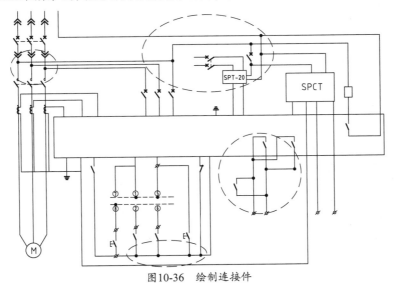

图10-36　绘制连接件

25 重复上述操作继续绘制连接件。调用C【圆】命令、H【图案填充】命令，绘制半径为15的圆形并对其执行图案填充操作，结果如图10-37所示。

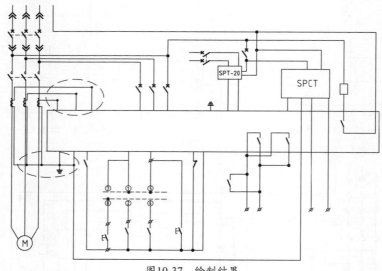

图10-37　绘制结果

【练习10-3】：绘制标注文字

介绍绘制标注文字的方法，难度：☆	
素材文件路径：无	
效果文件路径：素材\第10章\10.3 电动机电气控制图.dwg	
视频文件路径：视频\第10章\10-3 绘制标注文字.MP4	

下面介绍绘制标注文字的操作步骤。

01 调用MT【多行文字】命令，为线路及电气元件绘制标注文字，如图10-38所示。

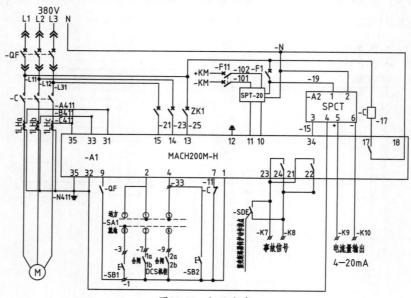

图10-38　标注文字

02 调用REC【矩形】命令，绘制矩形框选电气元件或标注文字，并将矩形的线型设置为虚线，如图10-39所示。

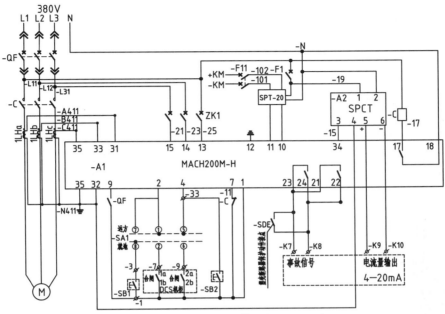

图10-39 绘制矩形

03 绘制图名标注。调用PL【多段线】命令，设置【宽度】为8，绘制粗实线；调用L【直线】命令，绘制细实线。

04 调用MT【多行文字】命令，绘制图名标注的结果如图10-40所示。

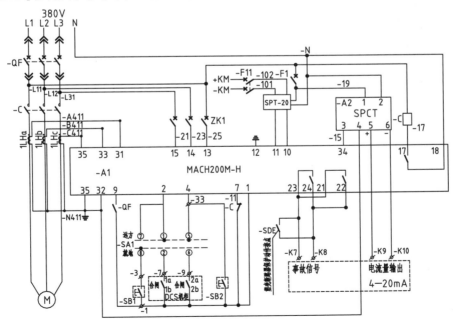

电动机电气控制图

图10-40 绘制图名标注

10.4 绘制继电器端子接线图

在绘制端子接线图前首先要绘制表格，通过在表格中绘制图形或者标注文字来表示接线端子的具体情况。图10-41所示为绘制完成的端子接线图。

其中，X1是接线板号，中间表列的数字表示该接线板组端子序号。左侧表列的数字表示线号，右侧表列的代号表示继电器、接触器等电气元件。

调用【矩形阵列】命令，阵列复制线段来绘制表格。接着绘制端子图形，绘制直线来表示端子的短接。在表列中分别绘制标注文字来表示端子序号以及电气元件的代号，可以完成端子接线图的绘制。

图10-41　端子接线图

【练习10-4】：绘制表格

介绍绘制表格的方法，难度：☆ ☆
素材文件路径：无
效果文件路径：素材\第10章\10.4 继电器端子接线图.dwg
视频文件路径：视频\第10章\10-4 绘制表格.MP4

下面介绍绘制表格的操作步骤。

01 调用REC【矩形】命令，绘制尺寸为2910×900的矩形，如图10-42所示。

02 调用X【分解】命令，分解矩形。

03 调用O【偏移】命令，设置偏移距离为160，选择矩形边向下偏移，如图10-43所示。

04 单击【修改】面板中的【矩形阵列】按钮，设置行数为26、行距为-110，阵列复制得到的线段如图10-44所示。

05 调用O【偏移】命令，设置偏移距离依次为363、176，选择矩形左侧轮廓线向右偏移，如图10-45所示。

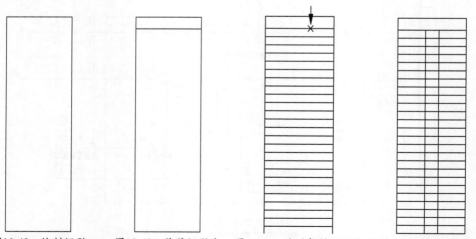

图10-42　绘制矩形　　图10-43　偏移矩形边　　图10-44　阵列复制矩形边　图10-45　向右偏移矩形边

【练习10-5】：绘制端子接线图

介绍绘制端子接线图的方法，难度：☆☆		
素材文件路径：无		
效果文件路径：素材\第10章\10.4 继电器端子接线图.dwg		
视频文件路径：视频\第10章\10-5 绘制端子接线图.MP4		

下面介绍绘制端子接线图的操作步骤。

01 调用C【圆】命令，在表格中分别绘制半径为12、8的圆形来表示端子，结果如图10-46所示。

02 调用L【直线】命令，绘制线路来连接端子，结果如图10-47所示。

03 从"素材\第10章\ 电气图例.dwg"文件中调入接地符号。调用L【直线】命令，绘制线路来连接接地符号和表格，结果如图10-48所示。

04 调用MT【多行文字】命令，在表格内输入标注文字，结果如图10-49所示。

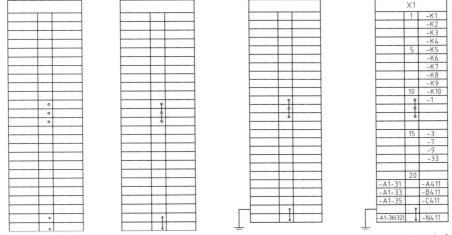

图10-46 绘制端子　　图10-47 绘制线路　　图10-48 调入接地符号　　图10-49 标注文字

05 根据本节介绍的绘制方法，继续绘制如图10-50所示的端子图。

图10-50 绘制端子图

10.5 绘制设备材料表

　　材料表可以为读图提供便利，通过显示符号和与其相对应的代码，可以方便用户了解符号所代表的意义。通过【表格】命令所创建的表格并不一定都合适，这就需要对表格执行编辑操作。通过调整表格的大小、合并表格以及编辑单元格文字属性等操作，可以完成对表格的编辑。

　　最后，将元件符号复制粘贴至单元格中，并在单元格中输入符号代码，可以完成设备材料表的绘制。

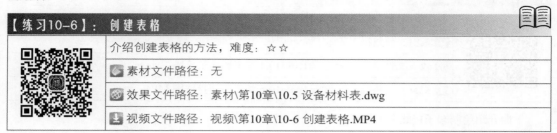

【练习10-6】： 创建表格

介绍创建表格的方法，难度：☆ ☆

素材文件路径：无

效果文件路径：素材\第10章\10.5 设备材料表.dwg

视频文件路径：视频\第10章\10-6 创建表格.MP4

下面介绍创建表格的操作步骤。

01 创建表格样式。在【注释】选项卡中，单击【表格】面板中的【表格样式】按钮，如图10-51所示。

图10-51　单击按钮

02 弹出【表格样式】对话框，单击【新建】按钮，如图10-52所示。

03 在【创建新的表格样式】对话框中设置新样式的名称为【电气表格】，如图10-53所示。

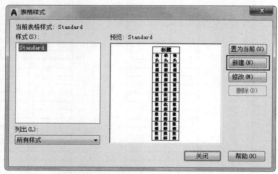

图10-52　【表格样式】对话框　　　　　　　图10-53　设置样式名称

04 单击【继续】按钮，弹出【新建表格样式:电气表格】对话框。选择【常规】选项卡，设置【对齐】为【正中】，如图10-54所示。

05 选择【文字】选项卡，设置【文字样式】和【文字高度】，如图10-55所示。

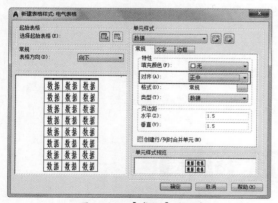

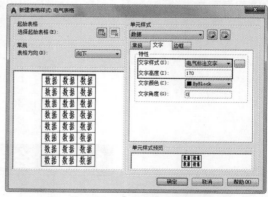

图10-54　【常规】选项卡　　　　　　　图10-55　【文字】选项卡

06 单击【确定】按钮，返回到【表格样式】对话框，单击【关闭】按钮，关闭对话框。

07 创建表格。调用TB【表格】命令，在【插入表格】对话框中设置参数，如图10-56所示。

08 单击【确定】按钮，分别指定表格的对角点，创建表格的结果如图10-57所示。

图10-56　【插入表格】对话框

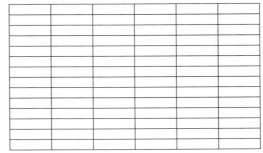

图10-57　绘制表格

09 选中表格，单击激活左下角的三角形夹点，向下移动鼠标，调整表格高度，结果如图10-58所示。

10 选择表格的第一行，右击，在弹出的快捷菜单中选择【合并/全部】命令，合并单元格，如图10-59所示。

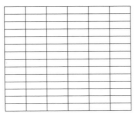

图10-58　调整行高

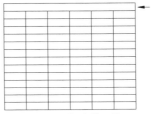

图10-59　合并单元格

【练习10-7】：	绘制表格内容
	介绍绘制表格内容的方法，难度：☆☆
	素材文件路径：无
	效果文件路径：素材\第10章\10.5 设备材料表.dwg
	视频文件路径：视频\第10章\10-7 绘制表格内容.MP4

下面介绍绘制表格内容的操作步骤。

01 在单元格内双击鼠标左键，进入在位编辑模式，输入标注文字，如图10-60所示。

02 选择【数量】表列，右击，在弹出的快捷菜单中选择【特性】命令，如图10-61所示。

设备材料表

符号	名称	型式	单位	数量	备注
XI	端子	UK3N	节	20	
XT	端子	URTK/S	节	5	
-SA1	转换开关	LW39B-16R	个	1	
-C	接触器/接触器辅助触点		个		见一次线/接触器成套 AC220V
-QF	塑壳断路器/塑壳断路器辅助触点		个		见一次线 AC380V/塑壳开关成套 C220V
ZK1	空气开关	C65H C6A/3P	个		
-A1	智能型马达控制器	MACH200M-H	个		见一次线，附SPT-20电源模块
SPCT	电流变送器	AC220V,1A	个		与智能马达控制器成套
1LHa-1LHc	电流互感器	ALH-0.66	个	3	见一次线
-F11	空气开关	C65H C4A/2P	个		
-F1	空气开关	C65N C6A/1P	个		
-SDE	故障动作接点		个		塑壳开关成套

图10-60　输入内容

图10-61　选择命令

03 在弹出的【特性】选项板中展开【单元】卷展栏，在【对齐】下拉列表中选择【正中】选项，如图10-62所示。

04 调整文字对齐样式的结果如图10-63所示。

符号	名称	型式	单位	数量	备注
		设备材料表			
XI	端子	UK3N	节	20	
XT	端子	URTK/S	节	5	
-SA1	转换开关	LW39B-16R	个	1	
-C	接触器/接触器辅助触点		个	1	见一次线/接触器成套 AC220V
-QF	塑壳断路器/塑壳断路器辅助触点		个	1	见一次线 AC380V/塑壳开关成套 C220V
ZK1	空气开关	C65H C6A/3P	个	1	
-A1	智能型马达控制器	MACH200M-H	个	1	见一次线,附SPT-20电源模块
SPCT	电流变送器	AC220V,1A	个	1	与智能马达控制器成套
1LHa-1LHc	电流互感器	ALH-0.66	个	3	见一次线
-F11	空气开关	C65H C4A/2P	个	1	
-F1	空气开关	C65N C6A/1P	个	1	
-SDE	故障动作接点				塑壳开关成套

图10-62 选择对齐方式 　　　图10-63 对齐结果

10.6　思考与练习

参考本章介绍的绘制方法，绘制生活泵水位控制原理图，如图10-64所示。

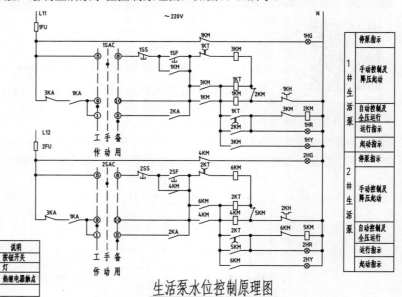

生活泵水位控制原理图

图10-64 水位控制原理图

起重机是一种用来吊起和放下重物、可使重物进行短距离水平移动的起重设备。起重机的类型主要分为桥式、塔式、门式等，不同的场合使用的起重机类型也不相同。本章介绍桥式起重机电气图的绘制。

第 11 章
绘制起重机电气图

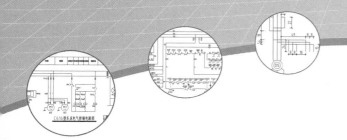

11.1 起重机电气系统概述

起重机的电气系统必须保证其传动系统和控制系统的准确、安全以及可靠，以便在紧急情况下能切断电源安全停车。本节介绍关于起重机电气系统的一些基础知识，包括电气系统的特点，以及电气图的绘制与识读。

11.1.1 起重机控制系统的特点

关于起重机控制系统的一些特点，介绍如下。

（1）因为起重机在工作时经常移动，同时大车与小车之间、大车与厂房之间都存在着相对运动；因此，一般采用可移动的电源设备供电。

（2）由于起重机的工作环境大多较为恶劣，而且常常在重载下进行频繁的起动、制动、反转、变速等操作，因此要求电动机具有较高的机械强度和较大的过载能力，同时还要求起动转矩大、起动电流小，所以起重机一般选用绕线式异步电动机。

（3）起重机在空载、轻载时速度快，目的是减少辅助工时，重载时速度慢。所以普通的起重机调速范围一般为3∶1，要求较高的地方可以达到5∶1～10∶1。

（4）起重机的电动机运行状态可以自动转换为电动状态、倒拉反接状态或再生发电制动状态。

（5）起重机有十分安全可靠的制动装置及电气保护环节。

11.1.2 识图提示

起重机电气回路基本上是由主回路、控制回路、保护回路等组成。常见的起重机设备主要有电动机、制动电磁铁、控制电器和保护电气。起重机各机构采用起重专用电动机，它要求具有较高的机械强度和较大的过载能力。应用最广泛的是绕线式异步电动机，这种电动机采用转子外接电阻逐级起动运转，既能限制电流确保起动平稳，又可提供足够的起动力矩，并能适应频繁起动、反转、制动、停止等工作的需要。

1. 主回路

直接驱使各机构电动机运转的那部分回路称为主回路，它是由起重机主滑触线开始，经保护柜刀开关、保护柜接触器主触头，再经过各机构控制器定子触头至各相应电动机，即由电动机外接定子回路和外转子回路组成。

2. 控制回路

起重机的控制回路又称为联锁保护回路，它控制起重机总电源的接通与分断，从而实现对起重机的各种安全保护。由控制回路控制起重机总电源的通断，在主回路刀开关推合后，控制回路得电，而主回路因接触器KM主触头分断未能接电，因此整个起重机各机构电动机均未接通电源而无法工作。故起重机总电源的接通与分断，就取决于主接触器主触头KM是否接通，而控制回路就是控制主接触器KM主触头的接通与分断，即控制起重机总电源的接通与分断。

3. 过载和短路保护

在控制回路中，串有保护各电动机的过点流继电器常闭触头，当起重机因过载、某电动机过载、发生相同或对地短路时，强大的电流将使其相应的过电流继电器动作而顶开它的常闭触头，使接触器KM的线圈失电，导致起重机掉闸（接触器释放），从而实现起重机的过载和短路保护作用。

11.1.3 绘图提示

起重机电气图的基本绘图步骤如下。

（1）设置绘图环境，包括新建文件、设置文件名称、创建图层等。

（2）绘制起重机系统基本图形。

（3）总体调整图形布局，根据图形大小、形状做出调整。

（4）标注文字。

11.2 绘制起重机控制电路图

桥式起重机是桥架在高架轨道上运行的一种桥架型起重机，又称为天车。桥式起重机的桥架沿铺设在两侧高架上的轨道纵向运行，起重小车沿铺设在桥架上的轨道横向运行，构成一矩形的工作范围，就可以充分利用桥架下面的空间吊运物料，不受地面设备的阻碍。

普通桥式起重机主要由大车（桥梁、桥架金属结构）、小车（移动机构）和起重机提升机构组成。其中大车在轨道上行走，大车上有供小车运动的轨道，小车在大车上可做横向运动，小车的电源由大车的小滑线引入。小车上装有提升机，可以使大车在行走的范围内吊起重物。

起升机构包括电动机、制动器、减速器、卷筒和滑轮组。电动机通过减速器带动卷筒转动，使钢丝绳绕上卷筒或从卷筒放下，以升降重物。小车架是支托和安装起升机构和小车运行机构等部件的机架，通常为焊接结构。

图11-1所示为绘制完成的桥式起重机控制图，本节介绍其绘制方法。

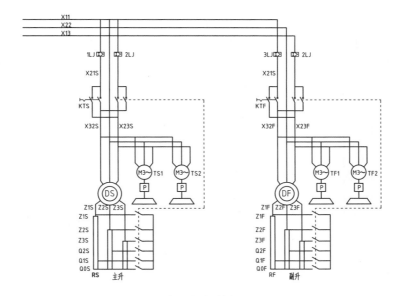

起重机控制电路图

说明:
过流调节为额定电流的2.25倍,通电前检查线路的接地情况,
注意通电安全。

图11-1   桥式起重机控制图

【练习11-1】：   绘制电路图

介绍绘制电路图的方法，难度：☆☆☆
素材文件路径：无
效果文件路径：素材\第11章\11.2 起重机控制电路图.dwg
视频文件路径：视频\第11章\11-1 绘制电路图.MP4

下面介绍绘制电路图的操作步骤。

01 调用REC【矩形】命令，绘制尺寸为50×52的矩形；调用X【分解】命令，分解矩形。

02 调用O【偏移】命令，向内偏移矩形边，结果如图11-2所示。

03 调入元件图块。打开本书配备资源中的"素材\第11章\电气图例.dwg"文件，选择电气元件，并将其复制粘贴至电路图中，如图11-3所示。

04 调用TR【修剪】命令，修剪线路，结果如图11-4所示。

05 调用L【直线】命令，绘制线路连接电气元件，结果如图11-5所示。

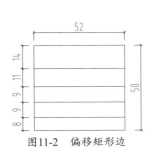

图11-2   偏移矩形边

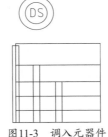

图11-3   调入元器件

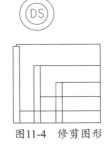

图11-4   修剪图形

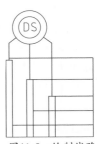

图11-5   绘制线路

06 调用L【直线】命令，绘制如图11-6所示的线路。

07 调用PL【多段线】命令，绘制如图11-7所示的连接线路。

08 调用C【圆】命令，绘制半径为7的圆形，表示电动机，结果如图11-8所示。

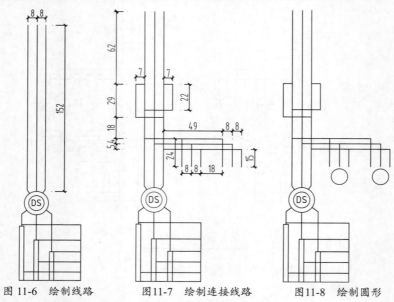

图 11-6　绘制线路　　　图11-7　绘制连接线路　　　图 11-8　绘制圆形

09 调用REC【矩形】命令，绘制尺寸为8×8的矩形，如图11-9所示。

10 调用L【直线】命令，绘制如图11-10所示的梯形。

11 调用L【直线】命令，绘制线路连接元件，结果如图11-11所示。

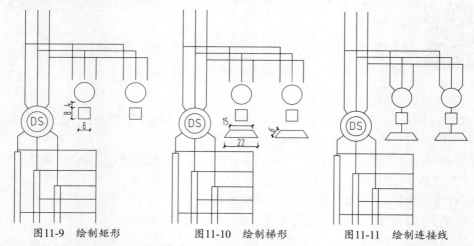

图11-9　绘制矩形　　　　图11-10　绘制梯形　　　　图11-11　绘制连接线

12 调入元件图块。在本书配备资源中的"素材\第11章\电气图例.dwg"文件中选择开关等图形，并将其复制粘贴至电路图中，如图11-12所示。

13 调用TR【修剪】命令，修剪线路以方便识读电气元件，操作结果如图11-13所示。

14 调用PL【多段线】命令，绘制如图11-14所示的折断线，并修改线段的样式属性，将其设置为细实线。

15 按Enter键，重复调用PL【多段线】命令，绘制如图11-15所示的虚线。

16 调用CO【复制】命令，选择绘制完成的图形向右移动复制，结果如图11-16所示。

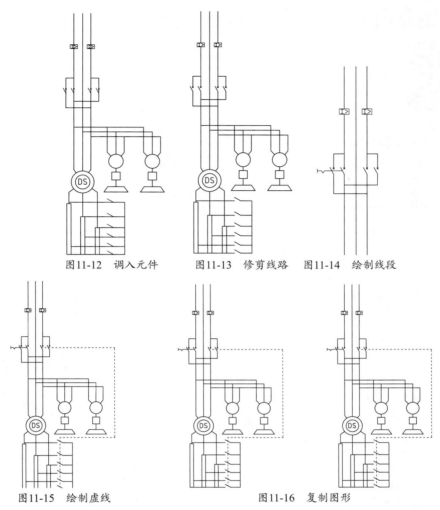

图11-12 调入元件　　图11-13 修剪线路　　图11-14 绘制线段

图11-15 绘制虚线　　　　　　图11-16 复制图形

17 调用L【直线】命令，绘制线路连接图形。调用F【圆角】命令，设置【圆角半径】为0，对线路执行圆角操作的结果如图11-17所示。

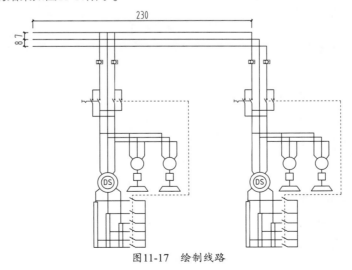

图11-17 绘制线路

【练习11-2】： 绘制图形标注

介绍绘制图形标注的方法，难度：☆
素材文件路径：无
效果文件路径：素材\第11章\11.2 起重机控制电路图.dwg
视频文件路径：视频\第11章\11-2 绘制图形标注.MP4

下面介绍绘制图形标注的操作步骤。

[01] 调用MT【多行文字】命令，绘制标注文字的结果如图11-18所示。

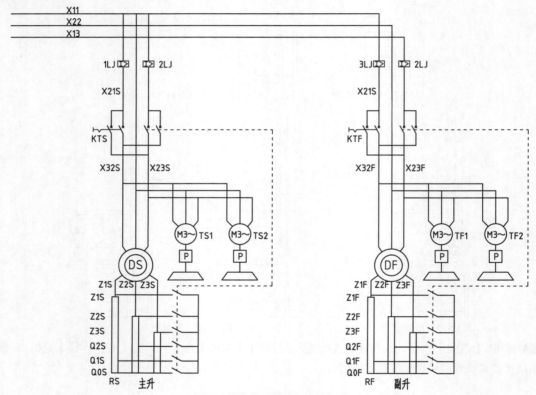

图11-18　标注文字

[02] 按Enter键，重复执行MT【多行文字】命令，继续绘制如图11-19所示的说明文字。

　　　　　说明：

　　　　　过流调节为额定电流的2.25倍，通电前检查线路的接地情况，

　　　　　注意通电安全。

图11-19　说明文字

[03] 调用PL【多段线】命令，修改【宽度】为1，绘制粗实线；调用L【直线】命令，绘制细实线。

[04] 调用MT【多行文字】命令，绘制图名标注的结果如图11-20所示。

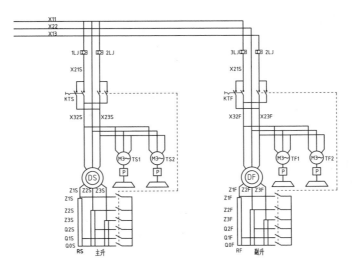

起重机控制电路图

说明：

过流调节为额定电流的2.25倍，通电前检查线路的接地情况，

注意通电安全。

图11-20　绘制图名标注

11.3　绘制保护照明电路图

在通常情况下，不同电压等级、不同机构的导线应分管穿设，照明回路和控制回路应单独敷设。起重机应设正常照明和可携带式照明，并由专用回路供电。一般应接于驾驶室总保护开关的进线端，以保证总保护开关断开时，照明回路可以正常工作。

正常照明回路的电压不超过220V，可携带式照明回路的电压应不超过36V。

图11-21所示为桥式起重机保护照明电路图的绘制结果，本节介绍其绘制方法。

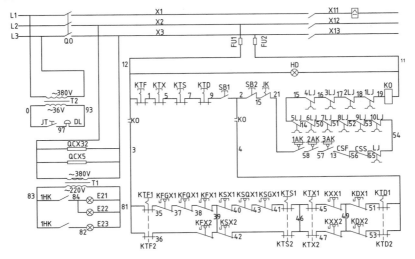

保护照明电路图

图11-21　保护照明电路图

【练习11-3】：**绘制电路图**

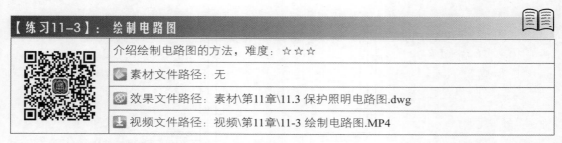

	介绍绘制电路图的方法，难度：☆☆☆
📁	素材文件路径：无
🎬	效果文件路径：素材\第11章\11.3 保护照明电路图.dwg
⬇	视频文件路径：视频\第11章\11-3 绘制电路图.MP4

下面介绍绘制电路图的操作步骤。

01 调用L【直线】命令，绘制水平直线；调用O【偏移】命令，偏移直线以完成主线路的绘制，结果如图11-22所示。

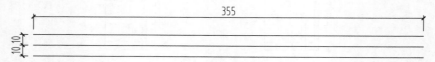

图11-22　绘制主线路

02 调用L【直线】命令，绘制直线来表示线路，结果如图11-23所示。

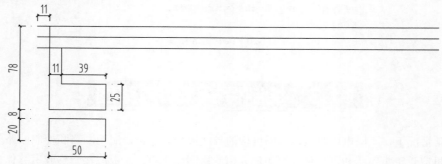

图11-23　绘制直线

03 调用O【偏移】命令、L【直线】命令，绘制如图11-24所示的线路图形。

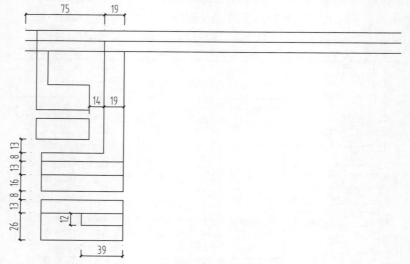

图11-24　绘制线路

04 调入元件图块。打开本书配备资源中的"素材\第11章\电气图例.dwg"文件，将开关、熔断器等图形复制至电路图中，如图11-25所示。

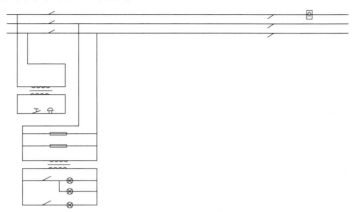

图11-25　调入元件

05 调用TR【修剪】命令，修剪线路，结果如图11-26所示。

06 调用L【直线】命令，绘制直线连接开关图形，结果如图11-27所示。

图11-26　修剪线路　　　　　　　　　　　　　　图11-27　绘制直线

07 调用L【直线】命令、REC【矩形】命令，绘制如图11-28所示的连接线路。

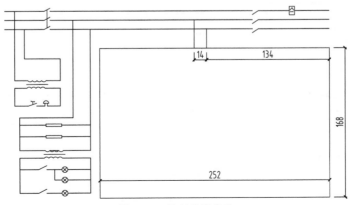

图11-28　绘制连接线路

08 调用X【分解】命令，分解矩形；调用O【偏移】命令，选择横向矩形边向内偏移，结果如图11-29所示。

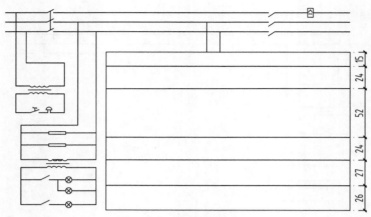

图11-29　偏移横向矩形边

09 调用O【偏移】命令，选择竖向矩形边向内偏移，结果如图11-30所示。

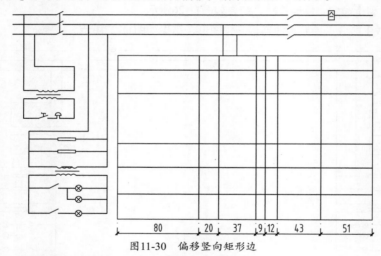

图11-30　偏移竖向矩形边

10 调用TR【修剪】命令，修剪线路，结果如图11-31所示。

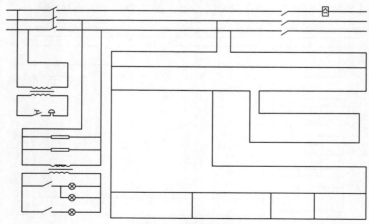

图11-31　修剪线路

11 调入元件图块。在本书配备资源中的"素材\第11章\电气图例.dwg"文件中选择各类电气图例，将其复制至电路图中，结果如图11-32所示。

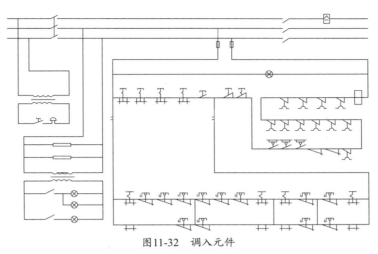

图11-32 调入元件

⑫ 调用TR【修剪】命令，修剪线路，结果如图11-33所示。

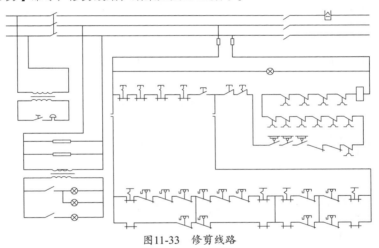

图11-33 修剪线路

⑬ 调用L【直线】命令，绘制线段连接开关图形，并将线段的样式设置为虚线，结果如图11-34所示。

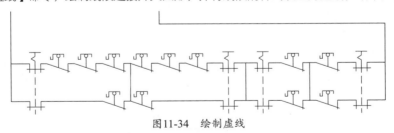

图11-34 绘制虚线

【练习11-4】： 绘制标注

介绍绘制标注的方法，难度：☆

素材文件路径：无

效果文件路径：素材\第11章\11.3 保护照明电路图.dwg

视频文件路径：视频\第11章\11-4 绘制标注.MP4

下面介绍绘制标注的操作步骤。

01 调用MT【多行文字】命令，为电气元件、连接线路绘制标注文字，结果如图11-35所示。

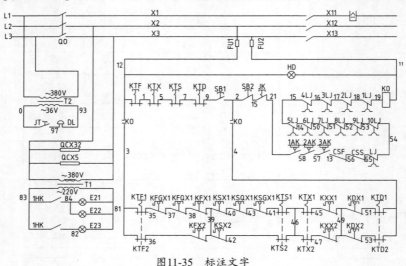

图11-35　标注文字

02 调用PL【多段线】命令，修改【宽度】为1，绘制粗实线；调用L【直线】命令，绘制细实线。

03 调用MT【多行文字】命令，绘制图名标注的结果如图11-36所示。

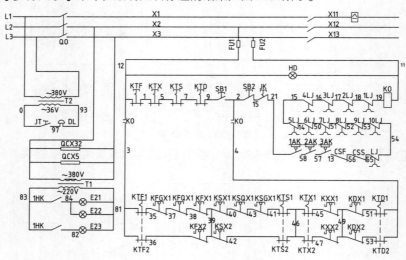

保护照明电路图

图11-36　绘制图名标注

11.4　绘制电气系统图

起重机的电源一般为交流380V，由公共交流电源供给。起重电磁铁应有专门的整流供电电源，必要时应配有备用的直流电源。

　　起重机应由专用馈线供电，当采用软电缆母线时应采用四芯或五芯电缆，除三相电源外，应有专用的工作零线和保护地线。在采用滑线硬母线时，一般应采用三根电源滑线，一根保护地线（使用导轨代替），专门设一根硬母线，作为工作零线。

　　起重机专用馈线进线端与母线的连接处应设总断路器，总断路器的出线端不得与起重机无关的其他设备连接。

　　图11-37所示为起重机电气系统图的绘制结果，本节介绍其绘制方法。

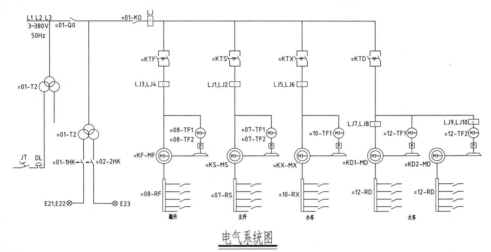

图11-37　电气系统图

【练习11-5】：绘制系统图

介绍绘制系统图的方法，难度：☆☆☆
素材文件路径：无
效果文件路径：素材\第11章\11.4 电气系统图.dwg
视频文件路径：视频\第11章\11-5 绘制系统图.MP4

　　下面介绍绘制系统图的操作步骤。

01 调用L【直线】命令，绘制如图11-38所示的电气线路。

02 调入元件图块。在本书配备资源中的"素材\第11章\电气图例.dwg"文件中选择开关、电动机元件图块，将其复制至系统图中，结果如图11-39所示。

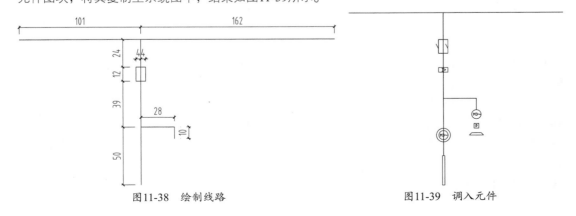

图11-38　绘制线路　　　　　　　　　　图11-39　调入元件

03 调用TR【修剪】命令，修剪线路，如图11-40所示。

04 调用L【直线】命令，绘制线路连接电气元件，结果如图11-41所示。

05 调入元件图块。在本书配备资源中的"素材\第11章\电气图例.dwg"文件中选择开关图块，将其复制至系统图中。

06 调用M【移动】命令，将电气元件图形移动至线路结构图中，结果如图11-42所示。

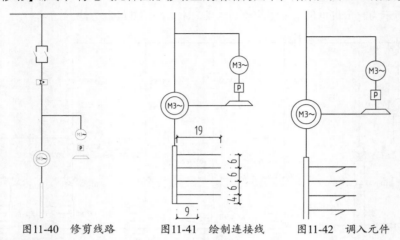

图11-40　修剪线路　　　　图11-41　绘制连接线　　　　图11-42　调入元件

07 调用TR【修剪】命令，修剪线路的结果如图11-43所示。

08 调用L【直线】命令，首先绘制直线连接开关图形，接着绘制等边三角形，结果如图11-44所示。

09 至此，系统图线路的绘制结果如图11-45所示。

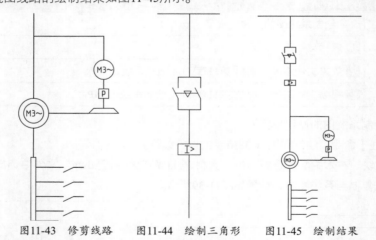

图11-43　修剪线路　　　　图11-44　绘制三角形　　　　图11-45　绘制结果

10 调用CO【复制】命令，向右移动复制线路图，结果如图11-46所示。

11 调用CO【复制】命令，选择电动机、开关等图形向右移动复制；调用L【直线】命令，绘制线路连接电气图形，补充绘制大车电路图的结果如图11-47所示。

12 调用L【直线】命令，绘制垂直直线，表示线路，结果如图11-48所示。

13 调入元件图块。在本书配备资源中的"素材\第11章\电气图例.dwg"文件中选择三相绕组变压器图块，将其复制至系统图中，如图11-49所示。

14 调用PL【直线】命令，绘制线路如图11-50所示。

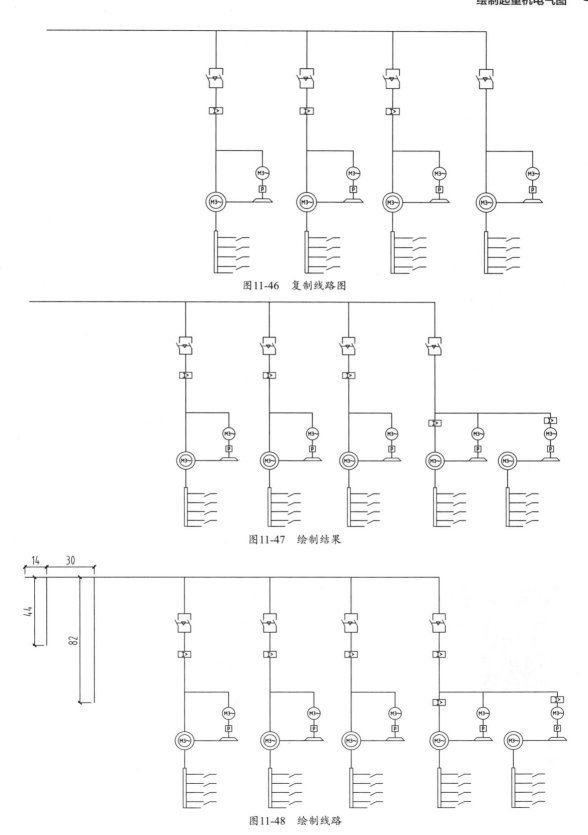

图11-46 复制线路图

图11-47 绘制结果

图11-48 绘制线路

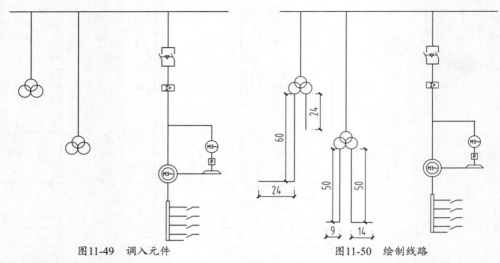

图11-49　调入元件　　　　　　　　　图11-50　绘制线路

15 调入元件图块。在本书配备资源中的"素材\第11章\电气图例.dwg"文件中选择开关、灯等图块，将其复制至系统图中；调用TR【修剪】命令，修剪线路，结果如图11-51所示。

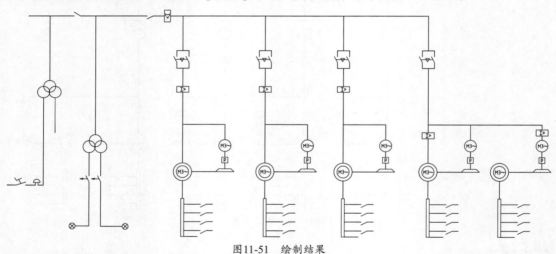

图11-51　绘制结果

【练习11-6】：绘制标注

介绍绘制标注的方法，难度：☆☆☆

素材文件路径：无	
效果文件路径：素材\第11章\11.4 电气系统图.dwg	
视频文件路径：视频\第11章\11-6 绘制标注.MP4	

下面介绍绘制标注的操作步骤。

01 调用MT【多行文字】命令，为系统图绘制标注文字，结果如图11-52所示。

02 调用PL【多段线】命令，修改【宽度】为1，绘制粗实线；调用L【直线】命令，绘制细实线。

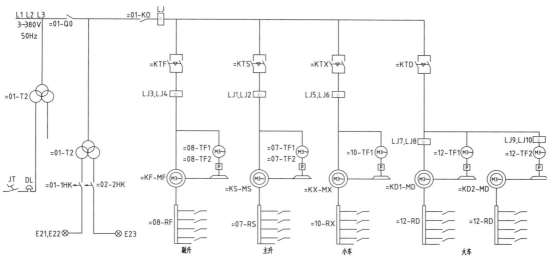

图11-52　标注文字

03 调用MT【多行文字】命令，绘制图名标注的结果如图11-53所示。

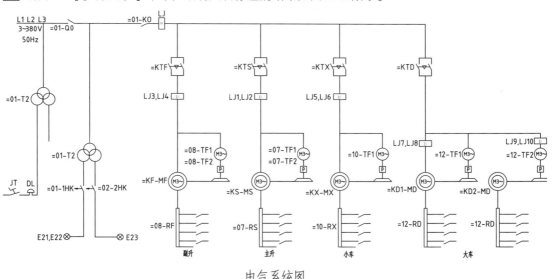

电气系统图

图11-53　绘制图名标注

11.5　思考与练习

利用本章所介绍的绘制方法，绘制车床电气控制电路图，如图11-54所示。

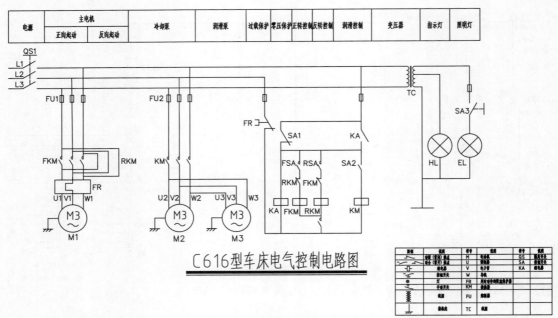

C616型车床电气控制电路图

图11-54　车床电气控制电路图

本章介绍住宅楼电气平面图的绘制方法，包括照明图、弱电图、插座图以及防雷平面图。希望通过本章的学习，用户对各类电气图有一个大概的了解，并能按照所介绍的方法来绘制电气图。

12

第 12 章
绘制住宅电气平面图

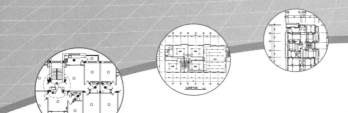

12.1　照明系统设计

在学习如何绘制照明平面图前，应了解一些关于住宅楼照明系统的相关知识，本节为用户介绍这些基础知识，方便用户识读或绘制照明平面图。

12.1.1　照明设计的原则

1. 安全供电

（1）电源进户应装设带有保护装置的总开关，道路照明除回路应有保护装置外，每个灯具都应该有单独的保护装置。

（2）由公共低压电网供电的照明负荷，线路电流不超过30A时，可以用220V单相供电，否则应以380/220V三相五线供电。室内照明线路，每一单相分支回路的电流，一般情况下不应超过15A，所接灯头数不宜超过25个，但是花灯、彩灯、多管荧光灯除外。

（3）对高强气体放电灯的照明，每一单相分支回路的电流不宜超过30A，并应按起动及再起动的特性，选择保护电器和验算线路的电压损失值。对气体放电灯供电的三相照明线路，其中线截面应按最大一相电流选择。

2. 合理设置应急照明电源

（1）应急照明电源，应区别于正常的电源。不同用途的应急照明电源，应采用不同的切换时间和连续供电时间。

（2）地下室、电梯间、楼梯间、公共通道和主要出入口等场所设应急疏散指示照明，楼层指示等均自带蓄电池，应急时间不少于30min。

（3）办公室、餐厅、变配电所、发电机房、消防控制室、水泵房、电梯机房、避难层、电话站等场所均应设应急照明并兼工作照明，应急照明分别占工作照明的25%～100%。

（4）应急照明的供电方式有以下几种。

a. 独立于正常电源的发电机组。

b. 蓄电池。

c. 供电网络中有效地独立于正常电源的馈电线路。

d. 应急照明灯自带直流逆变器。

e. 当装有两台及两台以上变压器时，应与正常照明的供电干线分别接自不同的变压器。

f. 装有一台变压器时，应与正常照明的供电干线自变电所低压屏上（或者母线上）分开。

g. 引自柴油发电机应急母线段。

3. 正常考虑照明负荷

（1）照度的合理利用。照明负荷约占建筑总电量的30%，设计时按照度标准来推算照明负荷。其中要注意以下两点。

a. 装修时经常只考虑使用功能和环境设置的要求，应预留照明电源，将来由装修单位具体设计照明。

b. 选择的光源和灯具不一样，用电量的大小也会有很大的差别。所以，在一般情况下对于局部照明区域尽量按大一级的照度负荷密度做估算，而对整个大楼的照明负荷再考虑一个同期系数。

（2）对气体放电灯宜采用电容补偿，以提高功率因数。

4. 提高照明质量

（1）为了减少动力设备用电对照明线路电压波动的影响，照明用电与动力用电线路尽量分开供给。

（2）在气体放电灯的频闪效应对视觉作业有影响的场所，其同一灯具或不同灯具的相邻灯管（灯泡），应分别接在不同相位的线路上。

（3）应用新型灯具及光源。用荧光灯（三基色荧光灯）、金属卤化物灯、高压钠灯合理代替白炽灯，将是照明工程节约能源的潜力所在。光纤照明器发热少并可隔离紫外线的特点，很适合在商品陈列和展示品照明选用。同时，光纤照明器除了光源发生器外均不带电的优势，很适合在潮湿场所使用。

12.1.2　住宅楼照明设计要点

1. 适宜的照度水平

（1）照度水平对室内气氛有着显著影响，照度选择与光源色温的合理配合有利于创造舒适感。

（2）为了满足不同的需要，住宅的起居室、卧室等宜选用具有调光控制功能的开关。

2. 合理选择光源

（1）主要房间的照明应选用色温不高于3300 K、显色指数大于80的节能型光源，如紧凑型荧光灯、三基色圆管荧光灯等。

（2）眩光限制直流等级，不应低于Ⅱ级。

（3）应选用可立即点燃的光源，以利于安全。

（4）为了协调室内生态环境，可选用冷光束光源。

3. 不同房间的照明要求

1）起居室

（1）以房间净高定布灯方式：净高2.7m及以上可以用贴顶或吊灯，低于2.3m宜用檐口照明，吊装灯具应在餐桌、茶几上方，人碰不到的位置。

（2）灯具简洁大方，凸显艺术性。

（3）宜采用可调光控制。

2）卧室

（1）照明宜设在床具靠脚边缘上方。

（2）灯具宜为深藏型，以防眩光。

（3）供床上阅读，应使用冷光源，根据不同的需要选用壁灯或台灯。

（4）除特殊需要外，不设置一般照明。如设一般照明，则宜遥控，宜平滑调光。

3）卫生间

（1）避免在便器上方或者背后布灯。

（2）以镜面等照明，宜布置在镜前上部壁装或顶装。

（3）布灯应避免映出人影及视觉反差。

（4）开关、插座及灯具应注意防潮。

4. 插座配置

（1）位置。位置设置不当，被柜、桌、沙发等物遮挡，会影响使用。

（2）数量充足。除了空调制冷机、电采暖、厨房电器具、电灶、电热水器等应按设备所在位置设置专用电源插座外，一般每墙面上的数量不宜少于两组，每组由单相二孔和单相三孔插座面板各一个组成。

（3）插座间距。两组电源插座的间距不应该超过2～2.5m，距端墙不应该超过0.5m。

（4）方便使用。非照明使用的电源插座（包括专用电源插座）或通信系统、电视共用天线、安全防范等专用连接插件近旁，有布灯的可能或设置电源要求时，应增加配置电源插座。

（5）形式。电源插座皆应选用安全型，一般可采用10A。

12.2　绘制住宅楼照明平面图

图12-1所示为普通单元住宅楼标准层照明平面图。标准层共3个楼梯，户型各异。以左边户型为代表叙述。左边户型共设主卧、客卧、客餐厅连用、厨房、卫生间，俗称"两室一厅一厨一卫"型。

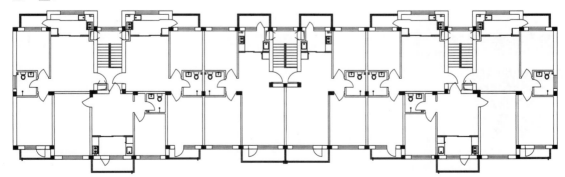

图12-1　住宅建筑平面图

住宅楼照明平面图的绘制结果如图12-2所示。绘制步骤为：首先布置局部区域的各类灯具，各类灯具由不同的开关控制，所以需要在房间内布置开关，并绘制线路连接开关与灯具；开关、灯具的电源由电源箱供给，需要绘制线路连接箱柜与开关、灯具；最后绘制标注文字以完成照明平面图的绘制。

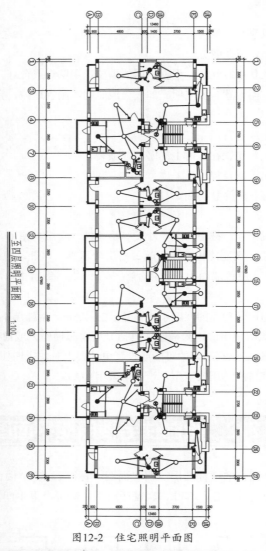

图12-2 住宅照明平面图

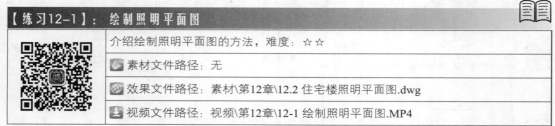

【练习12-1】： 绘制照明平面图

介绍绘制照明平面图的方法，难度： ☆ ☆

素材文件路径： 无

效果文件路径： 素材\第12章\12.2 住宅楼照明平面图.dwg

视频文件路径： 视频\第12章\12-1 绘制照明平面图.MP4

下面介绍绘制住宅照明平面图的操作步骤。

01 调入灯具图块。打开本书配备资源中的 "素材\第12章\电气图例.dwg" 文件，选择节能灯、防水灯图块，将其复制至当前图形中，如图12-3所示。

02 重复执行上述操作，继续调入灯具图形至平面图中，操作结果如图12-4所示。

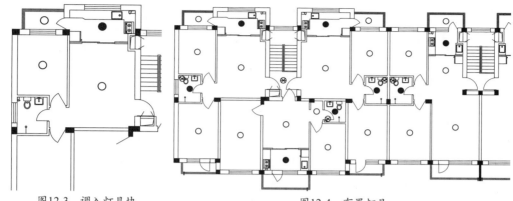

图12-3　调入灯具块　　　　　　　　　　　　　图12-4　布置灯具

03 调入开关图块。从"素材\第12章\电气图例.dwg"文件中选择开关图形，将其复制至平面图中，调用M【移动】命令，移动开关使其位于墙体上，如图12-5所示。

04 重复操作，在平面图其他区域布置开关图形，结果如图12-6所示。

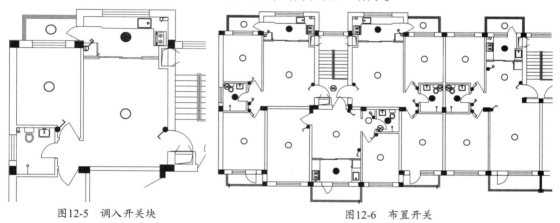

图12-5　调入开关块　　　　　　　　　　　　　图12-6　布置开关

05 调入设备图块。从"素材\第12章\电气图例.dwg"文件中选择箱柜、引线图形，将其复制至平面图中，调用M【移动】命令，移动图形使其位于墙体上，如图12-7所示。

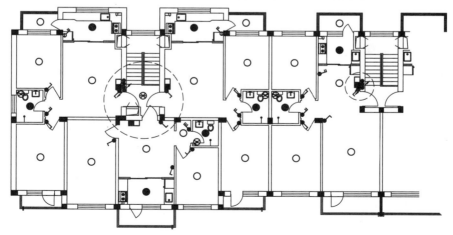

图12-7　布置箱柜和引线

06 调用PL【多段线】命令，输入W，选择【宽度】选项，设置起点宽度、端点宽度均为50，绘制灯具之间的连接线路，结果如图12-8所示。

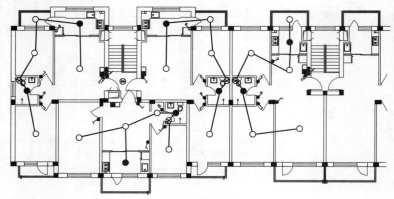

图12-8 绘制连接线路

07 按Enter键，重复调用PL【多段线】命令，绘制开关与灯具之间的连接线路，如图12-9所示。

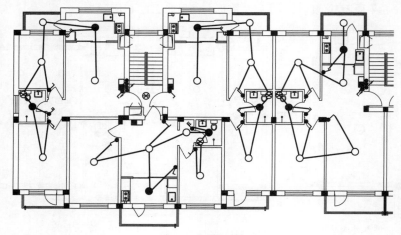

图12-9 绘制结果

08 调用PL【多段线】命令，绘制箱柜与灯具之间的连接线路，如图12-10所示。

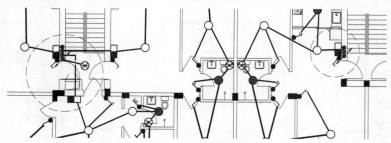

图12-10 连接箱柜与灯具

09 调用MI【镜像】命令，选择平面图左侧的电气图形，将图形复制至右侧；调用PL【多段线】命令，补充完整电气设备之间的连接线路，操作结果如图12-11所示。

10 调用PL【多段线】命令，修改【宽度】为80，绘制粗实线；调用L【直线】命令，绘制细实线。

11 调用MT【多行文字】命令，分别绘制图名标注与比例标注，结果如图12-12所示。

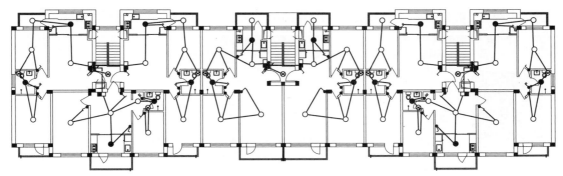

图12-11　复制图形

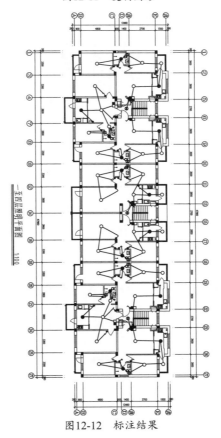

图12-12　标注结果

12.3　绘制住宅楼弱电平面图

通信网络系统属于弱电系统中的一部分，是在建筑群内传输语音、数据、图像并且与外部网络（如公用电话网、综合业务数字网、互联网、数据通信网络和卫星通信网等）相连接的系统，主要包括通信系统、卫星数字电视及有线电视系统、公共广播及紧急广播系统等各子系统及相关设施，其中通信系统包括电话交换系统、会议电视系统及接入网设备。

住宅楼弱电平面图的绘制结果如图12-17所示。绘制步骤为：首先布置各类电气设备图块，如插座、分线盒；接着绘制线路连接图形；最后绘制标注文字，即可完成弱电平面图的绘制。

【练习12-2】：绘制弱电平面图

	介绍绘制弱电平面图的方法，难度：☆☆
📄	素材文件路径：无
⊘	效果文件路径：素材\第12章\12.3 住宅楼弱电平面图.dwg
⬇	视频文件路径：视频\第12章\12-2 绘制弱电平面图.MP4

下面介绍绘制弱电平面图的操作步骤。

01 调入插座图块。打开本书配备资源中的"素材\第12章\电气图例.dwg"文件，选择双孔信息插座、电视插座图块，将其复制至当前图形中，如图12-13所示。

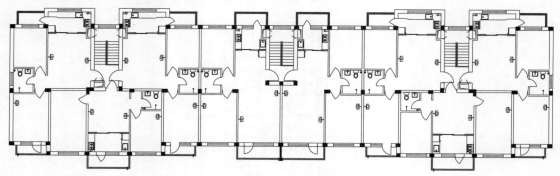

图12-13 布置插座

02 调入设备图块。在本书配备资源中的"素材\第12章\电气图例.dwg"文件中选择对讲机、分线盒等图块，将其复制至当前图形中，如图12-14所示。

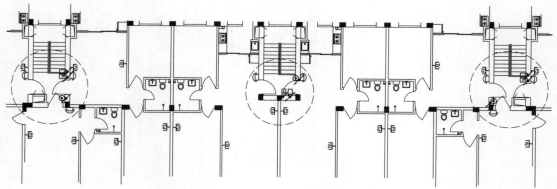

图12-14 布置设备

03 调用PL【多段线】命令，在命令行中输入W，选择【宽度】选项，设置起点宽度、端点宽度均为50，绘制双孔信息插座之间的连接线路，结果如图12-15所示。

04 按Enter键，继续调用PL【多段线】命令，分别指定多段线的起点和终点，绘制电视插座、对讲机、分线盒之间的连接线路，结果如图12-16所示。

05 调用PL【多段线】命令，修改【宽度】为80，绘制粗实线；调用L【直线】命令，绘制细实线。

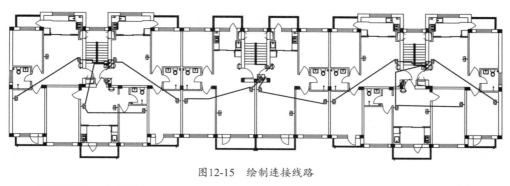

图12-15　绘制连接线路

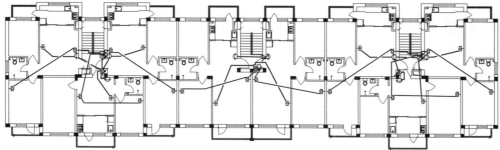

图12-16　绘制结果

06 调用MT【多行文字】命令，分别绘制图名标注与比例标注，结果如图12-17所示。

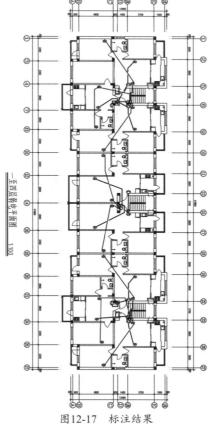

图12-17　标注结果

12.4 绘制住宅楼插座平面图

本节与上一节都是介绍绘制插座平面图的方法,但是上一节介绍的信息插座、信号插座的布置方法,本节介绍电源插座和安全插座的布置方法。电源插座属于强电系统,为各类用电设备提供稳定电源,信息/信号插座属于弱电系统,为信号设备提供信号。

图12-23所示为插座平面图的绘制结果,本节介绍其绘制方法。

【练习12-3】: 绘制插座平面图	
	介绍绘制插座平面图的方法,难度:☆☆
	素材文件路径:无
	效果文件路径:素材\第12章\12.4 住宅楼插座平面图.dwg
	视频文件路径:视频\第12章\12-3 绘制插座平面图.MP4

下面介绍绘制插座平面图的操作步骤。

01 调入插座图块。打开本书配备资源中的"素材\第12章\电气图例.dwg"文件,选择空调插座、安全插座等图块,将其复制至当前图形中,如图12-18所示。

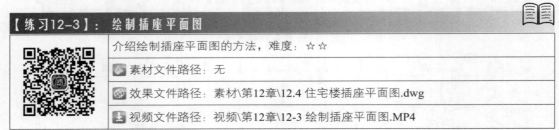

图12-18 布置插座

02 调入开关箱图块。在"素材\第12章\电气图例.dwg"文件中选择开关箱图块,将其复制至当前图形中,如图12-19所示。

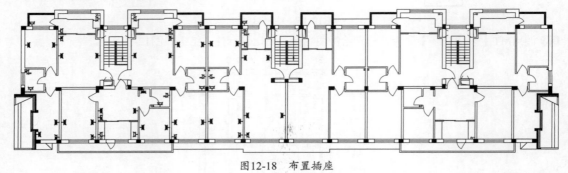

图12-19 布置开关箱

03 调用PL【多段线】命令,在命令行中输入W,选择【宽度】选项,设置起点宽度、端点宽度均为50，绘制插座之间的连接线路，结果如图12-20所示。

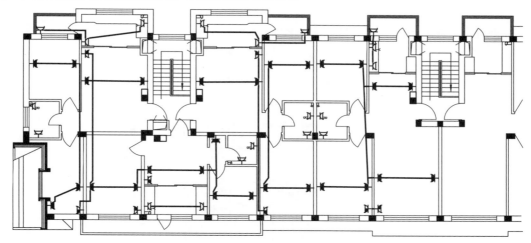

图12-20　绘制连接线路

04 按Enter键，重复调用PL【多段线】命令，绘制插座与开关箱之间的连接线路，结果如图12-21所示。

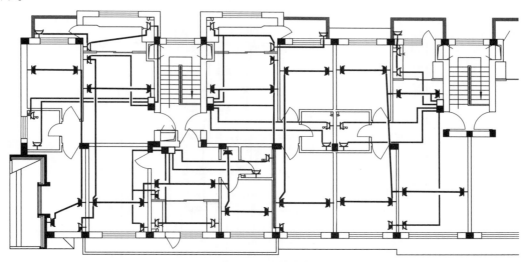

图12-21　绘制结果

05 调用MI【镜像】命令，选择左侧的插座、设备、线路图形，将其镜像复制至右侧，结果如图12-22所示。

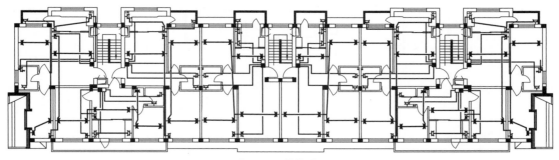

图12-22　复制图形

06 调用PL【多段线】命令，修改【宽度】为80，绘制粗实线；调用L【直线】命令，绘制细实线。

07 调用MT【多行文字】命令，分别绘制图名标注与比例标注，结果如图12-23所示。

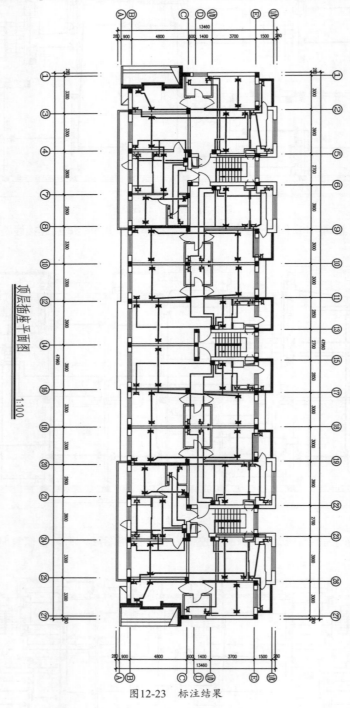

图12-23 标注结果

12.5　绘制屋面防雷示意图

　　建筑物都会设置防雷系统来防雷击，以达到保护建筑物的目的。

　　住宅楼建筑的不等高屋顶的防雷平面图按Ⅱ类防雷建筑要求，利用建筑物内金属物构筑成法拉第笼式防雷体系。

　　沿屋顶女儿墙设置避雷带，将不等高屋顶利用构造柱钢筋彼此联通。利用主梁内主钢筋作均压带，形成Ⅱ类防雷尺寸要求下的防雷屋面网格，将突出屋面的金属体与此系统连通，形成防雷等位体。

　　本节分别介绍防雷装置的基础知识及防雷平面图的绘制方法。

　　防雷装置由接闪器、引下线、接地装置3个部分构成。接地装置又由接地体、接地线组成。

1. 接闪器

　　接闪器是专门用来接收雷电云放电的金属物体。接闪器的类型有接闪杆（避雷针）、接闪线（避雷线）、避雷带、避雷网、避雷环等，都是常用来防止直接雷击的防雷设备。

2. 引下线

　　引下线是连接接闪器与接地装置的金属导体。其作用是构成雷电能量向大地释放的通道。引下线一般采用圆钢或扁钢，要求镀锌处理。引下线应满足机械强度、耐腐蚀和热稳定性的要求。

3. 接地体

　　接地装置包括接地体和接地线两部分，是防雷装置的重要组成部分。接地装置的主要作用是向大地均匀地泄放电流，使防雷装置对地电压不至于过高。

　　（1）接地体。接地体是人为埋入地下与土壤直接接触的金属导体。

　　（2）接地线。接地线是连接接地体和引下线或电气设备接地部分的金属导体，它可分为自然接地线和人工接地线两种类型。

4. 避雷器

　　避雷器是用来防止雷电产生的过电压波沿线路侵入变配电所或其他建筑物内，以免危及被保护设备的边缘。

　　避雷器的类型有阀型避雷器、排气式避雷器、金属氧化物避雷器。

【练习12-4】：	绘制防雷设备
	介绍绘制防雷设备的方法，难度：☆☆
	素材文件路径：无
	效果文件路径：素材\第12章\12.5 屋面防雷示意图.dwg
	视频文件路径：视频\第12章\12-4 屋面防雷示意图.MP4

　　下面介绍绘制屋面防雷设备的操作步骤。

`01` 调用PL【多段线】命令，在命令行中输入W，选择【宽度】选项，设置起点宽度、端点宽度均为50，沿着建筑物的外轮廓线来绘制接闪线，结果如图12-24所示。

`02` 按Enter键，重复调用PL【多段线】命令，在接闪线上绘制相交斜线来表示支持卡，结果如图12-25所示。

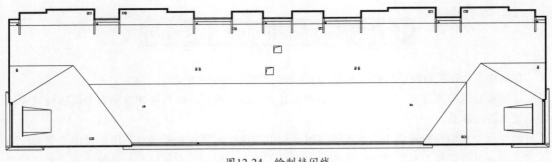

图12-24　绘制接闪线

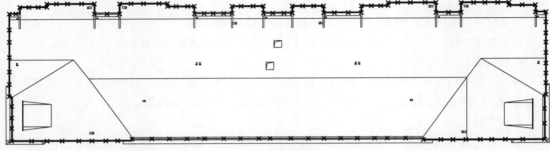

图12-25　绘制支持卡

03 使用上述的操作方法，绘制屋面接闪线及支持卡，结果如图12-26所示。

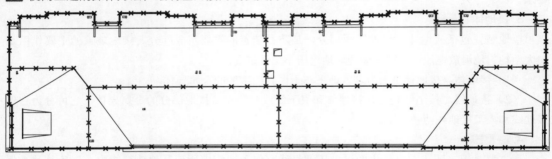

图12-26　绘制结果

04 调入引线图块。打开本书配备资源中的"素材\第12章\电气图例.dwg"文件，选择地下引线图块，将其复制至当前图形中，如图12-27所示。

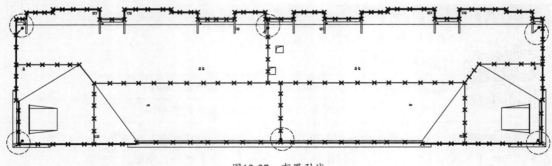

图12-27　布置引线

05 调用PL【多段线】命令，绘制地下引线与接闪线之间的连接线路，结果如图12-28所示。

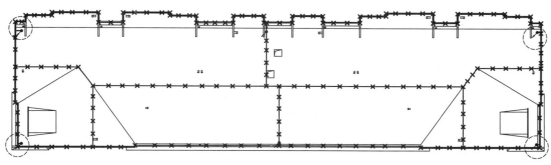

图12-28 绘制连接线路

【练习12-5】：绘制标注

	介绍绘制标注的方法，难度：☆
	素材文件路径：无
	效果文件路径：素材\第12章\12.5 屋面防雷示意图.dwg
	视频文件路径：视频\第12章\12-5 绘制标注.MP4

下面介绍绘制标注的操作步骤。

01 调用MT【多行文字】命令，绘制说明文字，如图12-29所示。

说明：

1.凸出屋面的金属物体均应用25X4的热镀锌扁钢与接闪线焊接。

2.不同标高的接闪线应采用25X4的热镀锌扁钢在变标高处连接。

图12-29 说明文字

02 调用MT【多重引线】命令，为平面图绘制引线标注，结果如图12-30所示。

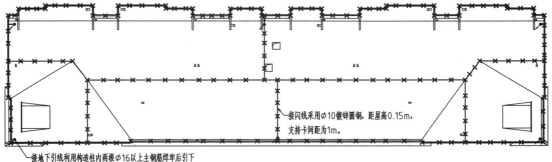

接闪线采用Φ10镀锌圆钢，距屋高0.15m，
支持卡间距为1m。
接地下引线利用构造柱内两根Φ16以上主钢筋焊牢后引下

图12-30 引线标注

03 调用PL【多段线】命令，修改【宽度】为80，绘制粗实线；调用L【直线】命令，绘制细实线。

04 调用MT【多行文字】命令，分别绘制图名标注与比例标注，结果如图12-31所示。

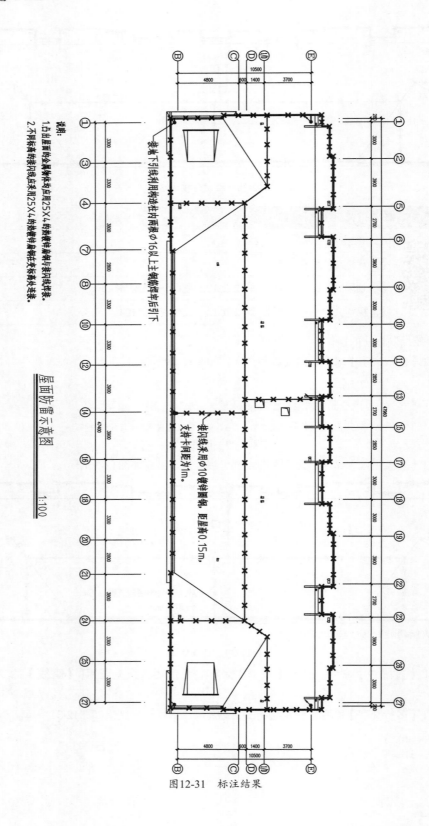

屋面防雷示意图

1:100

说明：
1.凸出屋面的金属体均应用25X4镀锌扁钢与避雷网连接。
2.不同标高的接闪线应采用25X4镀锌扁钢和钢柱支柱及做连接。

接地下引线利用构造柱内两根φ16以上主钢筋焊接后引下

接闪线采用φ10镀锌圆钢，距屋面0.15m，支柱卡间距为1m。

图12-31 标注结果

12.6　思考与练习

（1）参考本章介绍的绘图方法，绘制照明平面图，如图12-32所示。

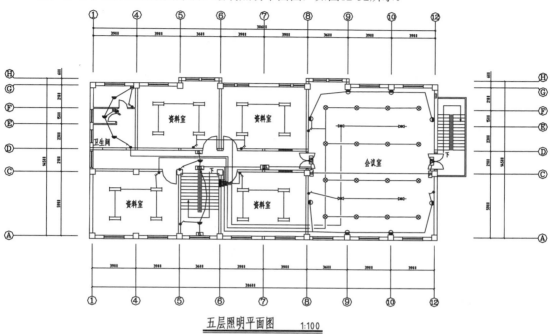

图12-32　照明平面图

（2）综合运用本章所学知识，绘制弱电平面图，如图12-33所示。

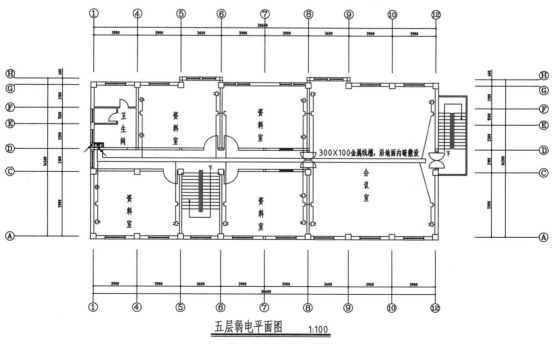

图12-33　弱电平面图

本章介绍各类住宅楼电气系统图的绘制方法，如照明系统图、电话/宽带系统图、有线电视系统图、对讲机系统图。希望通过学习本章后，读者不仅对各类电气系统图有一个基本的了解，而且可以按照本章所介绍的方法来自行绘制电气系统图。

13

第13章
绘制住宅电气系统图

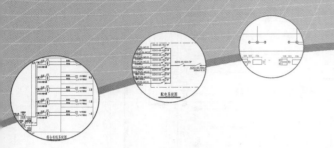

13.1 绘制照明系统图

照明系统图在照明平面图的基础上表示建筑物在垂直方向上各照明设备的布置以及线路的走向情况。通过查看各线路的走向及设备布置情况，以了解及识别各楼层的电气照明系统的设计情况。

住宅楼通过3个楼梯将其分成3个单元，系统图也要相应地绘制3个单元的照明系统设计结果，最后绘制进户线将3个单元的线路连接起来，使各单元线路相互连接成为一个整体。

图13-1所示为照明系统图的绘制结果，本节介绍其绘制方法。

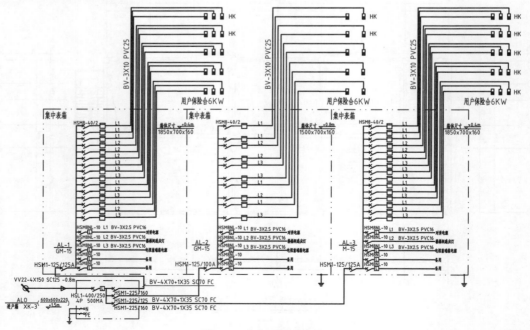

图13-1 住宅照明系统图

【练习13-1】：绘制系统图

介绍绘制系统图的方法，难度：☆☆☆
素材文件路径：无
效果文件路径：素材\第13章\13.1 照明系统图.dwg
视频文件路径：视频\第13章\13-1 绘制系统图.MP4

下面介绍绘制照明系统图的操作步骤。

01 调用PL【多段线】命令，设置起点宽度、端点宽度均为30，分别指定多段线的起点和端点，绘制如图13-2所示的照明线路。

02 调入元件图块。打开本书配备资源中的"素材\第13章\电气图例.dwg"文件，从中选择开关、仪表图块，将其复制至系统图中，如图13-3所示。

03 调用TR【修剪】命令，修剪线路，结果如图13-4所示。

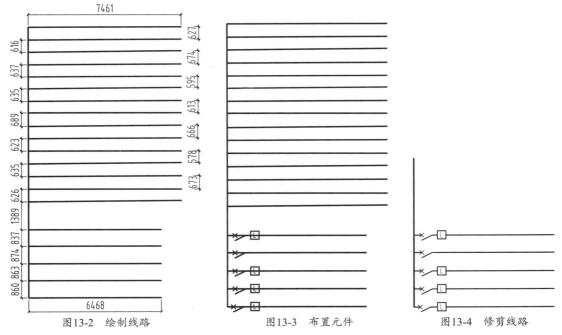

图13-2 绘制线路　　　　　　　图13-3 布置元件　　　　　　　图13-4 修剪线路

04 重复调入电气元件的操作，调入相关的元件图块后，调用TR【修剪】命令，修剪线路，结果如图13-5所示。

05 调用PL【多段线】命令，绘制如图13-6所示的照明线路。

06 调入元件图块。从"素材\第13章\电气图例.dwg"文件中选择开关箱图块，将其复制至系统图中，如图13-7所示。

07 使用所介绍的绘制方式，在已绘制完成的系统图右侧继续绘制照明系统线路及调入相关的电气元件，绘制结果如图13-8所示。

08 调用PL【多段线】命令，绘制线路连接各照明系统支路，结果如图13-9所示。

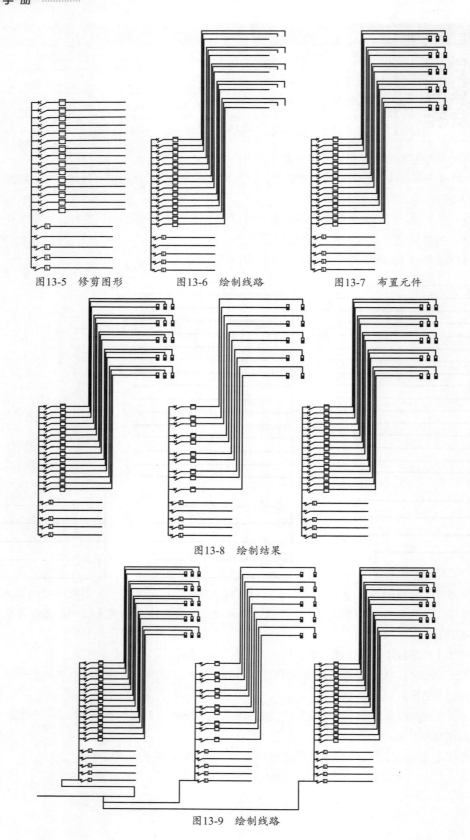

图13-5 修剪图形　　　图13-6 绘制线路　　　图13-7 布置元件

图13-8 绘制结果

图13-9 绘制线路

09 在"素材\第13章\电气图例.dwg"文件中选择电气元件，复制至系统图中，并调用TR【修剪】命令，修剪线路，结果如图13-10所示。

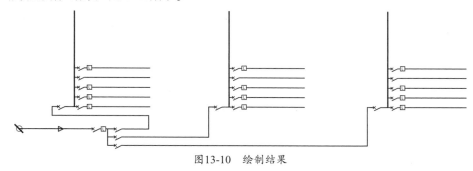

图13-10　绘制结果

10 调用REC【矩形】命令，绘制矩形框选部分系统图图形，并将矩形的线型设置为虚线，如图13-11所示。

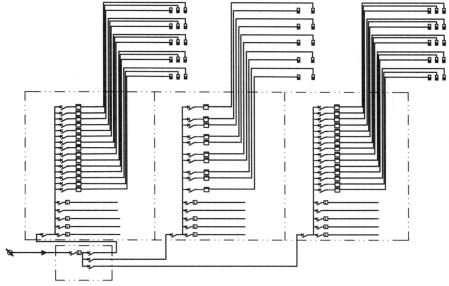

图13-11　绘置矩形为虚线

11 在"素材\第13章\电气图例.dwg"文件中选择接地符号图块，将其复制至系统图中，结果如图13-12所示。

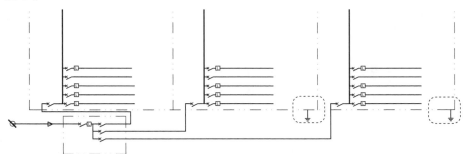

图13-12　调入接地符号

12 调用C【圆】命令，绘制半径为65的圆形，表示导体的连接件，结果如图13-13所示。

13 调用H【图案填充】命令，选择SOLID图案，填充圆形的结果如图13-14所示。

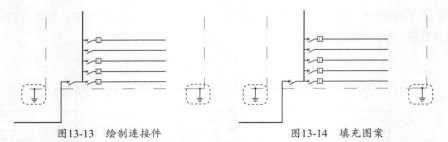

图13-13　绘制连接件　　　　　　　　　　图13-14　填充图案

14 调用PL【多段线】命令，绘制如图13-15所示的线路图形，并将线路的线型设置为虚线。

15 在系统图中选择接地符号图形，移动复制至线路端点。

16 调用C【圆】命令，绘制半径为80的圆形，表示端子图形，结果如图13-16所示。

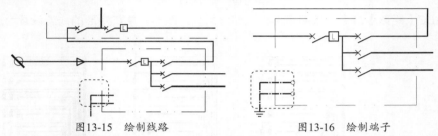

图13-15　绘制线路　　　　　　　　　　　图13-16　绘制端子

【练习13-2】：绘制标注

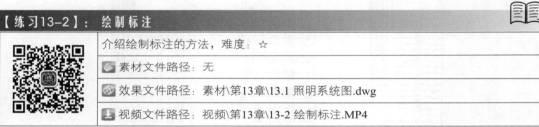

	介绍绘制标注的方法，难度：☆
	素材文件路径：无
	效果文件路径：素材\第13章\13.1 照明系统图.dwg
	视频文件路径：视频\第13章\13-2 绘制标注.MP4

下面介绍绘制标注的操作步骤。

01 调用MT【多行文字】命令，为系统图绘制标注文字，结果如图13-17所示。

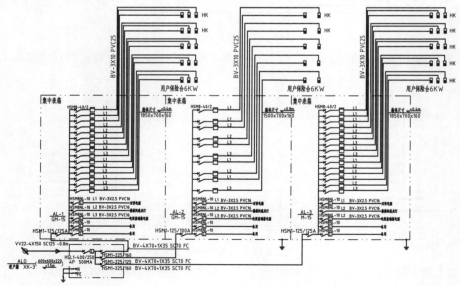

图13-17　标注文字

02 调用PL【多段线】命令,修改【宽度】为80,绘制粗实线;调用L【直线】命令,绘制细实线。

03 调用MT【多行文字】命令,绘制图名标注的结果如图13-18所示。

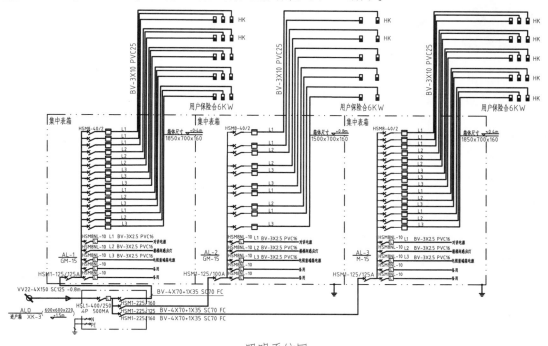

照明系统图

图13-18 图名标注

13.2 绘制电话、宽带系统图

电话系统属于通信网络系统的一部分。

宽带系统属于信息网络系统的一部分,信息网络系统是应用计算机技术、通信技术、多媒体技术、信息安全技术和行为科学等,由相关设备构成,用以实现信息传递、信息处理、信息共享,并在此基础上开展各种业务的系统,主要包括计算机网络、应用软件及网络安全等。

电话系统与宽带系统都属于弱电系统,因此在这里将其系统图合在一起绘制,称为电话、宽带系统图,绘制结果如图13-19所示。

系统图表现了弱电插座与箱柜设备的布置情况、线路与弱电设备的连接情况,通过识读系统图,可以了解住宅楼弱电系统的设计情况。

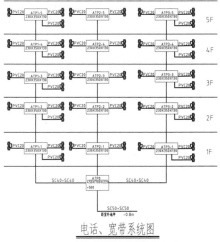

电话、宽带系统图

图13-19 电话、宽带系统图

【练习13-3】：绘制系统图

介绍绘制系统图的方法，难度：☆☆	
素材文件路径：无	
效果文件路径：素材\第13章\13.2 电话、宽带系统图.dwg	
视频文件路径：视频\第13章\13-3 绘制系统图.MP4	

下面介绍绘制系统图的操作步骤。

01 调用L【直线】命令，绘制线段；调用O【偏移】命令，按照所给出的距离偏移线段，绘制楼层线的结果如图13-20所示。

02 调用REC【矩形】命令，绘制尺寸为2838×1455的矩形；调用CO【复制】命令，移动复制矩形，结果如图13-21所示。

03 在本书配备资源中的"素材\第13章\电气图例.dwg"文件中选择双孔信息插座图块，将其复制至系统图中，结果如图13-22所示。

04 调用PL【多段线】命令，设置起点宽度、端点宽度均为50，分别指定多段线的起点和端点，绘制如图13-23所示的连接线路。

05 按Enter键，重复调用PL【多段线】命令，在命令行中输入W，选择【宽度】选项，修改线宽为30，绘制插座之间的连接线路，结果如图13-24所示。

06 调用REC【矩形】命令，绘制尺寸为2838×1900的矩形，结果如图13-25所示。

07 调用PL【多段线】命令，设置线宽为50，绘制如图13-26所示的连接线路。

图13-20　绘制楼层线

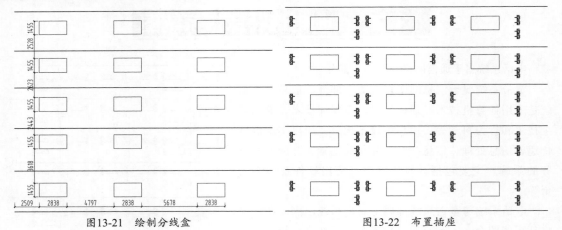

图13-21　绘制分线盒

图13-22　布置插座

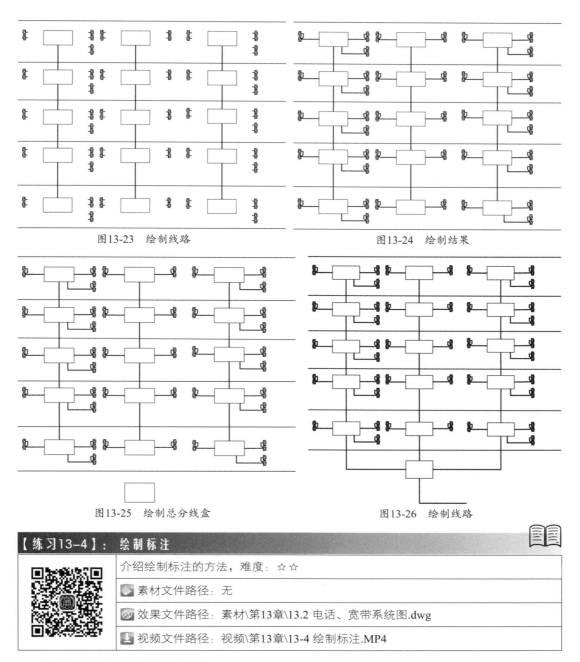

图13-23　绘制线路

图13-24　绘制结果

图13-25　绘制总分线盒

图13-26　绘制线路

【练习13-4】：　绘制标注

	介绍绘制标注的方法，难度：☆☆
	素材文件路径：无
	效果文件路径：素材\第13章\13.2 电话、宽带系统图.dwg
	视频文件路径：视频\第13章\13-4 绘制标注.MP4

下面介绍绘制标注的操作步骤。

01 调用MT【多行文字】命令，绘制标注文字如图13-27所示。

02 调用PL【多段线】命令，修改【宽度】为80，绘制粗实线；调用L【直线】命令，绘制细实线。

03 调用MT【多行文字】命令，绘制图名标注的结果如图13-28所示。

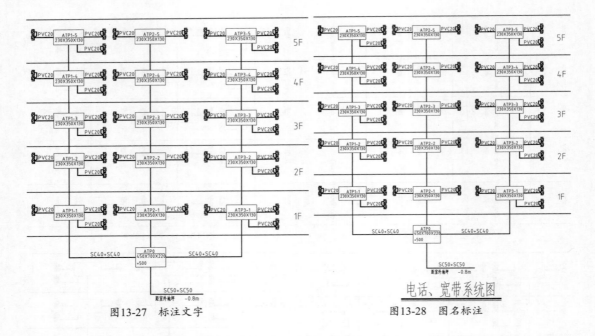

图13-27 标注文字

电话、宽带系统图

图13-28 图名标注

13.3 绘制有线电视系统图

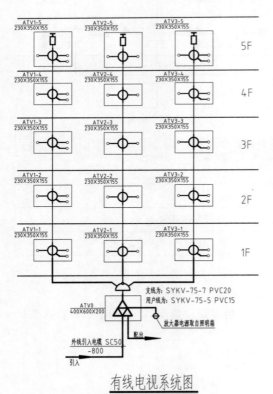

有线电视系统图

图13-29 有线电视系统图

公共天线将接收来的电视信号先经过处理（如放大、混合、频道变换等），然后由专用部件将信号合理地分配给各电视接收机。由于系统各部件之间采用了大量的同轴电缆作为信号传输线，因此称为电缆电视系统，即目前城市正在快速发展的有线电视。

图13-29所示为有线电视系统图的绘制结果。通过绘制线路连接分支器、天线、分配器；通过识读可以大致了解住宅楼有线电视系统的设置情况。

【练习13-5】： 绘制系统图

介绍绘制系统图的方法，难度：☆☆	
素材文件路径：无	
效果文件路径：素材\第13章\13.3 有线电视系统图.dwg	
视频文件路径：视频\第13章\13-5 绘制系统图.MP4	

下面介绍绘制系统图的操作步骤。

01 调用L【直线】命令、O【偏移】命令，绘制并偏移楼层线，结果如图13-30所示。

02 在本书配备资源中的"素材\第13章\电气图例.dwg"文件中选择分支器图块，将其复制至系统图中，如图13-31所示。

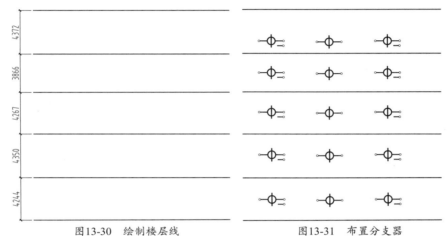

图13-30　绘制楼层线　　　　　　　　图13-31　布置分支器

03 调用REC【矩形】命令，绘制矩形框选电气元件，结果如图13-32所示。

04 在本书配备资源中的"素材\第13章\电气图例.dwg"文件中选择天线图块，将其复制至系统图中，如图13-33所示。

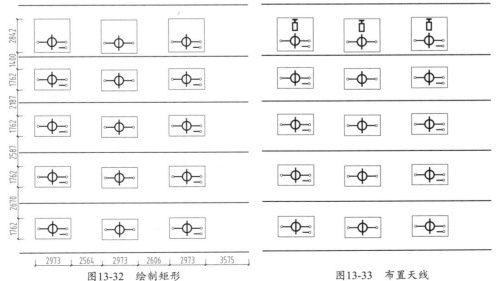

图13-32　绘制矩形　　　　　　　　　图13-33　布置天线

05 调用PL【多段线】命令，设置起点宽度、端点宽度均为50，分别指定多段线的起点和端点，绘制线路的结果如图13-34所示。

06 重复调用PL【多段线】命令，修改【宽度】为30，绘制线路连接分支器、天线图形，如图13-35所示。

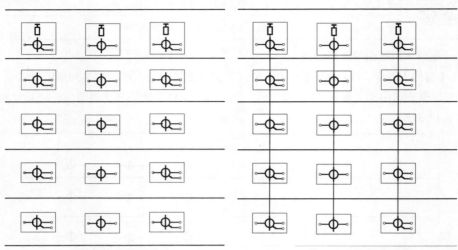

图13-34　绘制线路　　　　　　　　　图13-35　绘制结果

07 在本书配备资源中的"素材\第13章\电气图例.dwg"文件中选择分配器图块，将其复制至系统图中，如图13-36所示。

08 调用PL【多段线】命令，设置【宽度】为50，绘制如图13-37所示的线路连接分配器。

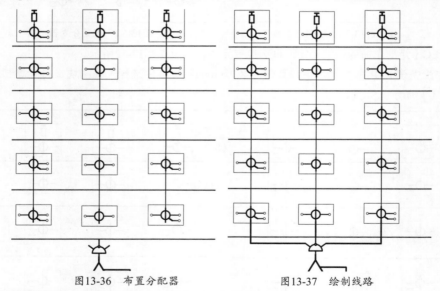

图13-36　布置分配器　　　　　　　　图13-37　绘 制 线 路

09 调用REC【矩形】命令，绘制矩形框选分配器，结果如图13-38所示。

10 调用PL【多段线】命令，设置【宽度】为50，绘制引入配出线路，结果如图13-39所示。

11 调用PL【多段线】命令，设置起点宽度为300、端点宽度为0，绘制如图13-40所示的指示箭头。

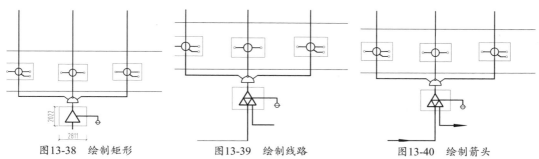

图13-38　绘制矩形　　　　　图13-39　绘制线路　　　　　图13-40　绘制箭头

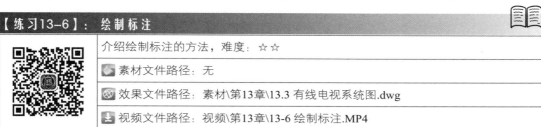

【练习13-6】：绘制标注

介绍绘制标注的方法，难度：☆☆

素材文件路径：无

效果文件路径：素材\第13章\13.3 有线电视系统图.dwg

视频文件路径：视频\第13章\13-6 绘制标注.MP4

下面介绍绘制标注的操作步骤。

01 调用MT【多行文字】命令，绘制元件及线路的标注文字，结果如图13-41所示。

02 绘制图名标注。调用PL【多段线】命令，修改【宽度】为80，绘制粗实线；调用L【直线】命令，绘制细实线。

03 调用MT【多行文字】命令，绘制图名标注的结果如图13-42所示。

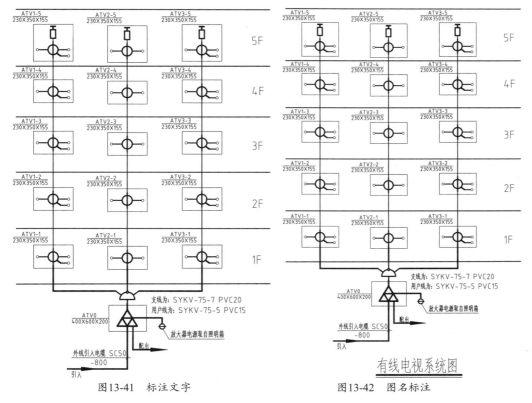

图13-41　标注文字　　　　　　　　　图13-42　图名标注

13.4 绘制住宅楼对讲系统图

总线制联网的报警系统适合大量的小区使用。家庭中的报警主机与管理中心之间通过专门的数据线进行联网，每个报警主机都有对应的地址码，通过地址码来识别警情。优点是中心基本不占线、双向通信、费用低、集成性能好，缺点是工程施工要求高、没有语音通信功能、只适合联网使用不适合住户单独使用等。

图13-43所示为住宅楼对讲系统图的绘制结果，本节介绍其绘制步骤。

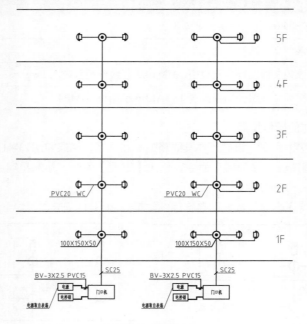

住宅楼对讲系统图

图13-43 住宅楼对讲系统图

【练习13-7】：绘制系统图

介绍绘制住宅楼对讲系统图的方法，难度：☆☆
📁 素材文件路径：无
◎ 效果文件路径：素材\第13章\13.4 住宅楼对讲系统图.dwg
⬇ 视频文件路径：视频\第13章\13-7 绘制系统图.MP4

下面介绍绘制住宅楼对讲系统图的操作步骤。

01 调用L【直线】命令，绘制水平线；调用O【偏移】命令，偏移线段以完成楼层线的绘制，结果如图13-44所示。

02 在本书配备资源中的"素材\第13章\电气图例.dwg"文件中选择分线盒、对讲机图块，将其复制粘贴至系统图中，如图13-45所示。

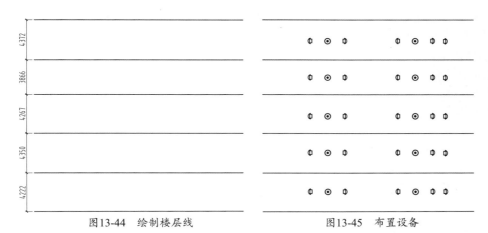

图13-44　绘制楼层线　　　　　　　　图13-45　布置设备

03 调用PL【多段线】命令，设置起点、端点宽度均为30，分别指定多段线的起点和端点，绘制如图13-46所示的连接线路。

04 调用REC【矩形】命令，绘制矩形，表示门口机、电控锁等图形，结果如图13-47所示。

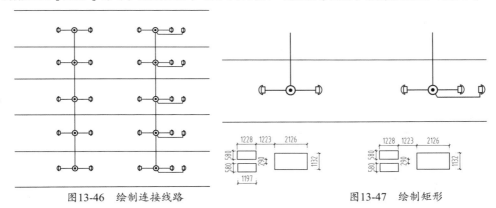

图13-46　绘制连接线路　　　　　　　　图13-47　绘制矩形

05 调用PL【多段线】命令，绘制线路来连接矩形，结果如图13-48所示。

06 调用EX【延伸】命令，延伸线路，使其与矩形相连，结果如图13-49所示。

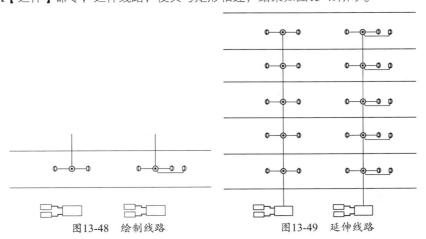

图13-48　绘制线路　　　　　　　　图13-49　延伸线路

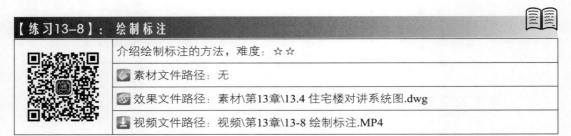

【练习13-8】：绘制标注

介绍绘制标注的方法，难度：☆ ☆
素材文件路径：无
效果文件路径：素材\第13章\13.4 住宅楼对讲系统图.dwg
视频文件路径：视频\第13章\13-8 绘制标注.MP4

下面介绍绘制标注的操作步骤。

01 调用MT【多行文字】命令、L【直线】命令，绘制引线及标注文字，结果如图13-50所示。

02 调用PL【多段线】命令，修改【宽度】为80，绘制粗实线；调用L【直线】命令，绘制细实线。

03 调用MT【多行文字】命令，绘制图名标注的结果如图13-51所示。

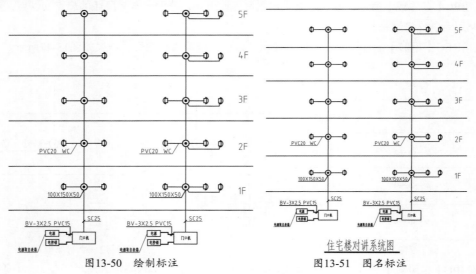

图13-50　绘制标注　　　　　图13-51　图名标注

13.5　思考与练习

（1）参考本章内容，绘制配电系统图，如图13-52所示。

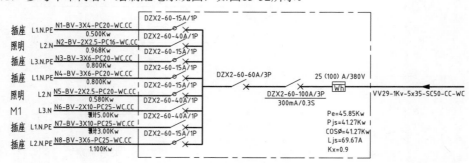

图13-52　配电系统图

（2）运用所学知识，绘制综合布线系统图，如图13-53所示。

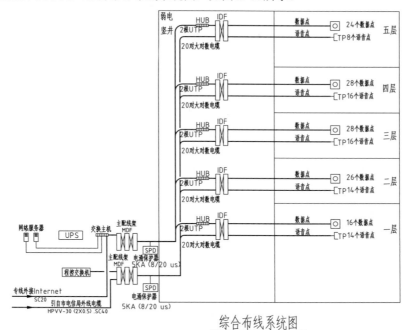

综合布线系统图

图13-53　综合布线系统图

在打印输出图纸时，根据需要选用合适规格的纸张。在打印之前，需要做的准备工作是确定纸张大小、输出比例以及打印线宽、颜色等相关内容。图形的打印线宽、颜色等属性，均可通过打印样式进行控制。在打印之前，还需要对图形进行认真检查、核对，在确定正确无误之后方可进行打印。

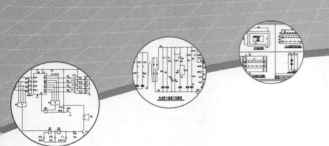

14

第14章
图形打印输出

14.1 模型空间打印

打印的方式有模型空间打印和图纸空间打印两种。模型空间打印指的是在模型空间进行打印设置和打印；图纸空间打印指的是在布局中进行打印设置和打印。

第一次启动AutoCAD时，默认进入的是模型空间，平时的绘图工作也都是在模型空间中完成的。单击AutoCAD窗口底部状态栏的快速查看布局按钮，打开快速查看面板，该面板显示了当前图形所有布局预览图和一个模型空间预览图，如图14-1所示。单击某个预览图即可快速进入该工作空间。

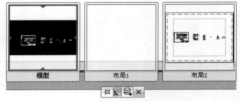

图14-1　快速查看面板

14.1.1 调用图签

施工图在打印输出时，需要为其加上图框，以注明图纸名称、设计人员、绘图人员、绘图日期等内容。图框在前面的章节中已经绘制，并定义成块，这里可以直接将其复制过来。

【练习14-1】：调用图签

介绍调用图签的方法，难度：☆
📄 素材文件路径：素材\第14章\电子抢答器电路图.dwg
🎬 效果文件路径：素材\第14章\14-1 调用图签-OK.dwg
📥 视频文件路径：视频\第14章\14-1 调用图签.MP4

下面介绍调用图签的操作步骤。

01 单击快速访问工具栏中的【打开】按钮，打开本书配备资源中的"素材\第14章\电子抢答器电路图.dwg" 文件，如图14-2所示。

02 调用I【插入】命令，弹出【插入】对话框，选择【图框】，在【比例】选项组下设置比例因子为15，保持【统一比例】选项的选择状态不变，如图14-3所示。

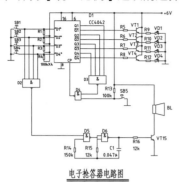

图14-2　打开文件　　　　　　　　　　　　图14-3　【插入】对话框

03 单击【确定】按钮，在绘图区域中单击鼠标左键，插入图框的结果如图14-4所示。

04 调用M【移动】命令，选择图名标注，向左移动，以免与图框重叠，影响查看，如图14-5所示。

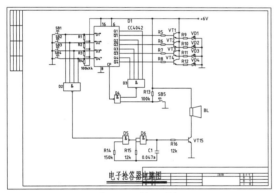

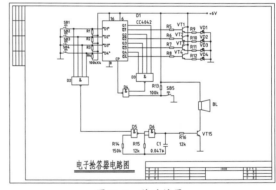

图14-4　插入图框　　　　　　　　　　　　图14-5　移动结果

14.1.2　模型空间页面设置

通过页面设置，可以控制纸张大小、打印范围、打印样式等，下面介绍具体操作方法。

【练习14-2】：页面设置

介绍页面设置的方法，难度：☆☆

素材文件路径：素材\第14章\14-1 调用图签-OK.dwg

效果文件路径：素材\第14章\14-2 页面设置-OK.dwg

视频文件路径：视频\第14章\14-2 页面设置.MP4

页面设置延续使用练习14-1完成后的图形，操作步骤如下。

01 选择菜单【文件】|【页面设置管理器】命令，弹出【页面设置管理器】对话框，如图14-6所示。

02 单击【新建】按钮，弹出【新建页面设置】对话框，在【新页面设置名】文本框中输入A3为页面设置名称，如图14-7所示。

图14-6 【页面设置管理器】对话框

图14-7 设置名称

03 单击【确定】按钮，弹出【页面设置-模型】对话框，在【打印机/绘图仪】选项组中选择用于打印当前图纸的打印机，在【图纸尺寸】选项组中选择A3类图纸，如图14-8所示。

04 在【打印样式表】下拉列表中选择系统自带的monochrome.ctb，如图14-9所示，使打印出的图形线条全部为黑色。在随后弹出的【问题】提示对话框中单击【是】按钮。

图14-8 选择打印机

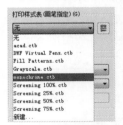

图14-9 选择打印样式

05 单击【打印机/绘图仪】选项组中的【特性】按钮，弹出如图14-10所示的【绘图仪配置编辑器】对话框。

06 切换到【设备和文档设置】选项卡，选择【修改标准图纸尺寸（可打印区域）】选项，然后在【修改标准图纸尺寸】下拉列表中选择ISOA3选项，如图14-11所示。

图14-10 【绘图仪配置编辑器】对话框

图14-11 选择图纸尺寸

07 单击【修改】按钮，弹出【自定义图纸尺寸-可打印区域】对话框，修改可打印区域参数，如

图14-12所示。

08 单击【下一步】按钮，然后单击【完成】按钮，返回到【绘图仪配置编辑器】对话框，单击【确定】按钮，完成可打印区域的设置。

09 勾选【打印选项】选项组中的【按样式打印】复选框，如图14-13所示，使打印样式生效，否则图形将按其自身的特性进行打印。

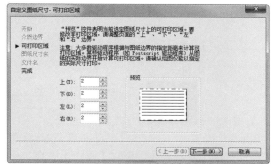

图14-12　设置参数　　　　　图14-13　勾选选项

10 勾选【打印比例】选项组中的【布满图纸】复选框，图形将根据图纸尺寸和图形在图纸中的位置成比例缩放；在【图形方向】选项组中设置图形打印方向为横向，如图14-14所示。

11 单击【确定】按钮，返回到【页面设置管理器】对话框，此时在该对话框中已增加了页面设置A3，选择该页面设置，单击【置为当前】按钮，如图14-15所示。

12 单击【关闭】按钮，关闭【页面设置管理器】对话框。

图14-14　设置参数　　　　　图14-15　创建样式

14.1.3　打印输出

当图形绘制完成以及图框插入完成后，这时候再经过页面设置，就可以将图纸打印出图了。下面介绍打印出图的具体方法。

【练习14-3】：打印出图

介绍打印出图的方法，难度：☆☆

素材文件路径：素材\第14章\14-2 页面设置-OK.dwg

效果文件路径：素材\第14章\14-3 打印出图-OK.dwg

视频文件路径：视频\第14章\14-3 打印出图.MP4

打印出图延续使用页面设置后的图形，操作步骤如下。

01 选择菜单【文件】|【打印】命令，弹出【打印-模型】对话框，在【页面设置】选项组的【名称】下拉列表框中选择前面创建的A3，在【打印机/绘图仪】选项组的【名称】下拉列表框中选择配置的打印机型号。如图14-16所示。

02 在【打印偏移（原点设置在可打印区域）】选项组中勾选【居中打印】复选框，如图14-17所示。

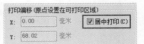

图14-16 选择打印机　　　　　　　图14-17 勾选选项

03 在【打印区域】选项组中，在【打印范围】下拉列表中选择【窗口】选项，如图14-18所示。

04 返回到绘图区域中，拾取图框的左上角点和右下角点作为打印范围角点；返回到【打印-模型】对话框，单击【预览】按钮，预览打印效果，如图14-19所示。

05 如果预览效果满意，即可右击，在弹出的快捷菜单中选择【打印】命令，打印图形。

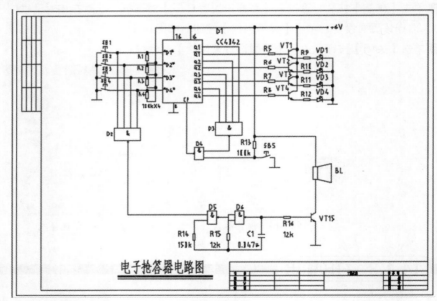

图14-18 选择选项　　　　　　　图14-19 打印预览

14.2 图纸空间打印

模型空间打印方式用于单比例图形打印比较方便，当需要在一张图纸中打印输出不同比例的图形时，可使用图纸空间打印方式。本节以MEB箱详图为例，介绍图形在图纸空间中的打印方法。

14.2.1　进入布局空间

要在图纸空间打印图形，必须在布局中对图形进行设置。单击绘图区域左下角的【布局1】标签，快速进入布局空间。或者在【布局1】标签上右击，在弹出的快捷菜单中选择【新建布局】命令，如图14-20所示，创建新的布局。

当第一次进入布局时，系统会自动创建一个视口，该视口一般不符合我们的要求，可以将其删除，删除后的效果如图14-21所示。

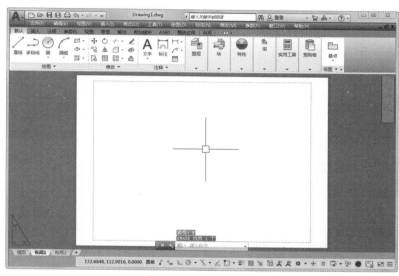

图14-20　选择命令

图14-21　进入布局空间

14.2.2　图纸空间页面设置

在图纸空间打印，需要重新进行页面设置。

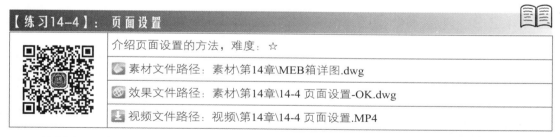

【练习14-4】：**页面设置**	
	介绍页面设置的方法，难度：☆
	📄 素材文件路径：素材\第14章\MEB箱详图.dwg
	◎ 效果文件路径：素材\第14章\14-4 页面设置-OK.dwg
	⬇ 视频文件路径：视频\第14章\14-4 页面设置.MP4

下面介绍页面设置的操作步骤。

01 单击快速访问工具栏中的【打开】按钮▣，打开本书配备资源中的"素材\第14章\ MEB箱详图.dwg"文件。

02 在【布局1】标签上右击，从弹出的快捷菜单中选择【页面设置管理器】命令，如图14-22所示。

03 弹出【页面设置管理器】对话框，单击【新建】按钮，创建新的页面设置【A3-图纸空间】，如图14-23所示。

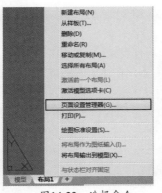

图14-22　选择命令　　　　　　　　图14-23　设置名称

04 单击【确定】按钮，进入【页面设置-布局1】对话框后，设置参数如图14-24所示。

05 设置完成后，单击【确定】按钮，关闭对话框。在【页面设置管理器】对话框中选择【A3-图纸空间】，如图14-25所示。单击【置为当前】按钮，将该页面设置应用到当前布局。

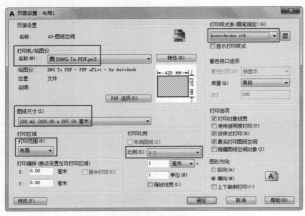

图14-24　设置参数　　　　　　　　图14-25　将样式置为当前

14.2.3　创建多个视口

　　通过创建视口，可将多个图形以不同的打印比例布置在同一张图纸上。创建视口的命令有 **VPORTS**与**SOLVIEW**，下面介绍使用**VPORTS**命令创建视口的方法，将花架详图用不同比例打印在同一张图纸内。

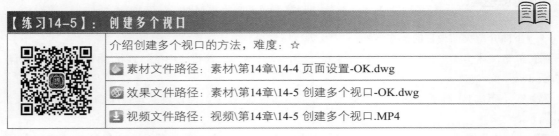

【练习14-5】：创建多个视口	
介绍创建多个视口的方法，难度：☆	
📁 素材文件路径：素材\第14章\14-4 页面设置-OK.dwg	
◎ 效果文件路径：素材\第14章\14-5 创建多个视口-OK.dwg	
⬇ 视频文件路径：视频\第14章\14-5 创建多个视口.MP4	

　　下面介绍创建多个视口的操作步骤。

01 创建一个【视口】图层，并设置为当前图层，如图14-26所示。

图14-26 新建图层

02 调用VPORTS【创建视口】命令,弹出【视口】对话框,选择【四个:相等】选项,如图14-27所示。

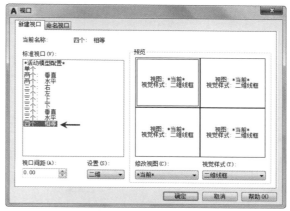

图14-27 【视口】对话框

03 单击【确定】按钮,关闭对话框。

04 在布局空间中单击指定对角点,如图14-28所示。

05 创建视口的结果如图14-29所示。

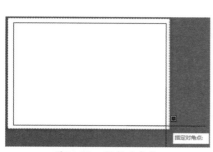

图14-28 指定对角点

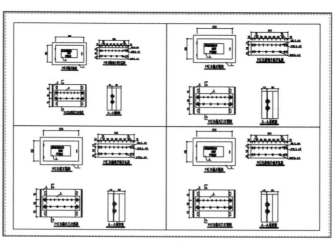

图14-29 创建视口

14.2.4 插入图框

在图纸空间中，同样可以为图形加上图签，方法同样是调用I【插入】命令插入图框图块。

【练习14-6】： 插入图框

	介绍插入图框的方法，难度：☆
	素材文件路径：素材\第14章\14-5 创建多个视口-OK.dwg
	效果文件路径：素材\第14章\14-6 插入图框-OK.dwg
	视频文件路径：视频\第14章\14-6 插入图框.MP4

下面介绍插入图框的操作步骤。

01 调用I【插入】命令，在弹出的【插入】对话框中选择【图框】图块，如图14-30所示。

02 单击【确定】按钮，关闭【插入】对话框，在图形窗口中拾取一点确定图签位置。

03 在命令行中输入S，选择【比例】选项，输入比例因子为0.97，按Enter键，插入图框结果如图14-31所示。

图14-30 【插入】对话框

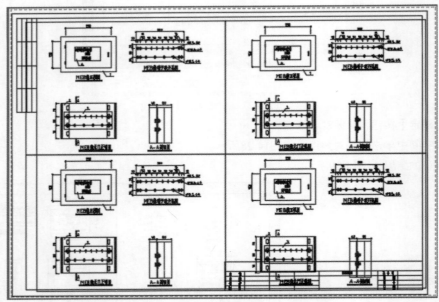

图14-31 插入图框

04 在视口边框中双击鼠标左键，激活视口。右击，在弹出的快捷菜单中选择【缩放】命令，如图14-32所示。

05 依次在各个视图中调整图形的显示大小，结果如图14-33所示。

图14-32 选择命令

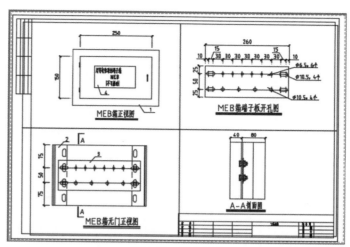

图14-33 调整图形

14.2.5 打印输出

创建好视口并加入图签后,接下来就可以开始打印了。

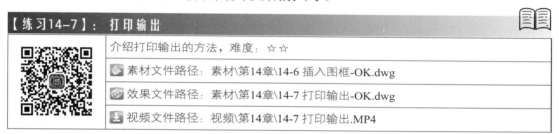

【练习14-7】:	打印输出
介绍打印输出的方法,难度:☆ ☆	
素材文件路径: 素材\第14章\14-6 插入图框-OK.dwg	
效果文件路径: 素材\第14章\14-7 打印输出-OK.dwg	
视频文件路径: 视频\第14章\14-7 打印输出.MP4	

下面介绍打印输出图形的操作步骤。

01 执行菜单【文件】|【打印】命令,如图14-34所示。

02 弹出【打印-布局1】对话框,保持参数不变,单击【预览】按钮,如图14-35所示。

图14-34 选择命令

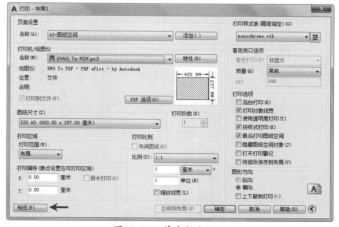

图14-35 单击按钮

03 进入打印预览窗口,查看打印结果。此时发现视口边框显示在图纸上,如图14-36所示。视口边框是不需要打印输出的，所以先暂时退出预览窗口。

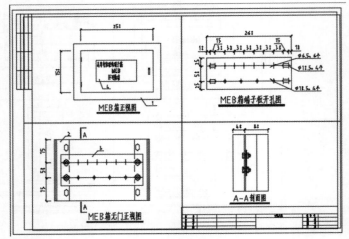

图14-36　打印预览

04 调用LA【图层特性】命令，打开【图层特性管理器】选项板，选择【视口】图层，单击【打印】按钮，将视口设置为【不打印】模式，如图14-37所示。

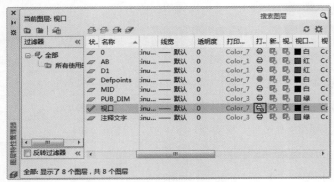

图14-37　设置为【不打印】模式

05 重新进入预览窗口，此时发现视口边框已被隐藏，如图14-38所示。

06 按Ctrl+P快捷键，开始打印文件。

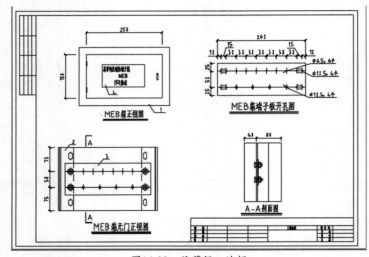

图14-38　隐藏视口边框

14.3 思考与练习

沿用本章介绍的方法，在模型空间中打印输出如图14-39所示的电动防火卷帘门电路图。

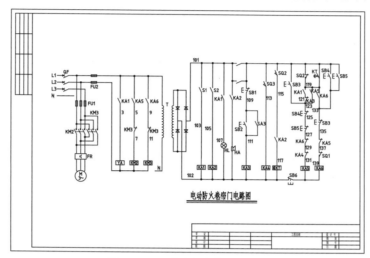

图14-39 电动防火卷帘门电路图

附录I 课堂答疑

1. 在【草图与注释】空间中显示工具栏的方法是什么？

答：执行菜单【工具】|【工具栏】|AutoCAD命令，弹出工具栏菜单，如附图1所示。在菜单中选择命令，与之对应的工具栏显示在绘图区域中。

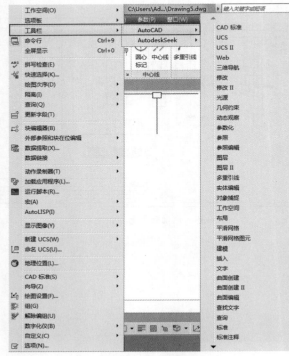

附图1　选择选项

在绘图区域中显示【修改】、【绘图】以及【标注】工具栏的效果如附图2所示。

附图2　显示工具栏

2. 光标中间的拾取框大小是固定的吗？

答：不是固定的。调用OP【选项】命令，弹出【选项】对话框，选择【选择集】选项卡，修改【拾取框大小】选项值，如附图3所示。单击【确定】按钮，可以放大显示拾取框，或者缩小显示拾取框。

3. 在不改变图层颜色的情况下，能否只单独修改图层上某一图形的颜色？

答：可以。切换至【默认】选项卡，在绘图区域中选择图形，单击【特性】面板上的【对象颜色】按钮，弹出下拉面板，如附图4所示。在该面板中选择颜色，修改选中对象的颜色，不影响图层上的其他图形。

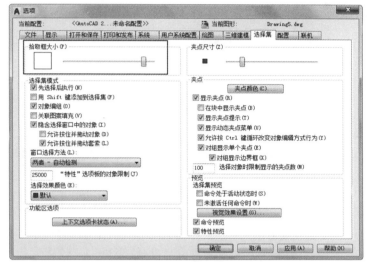

附图3　【选项】对话框

附图4　选择颜色

4. 绘制完成的多段线，还可以修改它的宽度吗？

答：可以。选择多段线，按Ctrl+1快捷键，打开【特性】选项板。单击【线宽】下拉按钮，在弹出的下拉列表中选择选项，如附图5所示，重新定义多段线的宽度。

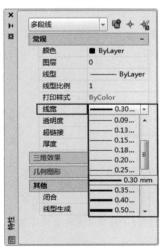

附图5　【线宽】下拉列表

5. 以默认的点样式创建点，在不能清楚辨认点的情况下，如何利用点绘图？

答：默认的点为圆点样式，如附图6所示，在图形上显示不明显。如果要以点为基准绘制图形，可以在执行命令后，将光标在已等分的图形上移动，光标与点重合时，显示【节点】标志，如附图7所示。此时就可以开始绘图了。

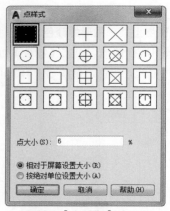

附图6 【点样式】对话框

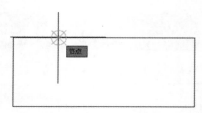

附图7 显示标志

6. 精确绘制矩形的方法是什么？

答：在绘制矩形时，可以指定长度与宽度。调用REC【矩形】命令，命令行提示如下。

命令：REC✓	//调用【矩形】命令
RECTANG	
指定第一个角点或 [倒角(C)/标高(E)/圆角(F)/厚度(T)/宽度(W)]：	//单击指定角点
指定另一个角点或 [面积(A)/尺寸(D)/旋转(R)]：D✓	//选择【尺寸】选项
指定矩形的长度 <10>：300✓	
指定矩形的宽度 <10>：500✓	//设置尺寸
指定另一个角点或 [面积(A)/尺寸(D)/旋转(R)]：	//单击左键

调用命令后，需要先在绘图区域中指定矩形的一个角点。接着输入矩形的尺寸，再单击指定矩形的对角点，就可以精确地绘制矩形。

7. 只能在水平方向上利用【镜像】命令编辑图形吗？

答：不是的。根据实际情况的不同，用户可以在任意方向指定镜像线。附图8所示为在垂直方向、45°角方向指定镜像线的效果。

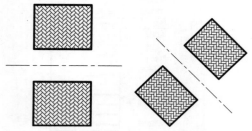

附图8 指定任意角度的镜像线

8. 精确移动图形的方法是什么？

答：在移动图形时，指定基点与第二点的间距，即可精确地移动图形。

调用M【移动】命令，命令行操作如下。

命令：M✓	//调用【移动】命令
MOVE	
选择对象：找到1个	//选择对象

```
选择对象:
指定基点或 [位移(D)] <位移>:                           //单击指定起点
指定第二个点或 <使用第一个点作为位移>: 300✓            //输入距离值
```

输入距离参数,指定第二个点的位置,按Enter键,即可将图形移动至指定的位置上。

9. 利用【合并】命令,继承对象特性的技巧是什么?

答:在合并图形的过程中,稍加注意,就能够更改对象的特性。

调用J【合并】命令,命令行操作如下。

```
命令: J✓                                             //调用【合并】命令
JOIN
选择源对象或要一次合并的多个对象: 找到1个            //选择粗虚线
选择要合并的对象: 找到1个,总计2个
选择要合并的对象:                                     //选择细实线
3 条线段已合并为1条多段线
```

执行上述操作后,作为要合并对象的细实线,继承了作为源对象的粗虚线的线宽与线型属性,如附图9所示。反之,将细实线作为源对象,则是粗虚线继承细实线的属性。

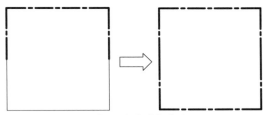

附图9 继承对象属性

10. 为角度标注创建专用样式的方法是什么?

答:在【标注样式管理器】对话框中,新建角度标注样式,在绘制角度标注时,以该样式为基准显示标注。并且,该样式不会影响其他类型的标注,例如【线性标注】、【半径标注】等,只针对角度标注有效。

在【标注样式管理器】对话框中单击【新建】按钮,弹出【创建新标注样式】对话框,在【用于】下拉列表中选择【角度标注】选项,如附图10所示。

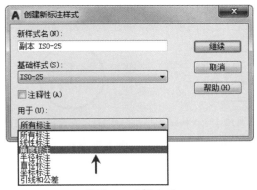

附图10 选择选项

单击【继续】按钮,继续设置样式参数。操作完成后,返回到【标注样式管理器】对话框,在【样式】列表框中显示【角度】标注样式,如附图11所示。

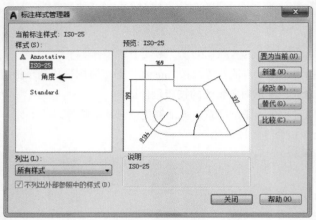

附图11 创建样式

11. 快速为一系列对象创建标注的方法是什么？

答：在【注释】选项卡中，单击【标注】面板中的【快速】
按钮，如附图12所示，调用命令。

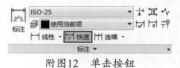

附图12 单击按钮

命令行提示如下。

```
命令：_qdim↙                        //调用命令
关联标注优先级 = 端点
选择要标注的几何图形：找到 4 个，总计 4 个      //选择图形
选择要标注的几何图形：
指定尺寸线位置或 [连续(C)/并列(S)/基线(B)/坐标(O)/半径(R)/直径(D)/基准点(P)/编辑(E)/
设置(T)] <连续>:R      //选择标注类型，例如选择【半径】标注
指定尺寸线位置或 [连续(C)/并列(S)/基线(B)/坐标(O)/半径(R)/直径(D)/基准点(P)/编辑(E)/
设置(T)] <半径>：            //指定尺寸线位置
```

启用命令并选择对象后，命令行提示需要选择标注的类型。选定标注类型后，指定尺寸线位
置，即可同时为选中的多个对象创建标注。

12. 有没有快速创建中心线的方法？

答：在【注释】选项卡中，单击【中心线】面板中的【圆心标记】按钮，或者【中心线】按
钮，如附图13所示。

选择圆形，添加圆心标记。选择两条线段，创建中心线，如附图14所示。

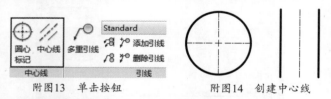

附图13 单击按钮   附图14 创建中心线

13. 如何调整【文字样式】对话框中文字样式的显示方式？

答：如果图形中包含多种类型的文字样式，通过在【文字样式】对话框中调整样式的显示方
式，可以方便用户选择、编辑文字样式。

调用ST【文字样式】命令，单击【样式】列表框下方的下拉按钮，在弹出的下拉列表中选择
【所有样式】选项，如附图15所示。在【样式】列表框中显示已创建的所有文字样式。选择【正

在使用的样式】选项，隐藏其他样式，仅显示已创建的文字样式。

附图15　【文字样式】对话框

14. 为什么创建完成的单行文字是垂直显示？如何调整为水平显示？

答：默认情况下，系统将单行文字的【旋转角度】设置为270°，如果没有重新定义角度值的话，所创建的单行文字为垂直显示。

在执行【单行文字】命令的过程中，当命令行提示【指定文字的旋转角度 <270>:】时，输入角度值为0，就可以使得单行文字在水平方向上显示。

15. 表格的单元样式只有【标题】、【表头】、【数据】3种，能不能创建新的单元类型？

答：可以。打开【修改表格样式:样式1】对话框，单击【单元样式】选项组中的【创建新单元样式】按钮，如附图16所示。弹出【创建新单元样式】对话框，设置【新样式名】，如附图17所示。单击【继续】按钮，即可创建新的单元类型。

附图16　单击按钮

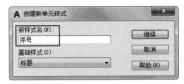

附图17　设置样式名称

16. 创建块后，能不能自动删除源对象？

答：可以。在【块定义】对话框中，选中【对象】选项组中的【删除】单选按钮，如附图18所示。在创建块后，源对象会自动删除。

附图18 【块定义】对话框

17. 创建外部块的方法是什么?

答:调用W【写块】命令,弹出【写块】对话框,如附图19所示。选定对象,指定基点,同时设置块名称与保存路径,单击【确定】按钮,即可创建外部块。

打开保存外部块的文件夹,查看创建结果。

附图19 【写块】对话框

18. 利用【设计中心】面板插入块的方法是什么?

答:按Ctrl+2快捷键,打开【设计中心】面板。在【文件夹】列表中选择【块】选项,在右侧的窗口中预览内容。选择需要插入的块,右击,在弹出的快捷菜单中选择【插入块】命令,如附图20所示。

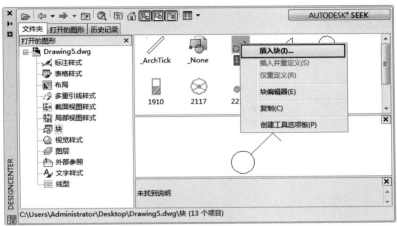

附图20　选择选项

接着弹出【插入】对话框，如附图21所示，在其中显示块信息。单击【确定】按钮，指定基点，即可插入块。

附图21　【插入】对话框

附录Ⅱ 习题答案

第1章
（1）A　　　（2）A　　　（3）D　　　（4）C　　　（5）B

第2章
1. 选择题
（1）A　　　（2）B　　　（3）C　　　（4）A　　　（5）A
（6）D　　　（7）A　　　（8）A　　　（9）A　　　（10）D

第3章
1. 选择题
（1）A　　　（2）A　　　（3）B　　　（4）D　　　（5）A
（6）C　　　（7）A　　　（8）D　　　（9）A　　　（10）ABCD

第4章
1. 选择题
（1）C　　　（2）A　　　（3）A　　　（4）D　　　（5）D

第5章
1. 选择题
（1）C　　　（2）A　　　（3）A　　　（4）A　　　（5）C

第6章
1. 选择题
（1）B　　　（2）A　　　（3）A　　　（4）A　　　（5）B

第7章
1. 选择题
（1）C　　　（2）B　　　（3）A　　　（4）B　　　（5）D